“十三五”江苏省高等学校重点教材（编号：2017-1-029）
江苏省海洋技术品牌专业（PPZY2015B116）资助出版

“十三五”江苏省高等学校重点教材

激光雷达测绘技术与应用

谢宏全　韩友美　陆波　孙美萍　张世武　等　编著

WUHAN UNIVERSITY PRESS
武汉大学出版社

图书在版编目(CIP)数据

激光雷达测绘技术与应用/谢宏全等编著．—武汉：武汉大学出版社，2018.12(2025.3 重印)
“十三五”江苏省高等学校重点教材
ISBN 978-7-307-18272-1

Ⅰ.激…　Ⅱ.谢…　Ⅲ.激光雷达—测绘雷达—高等学校—教材　Ⅳ.TN959.3

中国版本图书馆 CIP 数据核字(2018)第 291102 号

责任编辑:鲍　玲　　　责任校对:李孟潇　　　版式设计:马　佳

出版发行:**武汉大学出版社**　(430072　武昌　珞珈山)
(电子邮箱:cbs22@ whu.edu.cn　网址:www.wdp. com.cn)
印刷:武汉图物印刷有限公司
开本:787×1092　1/16　印张:13.75　字数:326 千字　插页:9
版次:2018 年 12 月第 1 版　　2025 年 3 月第 6 次印刷
ISBN 978-7-307-18272-1　　定价:39.00 元

前　言

激光雷达技术是一门新兴的测绘技术，是测绘领域继 GPS 技术之后的又一次技术革命。目前激光雷达技术已经成为广大科研和工程技术人员解决问题的新手段，为工程与科学研究提供了更准确的数据。随着三维激光扫描设备在性能方面的不断提升，而价格方面却在逐步下降，性价比越来越高，20 世纪末期，测绘领域也掀起了三维激光扫描技术的研究热潮，拓宽了三维激光扫描技术的应用领域，导致其在高效获取三维信息应用中逐渐占据主要地位。车载激光测量系统为地理空间信息数据采集开辟了新途径，是当今测绘界最前沿、最尖端的科技之一，代表着未来测绘领域的发展方向。因此，车载激光测量技术已成为国内外学者研究的热点。

三维激光扫描技术与全站仪测量技术相比具有非接触测量、数据采样率高、高分辨率、高精度、全景化扫描等特点。10 多年来，扫描仪硬件与数据后处理软件都有了长足的进步。三维激光扫描技术的应用领域正在日益扩大，逐步从科学研究领域进入到人们的日常生活中，目前应用领域主要有文物古迹保护、建筑、规划、土木工程、工厂改造、室内设计、建筑监测、交通事故处理、法律证据收集、灾害评估、船舶设计、数字城市、军事分析等。

为推动激光雷达测绘技术的广泛应用，相关技术人才的培养非常重要。目前已公开出版的中文技术参考书非常稀少。本书是作者自 2012 年从事相关教学与研究工作以来的主要成果体现，特别是在出版《地面三维激光扫描技术与工程应用》(2013 年)、《基于激光点云数据的三维建模应用实践》(2014 年)、《车载激光雷达技术与应用实践》(2016 年)专著的基础上，参考相关文献资料编写而成的。本书重点介绍地面三维激光扫描技术原理与应用，同时对车载激光雷达与机载激光雷达技术做简要介绍。

本书由谢宏全、韩友美、陆波等共同编写。其中第 1、2、12 章由谢宏全编写，第 3、4、5、10 章由韩友美编写，第 7 章由韩友美与陆波编写，第 8 章由孙美萍与张世武编写，第 9 章由孙美萍编写，第 6 章由谷风云与张世武编写，第 11 章由孙美萍与陆波编写。全书由谢宏全统稿。

在本书编写的过程中，感谢淮海工学院的周立教授的大力支持。感谢国内外相关设备销售公司提供相关产品与应用资料，感谢上海赛华信息技术有限公司提供技术指导与应用案例，感谢上海奥研信息科技有限公司提供应用案例。感谢教材审定专家西安科技大学的陈秋计教授、太原理工大学的胡海峰教授、华北理工大学的刘亚静教授、吉林建筑大学的张文春教授、辽宁科技大学的李巍教授。

感谢武汉大学出版社王金龙先生在本书出版过程中提供的帮助，同时也对所有引用文献的作者表示感谢。

由于激光雷达测绘技术发展较快，加之编者知识水平和实践经验有限，错误与不当之处在所难免，恳请读者批评指正。

编 者

2018 年 10 月

目　　录

第1章 绪　论

激光雷达测绘技术在我国的应用起源于21世纪初，目前已经成为测绘领域的研究与应用热点，但其相关基本概念还不太明晰。本章在介绍基本概念的基础上，重点阐述三维激光扫描系统的基本原理与分类，以地面三维激光扫描系统为例，简要介绍其技术特点、发展概述、存在的问题与发展趋势。

1.1 基本概念

激光的英文"Laser"是 Light Amplification by the Stimulated Emission of Radiation(受激辐射光放大)的缩写，它是20世纪重大的科学发现之一，具有方向性好、亮度高、单色性好、相干性好的特性。自激光产生以来，激光技术得到了迅猛的发展，激光应用的领域也在不断拓展。物理学家爱因斯坦在1916年首次发现激光的原理，1954年科学家成功研制了世界上第一台微波量子放大器，1960年世界上第一台红宝石激光器在美国诞生。目前，激光已广泛用于医疗保健、机械制造、大气污染物的监测等领域，它常被用于振动、速度、长度、方位、距离等物理量的测量。

伴随着激光技术和电子技术的发展，激光测量也已经从静态的点测量发展到动态的跟踪测量和三维测量。20世纪末，美国的CYRA公司和法国的MENSI公司已率先将激光技术运用到三维测量领域。三维激光测量技术的产生为测量领域提供了全新的测量手段。

三维激光扫描测量，常见的英文翻译有"Light Detection and Ranging"(LiDAR)、"Laser Scanning Technology"等。雷达是通过发射无线电信号，在遇到物体后返回并接收信号，从而对物体进行探查与测距的技术，英文名称为"Radio Detection and Ranging"，简称为"Radar"，译成中文就是"雷达"。由于LiDAR和Radar的原理是一样的，只是信号源不同，又因为LiDAR的光源一般都采用激光，所以一般都将LiDAR译为"激光雷达"，也可称为激光扫描仪。

激光雷达具有一系列独特的优点：极高的角分辨率、极高的距离分辨率、速度分辨率高、测速范围广、能获得目标的多种图像、抗干扰能力强、比微波雷达的体积和重量小等。但是，激光雷达的技术难度很高，至今尚未成熟。激光雷达仍是一项发展中的技术，有的激光雷达系统已经处于试用阶段，但许多激光雷达系统仍在研制或探索之中。

由原国家测绘地理信息局发布的《地面三维激光扫描作业技术规程》(CH/Z 3017—2015)(以下简称《规程》)，于2015年8月1日开始实施，对地面三维激光扫描技术(terrestrial three dimensional laser scanning technology)给出了定义：基于地面固定站的一种通过发射激光获取被测物体表面三维坐标、反射光强度等多种信息的非接触式主动测量技术。

三维激光扫描技术又称作高清晰测量(High Definition Surveying, HDS),也被称为“实景复制技术”,它是利用激光测距的原理,通过记录被测物体表面大量密集点的三维坐标信息和反射率信息,将各种大实体或实景的三维数据完整地采集到计算机中,进而快速复建出被测目标的三维模型及线、面、体等各种图件数据。结合其他各领域的专业应用软件,所采集点云数据还可进行各种后处理应用。

三维激光扫描技术是一项高新技术,把传统的单点式采集数据过程转变为了自动连续获取数据的过程,由逐点式、逐线式、立体线式扫描逐步发展成为三维激光扫描,由传统的点测量跨越到了面测量,实现了质的飞跃。同时,所获取信息量也从点的空间位置信息扩展到目标物的纹理信息和色彩信息。20世纪末期,测绘领域掀起了三维激光扫描技术的研究热潮,扫描对象越来越多,应用领域越来越广,在高效获取三维信息应用中逐渐占据了主要地位。

1.2 三维激光扫描系统基本原理

1.2.1 激光测距技术原理与类型

三维激光扫描系统主要由三维激光扫描仪、计算机、电源供应系统、支架以及系统配套软件构成。而三维激光扫描仪作为三维激光扫描系统主要组成部分之一,又由激光发射器、接收器、时间计数器、马达控制可旋转的滤光镜、控制电路板、微电脑、CCD相机以及软件等组成。

激光测距技术是三维激光扫描仪的主要技术之一,激光测距的原理主要有脉冲测距法、相位测距法、激光三角测距法、脉冲-相位式四种类型。脉冲测距法与相位测距法对激光雷达的硬件要求高,多用于军事领域。激光三角测距法的硬件成本低,精度能够满足大部分工业与民用要求。目前,测绘领域所使用的三维激光扫描仪主要是基于脉冲测距法,近距离的三维激光扫描仪主要采用相位干涉法测距和激光三角测距法。激光测距技术类型详细介绍如下:

(1)脉冲测距法

脉冲测距法是一种高速激光测时测距技术。脉冲式扫描仪在扫描时,激光器会发射出单点的激光,记录激光的回波信号(图1-1)。通过计算激光的飞行时间(Time of Flight, TOF),利用光速来计算目标点与扫描仪之间的距离。

设光速为c,待测距离为S,测得信号往返传播的时间差为Δt,具体计算公式如下:

$$S = \frac{1}{2}c \cdot \Delta t \tag{1-1}$$

这种原理的测距系统测距范围可以达到几百米到上千米的距离。激光测距系统主要由发射器、接收器、时间计数器、微电脑组成。此方法也称为脉冲飞行时间差测距,由于采用的是脉冲式的激光源,适用于超长距离的测量,但精度不高。测量精度主要受到脉冲计数器工作频率与激光源脉冲宽度的限制,精度可以达到米数量级,随着距离的增加,精度

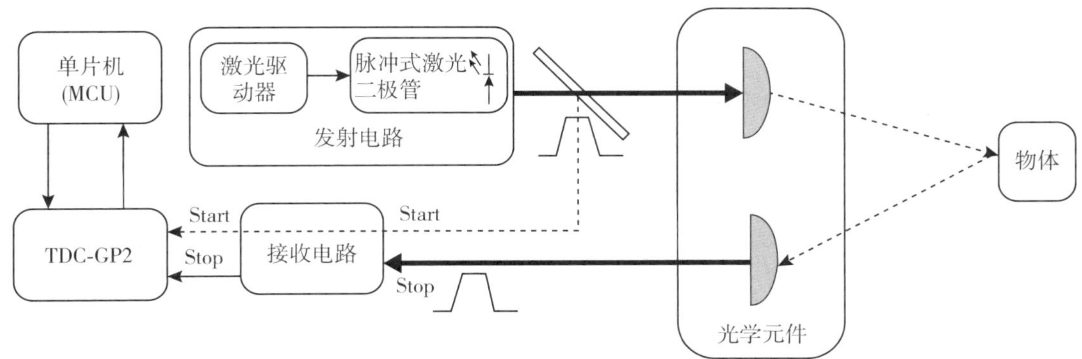

图 1-1　脉冲测距法原理示意图

呈现降低趋势。

(2)相位测距法

相位测距法的具体过程是：相位式扫描仪发射出一束不间断的整数波长的激光，通过计算从物体反射回来的激光波的相位差，来计算和记录目标物体的距离，如图 1-2 所示。

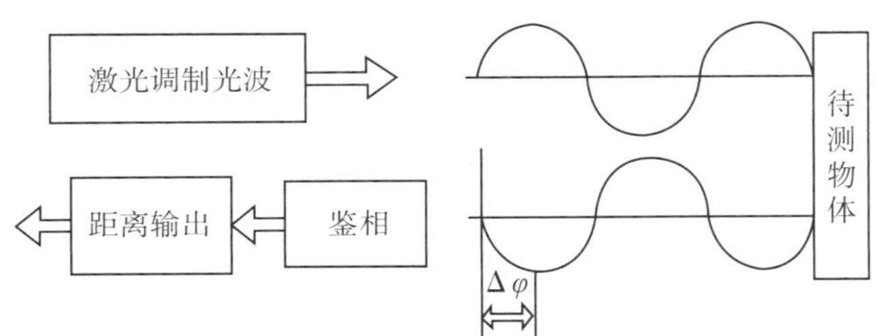

图 1-2　相位测距法原理示意图

根据"飞行时"原理，可推导出所测距离 D 为：

$$D = \frac{1}{2}ct_{2D} = \frac{c}{2f}\left(N + \frac{\Delta\varphi}{2\pi}\right) = \frac{\lambda}{2}(N + \Delta N) \tag{1-2}$$

式中，$\lambda/2$ 代表一个测尺长 u，u 的含义可以描述为：用长度为 u 的"测尺"去量测距离，量了 N 个整尺段加上不足一个 u 的长度就是所测距离 $D=u(N+\Delta N)$，由于测距仪中的相位计只能测相位值尾数 $\Delta\varphi$ 或 ΔN，不能测其整数值，因此存在多值解。为了求单值解，采用两把光尺测定同一距离，这时 ΔN 可认为是短测尺(频率高的调制波，又称精测尺)用以保证测距精度，N 可认为是长测尺(频率低的调制波，又称粗测尺)用来保证测程，一般仪器的测相精度为 1‰。

基于相位测量原理主要用于进行中等距离的扫描测量系统中。扫描距离通常在 100m 内，它的精度可以达到毫米数量级。由于采用的是连续光源，功率一般较低，所以测量范围也较小，测量精度主要受相位比较器的精度和调制信号的频率限制，增大调制信号的频率可以提高精度，但测量范围也随之变小，所以为了在不影响测量范围的前提下提高测量精度，一般需要设置多个调频频率。

(3)激光三角测距法

激光三角测距法的基本原理是由仪器的激光器发射一束激光投射到待测物体表面，待测物体表面的漫反射经成像物镜成像在光电探测器上。光源、物点和像点形成了一定的三角关系，其中光源和传感器上的像点位置是已知的，由此可以计算出物点所在的位置。激光三角测距法的光路按入射光线与被测物体表面法线的关系分为直射式和斜射式两种测距方式。

直射式三角测距法是半导体激光器发射光束经透射镜会聚到待测物体上，经物体表面反射(散射)后通过接收透镜成像在光电探(感)测器(CCD)或(PSD)敏感面上。工作原理如图1-3所示，位移量(或变形量) x 计算公式为：

$$x = \frac{ax'}{b\sin\theta - x'\cos\theta} \tag{1-3}$$

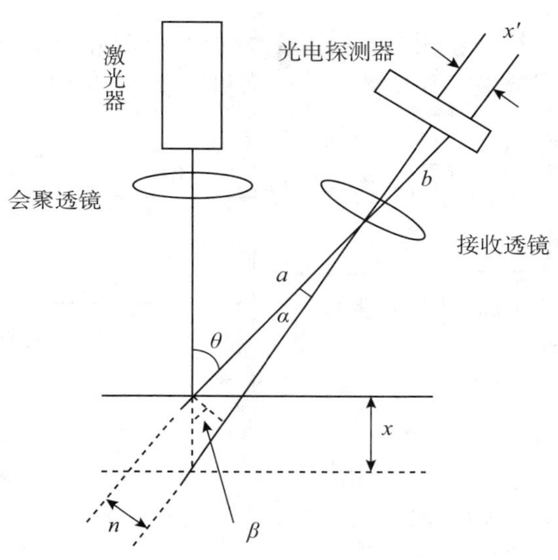

图1-3　直射式三角测距法原理

斜射式三角测量法是半导体激光器发射光轴与待测物体表面法线成一定角度入射到被测物体表面上，被测面上的后向反射光或散射光通过接收透镜成像在光电探(感)测器敏感面上。工作原理如图1-4所示，位移量 x 的计算公式为：

$$x = \frac{ax'\cos\theta_2}{b\sin(\theta_1 + \theta_2) - x'\cos(\theta_1 + \theta_2)} \tag{1-4}$$

为了保证扫描信息的完整性，许多扫描仪扫描范围只有几米到数十米。这种类型的三维激光扫描系统主要应用于工业测量和逆向工程重建中，可以达到亚毫米级的精度。

(4)脉冲-相位式

将脉冲式测距和相位式测距两种方法结合起来，就产生了一种新的测距方法——脉

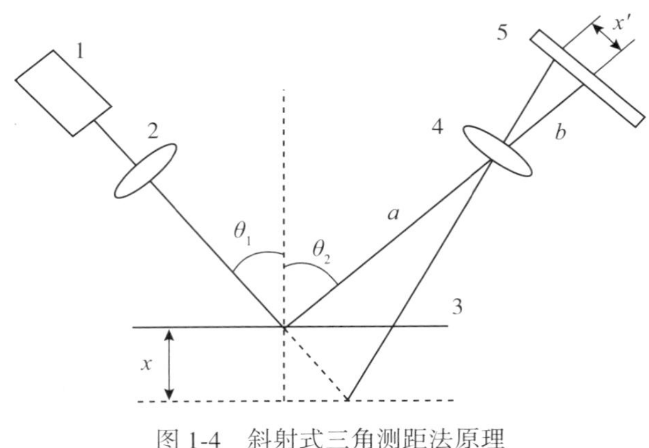

图 1-4　斜射式三角测距法原理

冲-相位式测距法，这种方法利用脉冲式测距实现对距离的粗测，利用相位式测距实现对距离的精测。

1.2.2　三维激光扫描仪工作原理

三维激光扫描仪主要由测距系统和测角系统以及其他辅助功能系统构成，如内置相机以及双轴补偿器等。三维激光扫描仪由激光测距仪、水平角编码器、垂直角编码器、水平及垂直方向伺服马达、倾斜补偿器和数据存储器组成。

三维激光扫描仪的工作原理是通过测距系统获取扫描仪到待测物体的距离，再通过测角系统获取扫描仪至待测物体的水平角和垂直角，进而计算出待测物体的三维坐标信息。假设三维激光扫描仪到被测对象的斜距为 D，水平角为 φ，竖直角为 θ，如图 1-5 所示，则所测对象激光点的三维坐标(x, y, z)可计算为：

$$\begin{cases} x = D\cos\theta\cos\varphi \\ y = D\cos\theta\sin\varphi \\ z = D\sin\theta \end{cases} \tag{1-5}$$

三维激光扫描仪的扫描装置可分为振荡镜式、旋转多边形镜、章动镜和光纤式 4 种，扫描方向可以是单向的也可以是双向的。在扫描的过程中再利用本身的垂直和水平马达等传动装置完成对物体的全方位扫描，这样连续地对空间以一定的取样密度进行扫描测量，就能得到被测目标物体密集的三维彩色散点数据，称作点云。

1.2.3　点云数据的特点

地面三维激光扫描测量系统对物体进行扫描所采集到的空间位置信息是以特定的坐标系为基准的，这种特殊的坐标系称为仪器坐标系，不同仪器采用的坐标轴方向不尽相同，通常将其定义为：坐标原点位于激光束发射处，Z 轴位于仪器的竖向扫描面内，向上为正；X 轴位于仪器的横向扫描面内与 Z 轴垂直；Y 轴位于仪器的横向扫描面内与 X 轴垂直，同时，Y 轴正方向指向物体，且与 X 轴、Z 轴一起构成右手坐标系。

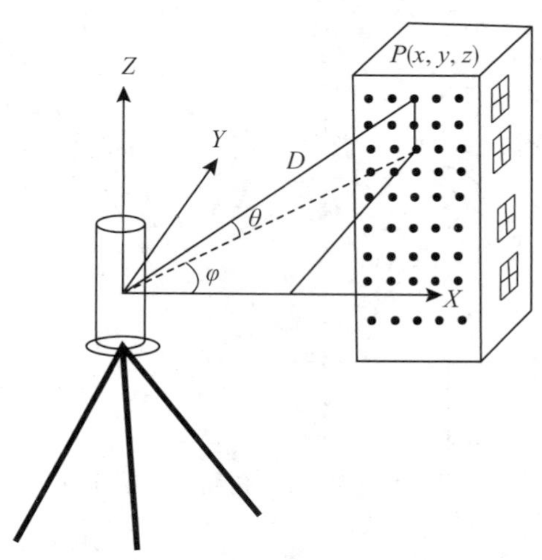

图1-5　三维激光扫描仪工作原理

三维激光扫描仪在记录激光点三维坐标的同时也会将激光点位置处物体的反射强度值记录，并称之为“反射率”。内置数码相机的扫描仪在扫描过程中可以方便、快速地获取外界物体真实的色彩信息，在扫描与拍照完成后，可以得到点的三维坐标信息，也获取了物体表面的反射率信息和色彩信息。所以，包含在点云信息里的不仅有 X、Y、Z、Intensity，还包含每个点的 RGB 数字信息。

依据 Helmut Cantzler 对深度图像的定义，三维激光扫描是深度图像的主要获取方式，因此激光雷达获取的三维点云数据就是深度图像，也可以称为距离影像、深度图、xyz 图、表面轮廓、2.5 维图像等。

三维激光扫描仪的原始观测数据主要包括：①根据两个连续转动的用来反射脉冲激光镜子的角度值得到激光束的水平方向值和竖直方向值；②根据激光传播的时间计算出仪器到扫描点的距离，再根据激光束的水平方向角和垂直方向角，可以得到每一扫描点相对于仪器的空间相对坐标值；③扫描点的反射强度等。

《规程》中对点云(point cloud)给出了定义：三维激光扫描仪获取的以离散、不规则方式分布在三维空间中的点的集合。

点云数据的空间排列形式根据测量传感器的类型分为：阵列点云、线扫描点云、面扫描点云以及完全散乱点云。大部分三维激光扫描系统完成数据采集是基于线扫描方式的，采用逐行(或列)的扫描方式，获得的三维激光扫描点云数据具有一定的结构关系。点云的主要特点如下：

①数据量大。三维激光扫描数据的点云量较大，一幅完整的扫描影像数据或一个站点的扫描数据中可以包含几十万至上百万个扫描点，甚至达到数亿个。

②密度高。扫描数据中点的平均间隔在测量时可通过仪器设置，一些仪器设置的间隔可达 1.0mm，为了便于建模，目标物的采样点通常都非常密。

③带有扫描物体光学特征信息。由于三维激光扫描系统可以接收反射光的强度，因

此，三维激光扫描的点云一般具有反射强度信息，即反射率。有些三维激光扫描系统还可以获得点的色彩信息。

④立体化。点云数据包含了物体表面每个采样点的三维空间坐标，记录的信息全面，因而可以测定目标物表面立体信息。由于激光的投射性有限，无法穿透被测目标，因此点云数据不能反映实体的内部结构、材质等情况。

⑤离散性。点与点之间相互独立，没有任何拓扑关系，不能表征目标体表面的连接关系。

⑥可量测性。地面三维激光扫描仪获取的点云数据可以直接量测每个点云的三维坐标、点云间距离、方位角、表面法向量等信息，还可以通过计算得到点云数据所表达的目标实体的表面积、体积等信息。

⑦非规则性。激光扫描仪是按照一定的方向和角度进行数据采集的，采集的点云数据随着距离的增大，扫描角越大，点云间距离也增大，加上仪器系统误差和各种偶然误差的影响，点云的空间分布没有一定的规则。

以上这些特点使得三维激光扫描数据得到十分广泛的应用，同时也使得点云数据处理变得十分复杂和困难。

1.3　三维激光扫描系统分类

目前，许多厂家提供了多种型号的扫描仪，它们无论在功能还是在性能指标方面都不尽相同，用户根据不同的应用目的，从繁杂多样的激光扫描仪中进行正确和客观的选择，就必须对三维激光扫描系统进行分类。

从实际工程和应用角度来说，激光雷达的分类方式繁多，主要有：激光波段、激光器的工作介质、激光发射波形、功能用途、承载平台、激光雷达探测技术等。本书借鉴一些学者的研究成果，从承载平台、扫描距离、扫描仪成像方式这几个方面进行分类，下面做简要介绍。

1.3.1　依据承载平台划分

当前从三维激光扫描测绘系统的空间位置或系统运行平台来划分，可分为如下五类：

(1)星载激光扫描仪

星载激光扫描仪也称星载激光雷达，是安装在卫星等航天飞行器上的激光雷达系统。星载激光雷达是20世纪60年代发展起来的一种高精度地球探测技术，实验始于20世纪90年代初，美国的星载激光雷达技术的应用与规模处于绝对领先位置。美国公开报道的典型星载激光雷达系统有MOLA、MLA、LOLA、GLAS、ATLAS、LIST等。

星载激光扫描仪的运行轨道高并且观测视野广，可以触及世界的每一个角落，提供高精度的全球探测数据，在地球探测活动中起着越来越重要的作用，对于国防和科学研究具有十分重大的意义。目前，它在植被垂直分布测量、海面高度测量、云层和气溶胶垂直分布测量，以及特殊气候现象监测等方面可以发挥重要作用。主要应用于全球测绘、地球科学、大气探测、月球、火星和小行星探测、在轨服务、空间站等。

我国多家高校与科研机构开展了星载激光雷达技术研究。2007年我国发射的第1颗月球探测卫星"嫦娥一号"上搭载了1台激光高度计，实现了卫星星下点月表地形高度数据的获取，为月球表面三维影像的获取提供服务，是我国发射的首例实用型星载激光雷达。近年来，国内多家单位也开始进行星载激光雷达的研究。

星载高分辨率对地观测激光雷达在国际上仍属于非常前沿的工程研究方向。星载激光雷达在地形测绘、环境监测等方面的应用具有独特的优势，未来在典型的对地观测应用体现主要有：构建全球高程控制网、获取高精度DSM/DEM、特殊区域精确测绘、极地地形测绘与冰川监测。

(2)机载激光扫描系统

机载激光扫描系统(Airborne Laser Scanning System，ALSS；或者 Laser Range Finder，LRF；或者 Airborne Laser Terrain Mapper，ALTM)，也称机载LiDAR系统。

这类系统由激光扫描仪(LS)、惯性导航系统(INS)、DGPS定位系统、成像装置(UI)、计算机以及数据采集器、记录器、处理软件和电源构成。DGPS系统给出成像系统和扫描仪的精确空间三维坐标，INS给出其空中的姿态参数，由激光扫描仪进行空对地式的扫描，以此来测定成像中心到地面采样点的精确距离，再根据几何原理计算出采样点的三维坐标。

传统的机载LiDAR系统测量往往是通过安置在固定翼的载人飞行器上进行的，作业成本高，数据处理流程也较为复杂。随着近年来民用无人机的技术升级和广泛应用，将小型化的LiDAR设备集成在无人机上进行快速高效的数据采集已经得到应用。LiDAR系统能全天候高精度、高密集度、快速和低成本地获取地面三维数字数据，具有广泛的应用前景。

空中机载三维扫描系统的飞行高度最大可以达到1km，这使得机载激光扫描不仅能用在地形图绘制和更新方面，还在大型工程的进展监测、现代城市规划和资源环境调查等诸多领域都有较广泛的应用。

关于机载激光扫描系统的详细介绍见本书第11章。

(3)车载激光扫描系统

车载激光扫描系统，即车载LiDAR系统，在文献中用到的词语也不太一致，总体表达的思想是大致相同的。车载的含义广泛，不仅是汽车，还包括轮船、火车、小型电动车、三轮车、便携式背包等。

车载LiDAR系统是集成了激光扫描仪、CCD相机以及数字彩色相机的数据采集和记录系统，GPS接收机，基于车载平台，由激光扫描仪和摄影测量获得原始数据作为三维建模的数据源。该系统的优点包括：能够直接获取被测目标的三维点云数据坐标；可连续快速扫描；效率高，速度快。但是，不足之处就是目前市场上的车载地面三维激光扫描系统的价格比较昂贵(约200万~800万元)，只有少数地区和部门使用。地面车载激光扫描系统一般能够扫描到路面和路面两侧各50m左右的范围，它广泛应用于带状地形图测绘以及特殊现场的机动扫描。

关于车载LiDAR系统的详细介绍见本书第10章。

(4)地面三维激光扫描系统

地面三维激光扫描系统(地面三维激光扫描仪)，还可称为地面 LiDAR 系统。地面三维激光扫描系统类似于传统测量中的全站仪，它由一个激光扫描仪和一个内置或外置的数码相机，以及软件控制系统组成。激光扫描仪本身主要包括激光测距系统和激光扫描系统，同时也集成了 CCD 和仪器内部控制和校正系统等。二者的不同之处在于固定式扫描仪采集的不是离散的单点三维坐标，而是一系列的“点云”数据。点云数据可以直接用来进行三维建模，而数码相机的功能就是提供对应模型的纹理信息。

地面三维激光扫描系统是一种利用激光脉冲对目标物体进行扫描，可以大面积、大密度、快速度、高精度地获取地物的形态及坐标的一种测量设备。目前已经广泛应用于测绘、文物保护、地质、矿业等领域。

关于地面三维激光扫描仪的详细介绍见本书第 2~9 章。

(5)手持式激光扫描系统

手持式激光扫描系统(手持式三维扫描仪)是一种可以用手持扫描来获取物体表面三维数据的便携式三维激光扫描仪，是三维扫描仪中最常见的扫描仪。它被用来侦测并分析现实世界中物体或环境的形状(几何构造)与外观数据(如颜色、表面反照率等性质)，搜集到的数据常被用来进行三维重建计算，在虚拟世界中创建实际物体的数字模型。它的优点是快速、简洁、精确，可以帮助用户在数秒内快速地测得精确、可靠的成果。

此类设备大多用于采集比较小型物体的三维数据，可以精确地给出物体的长度、面积、体积测量，一般配备有柔性的机械臂使用。大多应用于机械制造与开发、产品误差检测、影视动画制作以及医学等众多领域。此类型的仪器配有联机软件和反射片。

1.3.2 依据扫描距离划分

按三维激光扫描仪的有效扫描距离进行分类，目前国家无相应的分类技术标准，大概可分为以下三种类型：

①短距离激光扫描仪(<10m)。这类扫描仪最长扫描距离只有几米，一般最佳扫描距离为 0.6~1.2m，通常主要用于小型模具的量测。不仅扫描速度快而且精度较高，可以在短时间内精确地给出物体的长度、面积、体积等信息。手持式三维激光扫描仪都属于这类扫描仪。

②中距离激光扫描仪(10~400m)。最长扫描距离只有几十米的三维激光扫描仪属于中距离三维激光扫描仪，它主要用于室内空间和大型模具的测量。

③长距离激光扫描仪(>400m)。扫描距离较长，最大扫描距离超过百米的三维激光扫描仪属于长距离三维激光扫描仪，它主要应用于建筑物、大型土木工程、煤矿、大坝、机场等的测量。

1.3.3 依据扫描仪成像方式划分

按照扫描仪成像方式可分为如下三种类型：

①全景扫描式。全景式激光扫描仪采用一个纵向旋转棱镜引导激光光束在竖直方向扫描，同时利用伺服马达驱动仪器绕其中心轴旋转。

②相机扫描式。它与摄影测量的相机类似。它适用于室外物体扫描，特别对长距离的

扫描很有优势。

③混合型扫描式。它的水平轴系旋转不受任何限制，垂直旋转受镜面的局限，集成了上述两种类型扫描仪的优点。

1.4　地面三维激光扫描技术特点

传统的测量设备主要是单点测量，获取物体的三维坐标信息。与传统的测量技术手段相比，三维激光扫描测量技术是现代测绘发展的新技术之一，也是一项新兴的获取空间数据的方式，并且拥有许多独特的优势。不同类型设备的技术特点会有所不同。以地面三维激光扫描技术为例，具有特点如下：

①非接触测量。三维激光扫描技术采用非接触扫描目标的方式进行测量，无需反射棱镜，对扫描目标物体不需进行任何表面处理，直接采集物体表面的三维数据，所采集的数据完全真实可靠。可以用于解决危险目标、环境(或柔性目标)及人员难以企及的情况，具有传统测量方式难以完成的技术优势。

②数据采样率高。目前，三维激光扫描仪采样点速率可达到百万点/秒，这样的采样速率是传统测量方式难以企及的。

③主动发射扫描光源。三维激光扫描技术采用主动发射扫描光源(激光)，通过探测自身发射的激光回波信号来获取目标物体的数据信息，因此在扫描过程中，可以实现不受扫描环境的时间和空间的约束的目的。同时，它还可以全天候作业，不受光线的影响，工作效率高，有效工作时间长。

④具有高分辨率、高精度的特点。三维激光扫描技术可以快速、高精度地获取海量点云数据，可以对扫描目标进行高密度的三维数据采集，从而达到高分辨率的目的。单点精度可达 2mm，间隔最小 1mm。

⑤数字化采集，兼容性好。三维激光扫描技术所采集的数据是直接获取的数字信号，具有全数字特征，易于后期处理及输出。用户界面友好的后处理软件能够与其他常用软件进行数据交换及共享。

⑥可与外置数码相机、GPS 系统配合使用。这些功能大大扩展了三维激光扫描技术的使用范围，对信息的获取更加全面、准确。外置数码相机的使用，增强了彩色信息的采集，使扫描获取的目标信息更加全面。GPS 定位系统的应用，使得三维激光扫描技术的应用范围更加广泛，与工程的结合更加紧密，进一步提高了测量数据的准确性。

⑦结构紧凑、防护能力强，适合野外使用。目前常用的扫描设备一般具有体积小、重量轻、防水、防潮，对使用条件要求不高，环境适应能力强，适于野外使用。

⑧直接生成三维空间结果。结果数据直观，进行空间三维坐标测量的同时，获取目标表面的激光强度信号和真彩色信息，可以直接在点云上获取三维坐标、距离、方位角等，并且可应用于其他三维设计软件。

⑨全景化的扫描。目前水平扫描视场角可实现 360 度，垂直扫描视场角可达到 320 度，扫描更加灵活，更加适合复杂的环境，从而提高了扫描效率。

⑩激光的穿透性。激光的穿透特性使得地面三维激光扫描系统获取的采样点能描述目

标表面的不同层面的几何信息。它可以通过改变激光束的波长，穿透一些比较特殊的物质，如水、玻璃以及低密度植被等，透过玻璃水面、穿过低密度植被来采集成为可能。奥地利 RIEGL 公司的 V 系列扫描仪基于独一无二的数字化回波和在线波形分析功能，实现了超长测距的目的。VZ-4000 甚至可以在沙尘、雾天、雨天、雪天等能见度较低的情况下使用并进行多重目标回波的识别，在矿山等困难的环境下也可轻松使用。

三维激光扫描技术与全站仪测量技术的区别如下：

①对观测环境的要求不同。三维激光扫描仪可以全天候地进行测量，而全站仪因为需要瞄准棱镜，必须在白天或者较明亮的地方进行测量。

②对被测目标获取方式不同。三维激光扫描仪不需要照准目标，是采用连续测量的方式进行区域范围内的面数据获取，全站仪则必须通过照准目标来获取单点的位置信息。

③获取数据的量不同。三维激光扫描仪可以获取高密度的观测目标的表面海量数据，采样速率高，对目标的描述细致。而全站仪只能够有限度地获取目标的特征点。

④测量精度不同。三维激光扫描仪和全站仪的单点定位精度都是毫米级，目前部分全站式三维激光扫描仪已经可以达到全站仪的精度，但是整体来讲，三维激光扫描仪的定位精度比全站仪略低。

1.5 三维激光扫描技术发展概述

1.5.1 国外技术发展概述

欧美国家在三维激光扫描技术行业中起步较早，始于 20 世纪 60 年代。发展最快的是机载三维激光扫描技术，目前该技术正逐渐走向成熟。美国的斯坦福大学 1998 年进行了地面固定激光扫描系统的集成实验，取得了良好的效果，该大学正在开展较大规模的研究工作。1999 年在意大利的佛罗伦萨，来自华盛顿大学的 30 人小组利用三维激光扫描系统对米开朗基罗的大卫雕像进行测量，包括激光扫描和拍摄彩色数码相片，之后三维激光扫描系统逐步产业化。目前，国际上许多公司及研究机构对地面三维激光扫描系统进行研发，并推出了自己的相关产品。

三维激光扫描技术开始于 20 世纪 80 年代，由于激光具有方向性、单色性、相干性等优点，将其引入到测量设备中，在效率、精度和易操作性等方面都展示了巨大的优势，它的出现也引发了现代测绘科学和技术的一场革命，引起许多学者的广泛关注。很多高科技公司和高等院校的研究机构将研究方向和重点放在三维激光扫描设备的研究中。

随着三维激光扫描设备在精度、效率和易操作性等方面性能的提升以及成本方面的逐步下降，20 世纪 90 年代，它成为了测绘领域的研究热点，扫描对象和应用领域也在不断扩大，逐渐成为空间三维模型快速获取的主要方式之一。许多设备制造商也相继推出了各种类型的三维激光扫描系统，现在三维激光扫描系统已经形成了颇具规模的产业。

目前，国际上已有几十个三维激光扫描仪制造商，制造了各种型号的三维激光扫描仪，包括微距、短距离、中距离、长距离的三维激光扫描仪。微观、短距离的三维激光扫描技术已经很成熟。长距离的三维激光扫描技术在获取空间目标点三维数据信息方面已获得了新的突破，并应用于大型建筑物的测量、数字城市、地形测量、矿山测量和机载激光测高等方面，并且有着广阔的应用前景。

手持式三维激光扫描仪的研究方面，国外公司起步较早，产品在中国销售的公司有：加拿大 Creaform 公司和 NDI 公司、美国 Artec 集团和 FARO 公司等。

拍照式三维激光扫描仪的研究较早，产品在中国销售的公司是德国的 Breuckmann(博尔科曼)公司，2012 年 9 月 3 日，Breuckmann 公司被 Aicon 三维系统有限公司收购。目前它的主要产品有 StereoScan 3D-HE、SmartSCAN-3D-C5、SmartSCAN 3D-HE。

在特殊用途的三维激光扫描仪开发应用方面，国外的技术还是比较先进的，有代表性的产品有：加拿大 Optech 公司 CMS 空区三维扫描系统、英国 MDL 公司专门为矿山采空区测量而生产的一种基于激光的空区测量系统 Void Scanner（VS150）MK3 和 C-ALS MK3、加拿大 GeoSight 公司的矿晴(MINEi)集成式三维激光测量系统、德国-SICK(西克)激光扫描测量系统。

在软件方面，不同厂家的三维激光扫描仪都带有自己的系统软件。还有其他三维激光扫描数据处理软件，如意大利的 JRC Reconstructor、德国的 PointCab、瑞典的 3D Reshaper 软件等，这些软件都各有所长。

1.5.2　国内技术发展概述

在国内，三维激光扫描技术的研究起步得较晚，随着三维激光扫描技术在国内的应用逐步增多，国内很多科研院所以及高等院校正在推进三维激光扫描技术的理论与技术方面的研究，并取得了一定的成果。

我国第一台小型的三维激光扫描系统是在原华中理工大学与邦文文化发展公司的合作下成功研制的；在堆体变化的监测方面，原武汉测绘科技大学地球空间信息技术研究组开发的激光扫描测量系统可以达到良好的分析效果，武汉大学自主研制的多传感器集成的 LD 激光自动扫描测量系统实现了通过多传感器对目标断面的数据匹配来获取被测物的表面特征的目的。清华大学提出了三维激光扫描仪国产化战略，并且研制出了三维激光扫描仪样机，已通过了国家 863 项目验收。北京大学的视觉与听觉信息处理国家重点实验室三维视觉计算小组在这方面做了不少研究，“三维视觉与机器人试验室”使用不同性能的三维激光扫描设备，全方位摄像系统和高分辨率相机采集了建模对象的三维数据与纹理信息。最终通过这些数据的配准和拼接完成了物体和场景三维模型的建立。凭借中国和意大利政府合作协议，北京故宫博物院于 2003 年将从意大利引进的激光扫描技术应用到故宫古建筑群的三维扫描项目中。北京建筑大学在故宫数字化项目中使用了加拿大 Optech 公司生产的 ILRIS-3D 三维激光扫描仪，这对于项目的顺利完成起到了重要作用。2006 年 4 月，西安四维航测遥感中心与秦兵马俑博物馆合作建立了 2 号坑的三维数字模型。

近年来，国内三维激光扫描设备制造商逐渐增多，研发与制造能力较强的制造商有北京北科天绘科技有限公司与武汉海达数云技术有限公司，形成全系列激光产品。车载激光扫描设备制造商主要有北京四维远见信息技术有限公司、青岛秀山移动测量有限公司、上海华测导航技术有限公司、立得空间信息技术股份有限公司、广州南方测绘科技股份有限公司等。

手持式三维激光扫描仪的研究方面，国内的企业紧跟国外的步伐，目前已经有多家公司研发和销售，有代表性的公司是：杭州先临三维科技股份有限公司、杭州思看科技有限公司、深圳市华朗科技有限公司等。

拍照式三维扫描仪的研究方面，国内的企业跟踪国际前沿技术，目前已经有多家公司在研发和销售，有代表性的公司是：深圳市精易迅公司、深圳市华朗科技有限公司、上海汇像信息技术有限公司等。

在特殊用途的扫描设备方面，目前主要有激光盘煤仪、人像扫描仪等。目前激光盘煤仪已经有多家公司在研发和销售，有代表性的公司是：北京三维麦普导航测绘技术有限公司、中科科能(北京)技术有限公司。

针对激光点云数据的数据管理和处理技术、不同行业应用的数据分析技术等技术难点，激光数据处理还存在设备精度标定、坐标拼接和转换、点云构网、植被分类、行业应用标准等问题。尽管国内外学者进行了大量的研究，并取得了一定成果，但仍不能满足生产需要。

尽管三维激光扫描技术在各行业中得到广泛应用，但大多数是直接应用国外成熟的软件进行数据采集和处理工作。目前国外成熟的地面激光扫描软件相对丰富。在国内也有一些相关软件被研发和应用，林业科学院针对林业的特点开发了用于林业方面的处理软件。中国水利水电科学研究院的刘昌军开发了海量激光点云数据处理软件和三维显示及测绘出图软件。

在软件方面，除了不同厂家的三维激光扫描仪自带的系统配套软件，还有其他三维激光扫描数据处理软件，如武汉海达数云技术有限公司的全业务流程三维激光点云处理系列软件、上海华测导航技术有限公司的 CoProcess、青岛秀山移动测量有限公司的 VsurPointCloud、北京四维远见信息技术有限公司的 SWDY 软件等，这些软件都各有所长。

1.6　存在的问题与发展趋势

近年来，国内的三维激光扫描技术与应用发展迅速，硬件的进步主要体现在扫描速度、集成度、视场角、测量精度、有效扫描距离、操作菜单、设备国产化等方面，点云数据处理软件方面有了长足的进步。但与国外相关技术对比，还存在一定的差距。本书以地面三维激光扫描技术与应用为例，针对目前存在的主要问题与未来的发展趋势做简要分析。

1.6.1　存在的主要问题

①仪器价格比较昂贵，企业普及度较低。目前，国外品牌的地面三维激光扫描仪在中国的销售价格在 100 万元左右，国内品牌的销售价格在几十万元，而且车载与机载的设备价格更高。目前用户主要集中在高校与科研院所，相关企业购买意愿较低，设备的普及程度较低。

②仪器系统的精度检测方法还处于起步阶段。目前地面三维激光扫描技术在面向测绘需求的理论研究和工程应用方面才刚刚起步，还没有形成一套完整的理论体系和数据处理

方法。各种工程应用也正迫切希望得到地面三维激光扫描技术的支持，但在数据质量的控制方面仍然依靠仪器厂商提供的参考，没有可靠的理论依据和规范。在仪器的检测方面研究较少，系统的设备检测方法尚处于起步阶段。仪器自身和精度的检校存在困难，目前检校方法单一，基准值求取复杂，而且缺乏设备精度评定的基本方法，国内也没有有效的检定手段和公认的检定机构。

③我国在 LiDAR 标准化领域还存在一些问题。第一，LiDAR 数据部分环节的标准还存在缺失现象，如对原始点云数据存储格式的规定，对原始点云数据的检测要求，多元化 LiDAR 产品的类型及数据规定等。第二，对 LiDAR 产品的规定还比较单一，仍局限于 DEM 和 DSM，并未完全体现 LiDAR 数据能反映地物丰富信息的优势。第三，标准的修订和更新机制相对滞后，在一定程度上影响和制约了 LiDAR 技术的应用推广。国家相关技术规范已经出台，主要有 2013 年 8 月 13 日开始实施的《地面激光扫描仪校准规范》(JJF 1406—2013)，2015 年 8 月 1 日开始实施的《地面三维激光扫描作业技术规程》(CH/Z 3017—2015)。目前设备在企业的普及程度还比较低，制作产品的应用还比较少，因此两个规范的执行还未达到强制的地位。

④扫描的野外作业相对简单，但是点云数据的后处理工作费时费力。随着仪器性能的不断提高，扫描的野外作业操作比较简单，花费的时间较少。但是，点云数据处理软件没有统一化，各个厂家都有自带软件，互不兼容，给点云数据处理和建模等工作造成了很大的困难。

⑤激光点云数据的集成应用研究较少。由于仪器与现场条件限制，会产生点云数据缺失现象，在工程应用中需要多平台的激光点云数据集成，也需要与相关技术(如 RTK、GIS、BIM、云计算等)集成，从而扩大应用范围。目前总体上处于研究试验阶段，还存在一定的技术问题，普及程度不高。

目前已有的后处理软件功能偏少(特别是专业应用功能)、数据处理量有限，而且很多算法不够完善，造成了现场扫描容易，后期数据处理及应用较为困难。数据后处理的自动化程度较低，人力投入较大，软件研发任重道远，尤其是适合中国用户的中文版处理与应用软件。另外，基于软件的三维建模具有一定程度上的主观性，因此在三维建模中各要素的量测性较差。产品技术参数不统一，导致了不同品牌的产品难以进行有效对比，测量精度的研究还相对较少，点云数据质量评价研究有限。

1.6.2　技术发展趋势

随着对地面三维激光扫描技术应用研究的不断深入，相信未来呈现的发展趋势主要表现在以下五个方面：

①仪器价格会逐步下降。目前在国内销售的国外品牌仪器比较多，仪器价格竞争是占领市场的重要手段，相信随着竞争的加剧，仪器价格会逐步下降。国内研制的仪器(中海达、北科天绘等公司)已经投入市场，与国外品牌相比价格上有较大的优势，相信随着性能与用户认知度的提高，国产三维激光扫描仪的市场占有率也会逐步提高，迫使国外品牌的仪器价格下降。

②积极推进仪器检校与应用技术标准与规范的执行。目前已经有两个相关规范出台，

随着仪器价格的下降与用户数量的增加，在不同领域的技术应用不断扩大，相信技术规范能起到促进作用，从而会变成强制执行的国家规范。

③数据处理软件功能会不断加强，三维建模与应用精度会不断提高。点云数据处理所用的时间是数据采集时间的十倍以上，主要原因就是后处理软件问题。未来的发展趋势就是研制出更加成熟、更加通用的数据处理软件，尽可能地缩短数据处理时间。进一步完善和开发后处理软件，使其处理的数据量更大，数据处理的速度更快，软件操作更方便。点云数据处理软件的公用化和多功能化，能实现实时数据共享及海量数据处理，特别是适合于中国用户的中文版软件。要想通过三维建模达到逼真的视觉效果，还需要有良好的纹理粘贴，如何有效地融合曲面模型和纹理数据，这也是值得研究的一项重要内容。此外，在硬件已定的情况下，还需注重测量方法和算法上的精度提高。

④进一步改进硬件，使激光扫描仪有更高的测量精度、更快的采样速度以及低廉的价格；进一步扩大扫描范围，实现全圆球扫描，获得被测景物空间三维虚拟实体显示；与摄像机集成，在扫描的同时获得物体影像，提高点云数据和影像的匹配精度。相信激光扫描仪能在精密工程测量和工业测量中得到广泛应用，相信也会不断拓展出新的应用领域。

⑤多平台激光点云数据的集成应用，与相关技术(如 RTK、GIS、IMU、BIM、全站仪等)联合测量，实时定位与导航，并扩大测程和提高精度。由于应用需求与相关技术的快速发展，多平台数据与多技术集成应用是必然趋势。

相信不远的将来三维激光扫描技术的应用领域和范围必定会不断扩大。

思　考　题

1. LiDAR 的英文全称是什么？中文含义是什么？

2.《地面三维激光扫描作业技术规程》(CH/Z 3017—2015)的主要内容是什么？它对地面三维激光扫描技术是如何定义的？

3. 三维激光扫描仪由哪些部件组成？工作原理是什么？

4.《规程》中对点云是如何定义的？点云数据中包含哪些信息？主要特点有哪些？

5. 激光雷达可分为哪几类？依据承载平台可划分成哪几类？

6. 地面三维激光扫描技术有哪些特点？它与全站仪测量技术的区别主要体现在哪些方面？

7. 地面三维激光扫描技术存在的主要问题有哪些？

第 2 章　地面三维激光扫描设备

地面三维激光扫描仪是最主要的硬件设备，近年来得到了快速发展，主要体现在品牌数量、性能指标、类型等方面的变化。本章主要介绍国内外的地面三维激光扫描仪，并简要介绍手持式、拍照式、特殊用途的三维激光扫描仪。

2.1　国外地面三维激光扫描仪简介

目前，生产地面三维激光扫描仪的公司比较多，随着地面三维激光扫描技术应用普及程度不断提高，目前国外产品在中国市场还占据主导地位。它们各自的产品在性能指标上有所不同，下面简要介绍有代表性的公司产品。

2.1.1　奥地利 RIEGL 公司的产品

RIEGL 公司(www. riegl. com)于 1998 年成功推出了首台三维激光扫描仪。RIEGL 激光扫描仪的主要特点有扫描速度最快、拼接时间最短、产品质量最好、具备的功能最多、配套的软件最多、合作的厂家最多、产品的种类最多、产品的信誉最好、设备所能达到的各项技术指标均优于厂家公开的技术指标。

RIEGL 公司于 1999 年推出了 LPM-2K 扫描仪，2002 年推出了 LMS-Z360 扫描仪，之后陆续推出多种型号的扫描仪。2017 年推出的长距离超高速的地面三维激光扫描系统 VZ-2000i(图 2-1)，采用能与互联网进行交互的全新处理框架，结合最新的 LiDAR 波形处理技

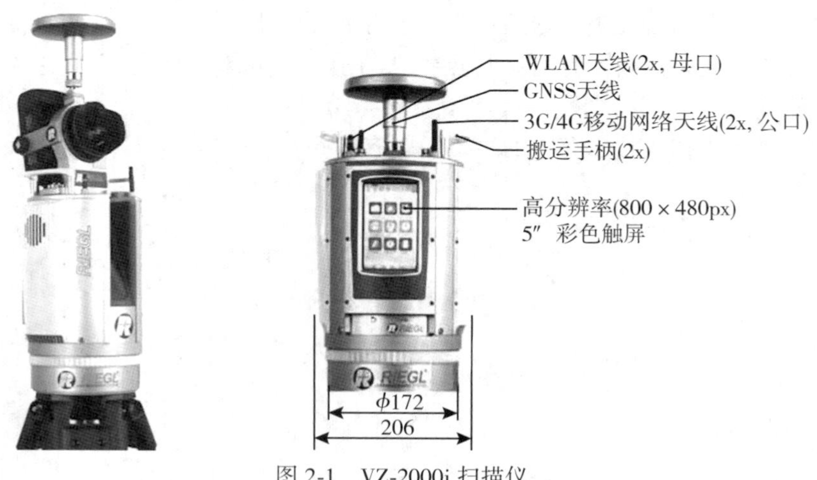

图 2-1　VZ-2000i 扫描仪

术。配有 RiSCAN PRO 标准处理软件，可选配露天矿应用优化的处理流程 RiMining 软件包，还可升级为 RIEGL VMZ 混合移动激光测图系统。选配软件有 RiMTA 3D 和 RiSOLVE。

仪器的主要技术参数见表 2-1，仪器详细技术参数见中国代理商北京富斯德科技有限公司网站(www.fs3s.com)与中测瑞格测量技术(北京)有限公司网站(www.ilidar.com)。

表 2-1 **RIEGL 公司地面三维激光扫描仪主要技术参数**

面市时间	1999 年	2000 年	2001 年	2003 年
产品型号	LPM-2K	LMS-390i	LMS-Z210	LMS-Z420i
测距范围(m)	10~2500	2~400	4~400	2~1000
扫描速度(点/秒)	—	11000	12000	11000
扫描精度(mm)	50/100m	2/50m	15/100m	10/50m
扫描视场范围(°)	360×195	360×80	360×80	360×80
角度分辨率(″)	—	3.6	18	9
扫描数据存储	—	外接电脑存储	外接电脑存储	外接电脑存储
尺寸(mm)	232×300×320	ϕ210×463	ϕ200×438	ϕ210×463
重量(kg)	14.6	15	14.5	16

面市时间	2007 年	2008 年	2008 年
产品型号	LPM-321	LMS-Z620	VZ-400
测距范围(m)	10~6000	2~2000	1.5~600
扫描速度(点/秒)	2600	11000	300000
扫描精度(mm)	25/50m	5/50m	3/100m
扫描视场范围(°)	360×150	360×80	360×100
角度分辨率(″)	32.4	9	优于 1.8
扫描数据存储	外接电脑存储	外接电脑存储	内置 32GB 闪存
尺寸(mm)	315×370×445	ϕ210×463	ϕ180×308
重量(kg)	16	16	9.3

面市时间	2010 年	2011 年	2012 年	2014 年
产品型号	VZ-1000	VZ-4000	VZ-6000	VZ-2000
测距范围(m)	2.5~1400	5~4000	5~6000	2.5~2050
扫描速度(点/秒)	300000	300000	300000	400000
扫描精度(mm)	5/100m	15/150m	15/150m	8/150m
扫描视场范围(°)	360×100	360×60	360×60	360×100
角度分辨率(″)	优于 1.8	优于 1.8	优于 1.8	优于 1.8/5.4
扫描数据存储	内置 32GB 闪存	内置 80GB 固态硬盘	内置 80GB 固态硬盘	内置 64GB 闪存
尺寸(mm)	ϕ200×380	236×226×450	236×226×450	ϕ200×308
重量(kg)	9.8	14.5	14.5	9.9

续表

面市时间	2015 年	2017 年
产品型号	VZ-400i	VZ-2000i
测距范围(m)	1.5~800	1.0~2500
扫描速度(点/秒)	500000	500000
扫描精度(mm)	5/100m	5/100m
扫描视场范围(°)	360×100	360×100
角度分辨率(″)	优于 1.8/2.5	优于 1.8/2.5
扫描数据存储	内置 256GB 固态硬盘	云储存：Amazon S3，FTP-Server，Microsoft Azure
尺寸(mm)	ϕ206×308	ϕ206×308
重量(kg)	9.7	9.8

2.1.2　瑞士徕卡(Leica)公司的产品

徕卡测量系统(www.leica-geosystems.com.cn)贸易有限公司(北京/上海/香港)隶属于海克斯康，HDS 高清晰测量系统部门是其三维激光扫描系统的研发部门，该部门的前身是 1993 年成立的 Cyra 技术公司，2001 年徕卡测量系统贸易有限公司收购了该公司，1995 年推出了世界上第一个三维激光扫描仪的原型产品。1998 年推出了第一台三维激光扫描仪实用产品 Cyrax 2400，扫描速度为 100 点/秒；2001 年推出了第二代产品 Cyrax2500，扫描速度增加到 1000 点/秒。Cyrax2500 即为徕卡 HDS2500 及后来的 HDS3000 的前身。

除了提供硬件产品，徕卡测量系统还为用户提供了一体化的后处理软件 Cyclone。Cyclone 软件具有扫描、拼接、建模、数据管理和成果发布等功能，具有数十个应用模块。另外，还有基于 AutoCAD 的插件 CloudWorx 和基于互联网的插件 TruView 可供用户使用。

2015 年，徕卡测量系统贸易有限公司推出了全新打造的第八代三维激光扫描仪 ScanStation P30/P40，同时推出了融高质量和高性能于一体、坚固耐用的入门级三维激光扫描仪——徕卡 ScanStation P16。2017 年，推出了一款全新迷你三维激光扫描仪 BLK360。

2018 年，徕卡测量系统贸易有限公司全新打造出长测程三维激光扫描仪 ScanStation P50(图 2-2)，扫描距离提高至 1km 以上，具有更长的测程和更强大的性能，能满足长距离及各种扫描任务需求。

2018 年 9 月，徕卡测量系统全新打造的极速智能三维激光扫描仪 RTC360(图 2-3)，拥有超前独特的 VIS 视觉追踪技术，可以实时跟踪计算两个连续站点间的相对位置，点云实时预拼接，同时配备了 3 个 HDR 全景相机，采用领先的 WFD 波形数字化技术。内置测高仪、GNSS、IMU 等多种传感器，实时测高、定位，扫描无需整平。配套的 Cyclone FIELD 360 外业操控软件直接安装在 IPad 或 Android 平板上，通过 Wi-Fi 无线连接设备，可实现远程操作，自动下载项目轻量点云和同步点云拼接、标注等信息。后期搭配

Cyclone REGISTER 360 智能拼接软件，具有数据智能拼接、检查和浏览功能，并且支持发布成徕卡全新一代的 LGS 数据格式，便于进行扩展应用，且操作简单。仪器系列产品主要技术参数详见表 2-2。

图 2-2 徕卡 ScanStation P50 三维激光扫描仪

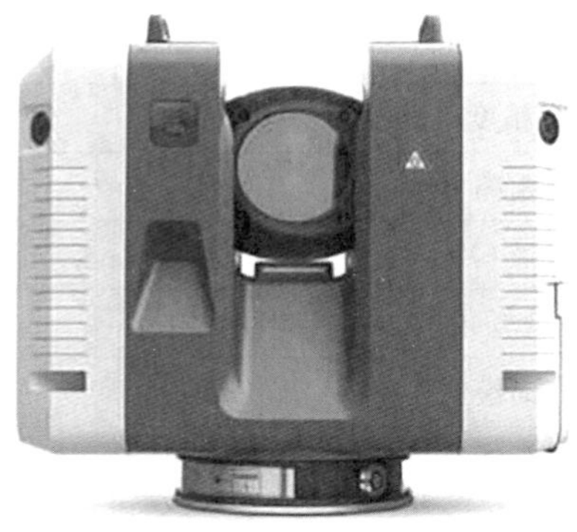

图 2-3 徕卡 RTC360 三维激光扫描仪

2013 年推出了徕卡 Nova MS50 综合测量工作站，同步还推出了徕卡 Infinity、MultiWorx、Cyclone、GeoMoS 等软件，这些软件都可以与 MS50 结合使用，用户可以根据自己的实际需求进行选择，以获得需要的测量成果。2018 年推出的徕卡 Nova MS60 综合测量工作站(图 2-4)结合所有的测量技术于一体：测量、扫描、图像以及 GPS 技术，是世界上第一台智能学习型仪器。徕卡 Nova MS60 综合测量工作站采用了全新的 Captivate 三维系统软件，基于三维点云模型进行测量和放样。仪器详细的技术参数与资料见徕卡测量系统网站。

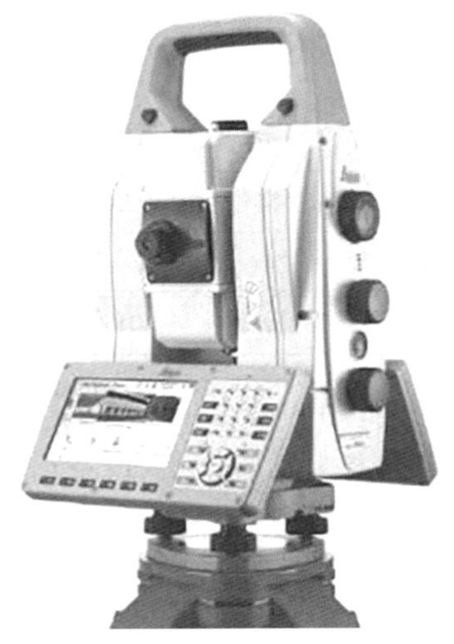

图 2-4 徕卡 Nova MS60 综合测量工作站

表 2-2　**徕卡地面三维激光扫描仪系列产品主要技术参数**

面市时间	2001 年	2004 年	2005 年	2005 年	2006 年
仪器型号	Cyrax2500	HDS3000	HDS4500	ScanStation	HDS6000
点位精度(mm)	6/50m	6/50m	3/50m	3/60m	6/50m
距离精度(mm)	1	4/50m	—	4/50m	6/50m
角度精度(″)	0.5	12	—	12	25
扫描距离(m)	150	300	100	300	79
扫描速率(点/秒)	1000	4000	500000	5000	500000
扫描视场角(°)	40/40	360/270	360/310	360/270	360/310
扫描模式	脉冲式	脉冲式	相位式	脉冲式	相位式
数据存储容量	笔记本电脑	笔记本电脑	笔记本电脑	笔记本电脑	60GB 内置硬盘
仪器尺寸(mm)	401×336×429	401×336×429	180×300×350	265×370×510	244×190×352
仪器重量(kg)	20.5(含手柄)	20.5(含手柄)	13	18.5	12

面市时间	2008 年	2009 年		2010 年	2011 年	
仪器型号	ScanStation 2	HDS4400	HDS6100	ScanStation C10	HDS6200	ScanStation C5
点位精度(mm)	6/50m	10/50m	9/50m	6/50m	9/50m	6/50m
距离精度(mm)	4/50m	20/50m	4/50m	4/50m	4/50m	4
角度精度(″)	12	288	25	12	26	12
扫描距离(m)	300	700	79	300	79	35
扫描速率(点/秒)	50000	4400	508000	50000	1000000	25000
扫描视场角(°)	360/270	360/80	360/310	360/270	360/310	360/270
扫描模式	脉冲式	脉冲式	相位式	脉冲式	相位偏移	脉冲式
数据存储容量	笔记本电脑	笔记本电脑	60GB 内置硬盘	80GB 固态硬盘	60GB 内置硬盘	80GB 固态硬盘
仪器尺寸(mm)	265×370×510	431×271×356	244×190×352	238×358×395	199×294×360	238×358×395
仪器重量(kg)	18.5	14(含电池)	14(含电池)	13	14(含电池)	13

面市时间	2011 年		2012 年	2015 年	
仪器型号	HDS7000	HDS8800	ScanStationP20	ScanStation P30/P40	ScanStation P16
点位精度(mm)	9/50m	—	3/50m	3/50m	3/40m
距离精度(mm)	—	10/200m; 50/2000m	1.5/50m	1.2mm+10ppm	1.2mm+10ppm
角度精度(″)	12	36	8	8	8
扫描距离(m)	187	2000	120	270	40

续表

面市时间	2011 年		2012 年	2015 年	
扫描速率(点/秒)	1000000	8800	1000000	1000000	1000000
扫描视场角(°)	360/320	360/80	360/270	360/270	360/270
扫描模式	相位式	脉冲式	脉冲式	脉冲式	脉冲式
数据存储容量	64GB 内置硬盘	笔记本电脑	256GB 固态硬盘	256GB 固态硬盘	256GB 固态硬盘
仪器尺寸(mm)	286×170×395	455×246×378	238×358×395	238×358×395	238×358×395
仪器重量(kg)	13(不含电池)	14	11.9	12.25	12.25
内置相机分辨率	—	—	—	400 万像素	400 万像素

面市时间	2017 年	2018 年	
仪器型号	BLK360	ScanStation P50	RTC360
点位精度(mm)	8/20m	2/50m	1.9/10m
距离精度(mm)	7/20m	3mm+10ppm	1mm+10ppm
角度精度(″)	—	8	18
扫描距离(m)	0.6~60	0.4~1000	0.5~130
扫描速率(点/秒)	360000	1000000	2000000
扫描视场角(°)	360/300	360/290	360/300
扫描模式	脉冲式	脉冲式	相位式
数据存储容量	超过 100 站点数据	256GB 内置固态硬盘或外接 USB	256GB、USB3.0，可插拔的工业级闪存驱动器
仪器尺寸(mm)	ϕ100×165	238×358×395	120×240×230
仪器重量(kg)	1	12.25	5.35
内置相机分辨率	1500 万像素	400 万像素	1200 万像素

2.1.3 美国 Trimble(天宝)公司的产品

天宝公司(www.trimble.com)成立于 1978 年，1998 年 6 月 Trimble 在中国北京成立了第一家代表处。

Trimble GX 3D 扫描仪是一款先进的测量仪器，它使用高速激光和摄像机捕获坐标和图像信息。Trimble FX 扫描仪专为工业、造船和海上平台环境所设计，其主要特点是一键自动建模，并可与 Trimble 其他测量仪器联合作业、数据兼容。天宝 TX5 扫描仪(2012 年)是一个面向广泛扫描应用的革命性多功能三维解决方案，仪器参数与法如 Focus 3D 扫描仪相同。数据采用 SCENE 软件处理和配准，可以无缝地导入到天宝 Realworks Survey 软件上，以产生最终成果，如检测结果、测量结果或三维模型。数据也可以传输到三维 AutoCAD 软件包中，提供给第三方设计软件。

2013 年，天宝公司推出了 TX6 与 TX8 激光扫描仪，它们具有获取精确高密度三维数据的能力，并可结合天宝 RealWorks 软件先进的建模、分析和数据管理工具。2016 年，天宝公司推出了 SX10 影像激光扫描仪(图 2-5)，它的诞生是具有革命性质的，它将传统的全站仪测量功能与当时顶尖的三维扫描技术相互结合，能够有效采集高密度 3D 扫描数据、改善 Trimble VISION 影像和高精度全站仪数据，为测绘、工程建设等专业人士提供世界上最可靠的解决方案。

天宝扫描仪的主要技术参数见表 2-3，扫描仪详细技术参数见北京麦格天宝科技发展集团有限公司网站(www.maggroup.org)、北京麦格天渱科技发展有限公司网站(www.magth.cn)与北京天拓天宝科技有限公司网站(www.titgroup.cn)。

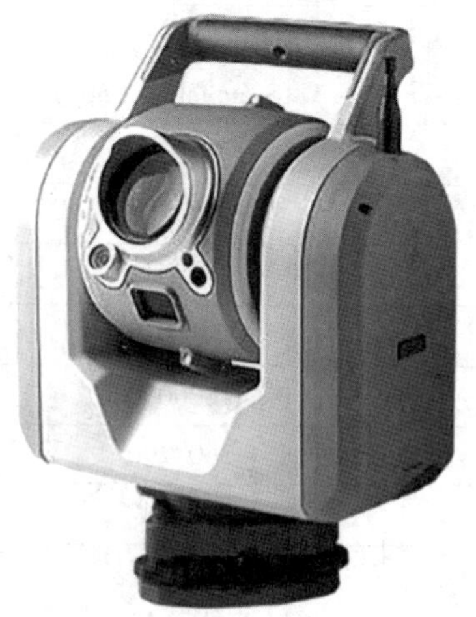

图 2-5　天宝 SX10 影像激光扫描仪

表 2-3　**Trimble 公司三维激光扫描仪主要技术参数**

面市时间	2003 年	2004 年	2005 年	2006 年
仪器类型	Trimble GS101	Trimble GS200	Trimble GX200	Trimble VX
最大测程(m)	200	350	350	150
扫描速度(点/秒)	5000	5000	5000	15
扫描精度(mm)	1.4/50m	1.4/50m	1.4/50m	3/150m
角度精度(″)	12	12	12	1
视场(°)	360/60	360/60	360/60	360/60
扫描方式	脉冲	脉冲	脉冲	脉冲
激光波长(nm)	532	532	532	905
尺寸(mm)	340×270×420	340×270×420	323×343×404	220×190×385
重量(kg)	13.6	13.6	13	5.25

续表

面市时间	2007 年	2008 年	2009 年	2012 年
仪器类型	Trimble GX Advance	Trimble FX	Trimble CX	Trimble TX5
最大测程(m)	350	140	80	120
扫描速度(点/秒)	5000(开启 SureScan 提升16倍)	1200000	54000	976000
扫描精度(mm)	1.4/50m	1.5/50m	1.25/50m	1.1/25m
角度精度(″)	12	8	14	—
视场(°)	360/60	360/270	360/300	360/300
扫描方式	脉冲	相位	脉冲与相位结合	相位
激光波长(nm)	532	685	660	905
尺寸(mm)	323×343×404	425×164×237	120×520×355	240×200×100
重量(kg)	13	11	11.8	5

面市时间	2013 年	2015 年	2016 年
仪器类型	Trimble TX8	Trimble TX6	Trimble SX10
最大测程(m)	120	120	600
扫描速度(点/秒)	1000000	500000	26600
扫描精度(mm)	2/120m	2/120m	1mm+1.5ppm
角度精度(″)	16	16	1
视场(°)	360/317	360/317	360/300
扫描方式	相位与脉冲	相位与脉冲	线扫描
激光波长(nm)	1500	1500	1550
尺寸(mm)	335×386×242	335×386×242	275×155×315
重量(kg)	10.7	10.7	7.5

2.1.4　其他公司产品

(1)日本 TOPCON(拓普康)公司

日本 TOPCON 公司三维激光扫描仪目前主要有 GLS-1000、GLS-1500、GLS-2000，配套软件是 ScanMaster。从 2007 年起 TOPCON 公司陆续推出影像型三维扫描全站仪 IS01、IS02、IS201、S203、IS301、IS302。仪器详细介绍见北京拓普康商贸有限公司网站(http://positioning.topcon.com.cn/)。

(2)美国 FARO(法如)公司

美国 FARO 公司的三维激光扫描仪目前主要有 S120、X30、X130、X330、S150、S350、M70、S70，配套系列软件是 FARO SCENE。仪器详细介绍见法如公司官网、中国代理商北京浩宇天地测绘科技发展有限公司网站(www.haoyuworld.com)与南京龙测测绘技术有限公司网站(www.longce.net)。

(3)加拿大 Optech 公司

加拿大 Optech 公司有多种激光扫描系列产品，三维激光扫描仪目前主要有 ILRIS-3D/HD、ILRIS-LR、Polaris 北极星系列扫描仪，配套软件是 PolyWorks。仪器详细介绍见中国代理商北京中翰仪器有限公司网站(www. zhinc. com. cn)。

(4)德国 Z+F 公司

德国 Z+F 公司研发的三维激光扫描仪有多种系列，其中常用的是 IMAGER 系列，其型号主要有 5016、5010X、5010C、5010、5006h、5006EX、PROFILER9012，配套软件是 LaserControl Scout、LaserControl、SynCaT。仪器详细介绍见公司官网(www. zf-laser. com)，中国代理商上海华测导航技术股份有限公司网站(www. huace. cn)。

(5)日本 PENTAX(宾得)公司

日本 PENTAX 公司研发的三维激光扫描仪目前主要有 S-3180/S-3180V、P-1000、P-1000V，配套软件是 Scanworks。仪器详细介绍见中国代理商北京中翰仪器有限公司网站(www. zhinc. com. cn)。

(6)澳大利亚 Maptek 公司

澳大利亚 Maptek 公司研发的三维激光扫描仪以 I-Site 系列最为人称道，该系列的产品主要有 XR3、8200SR、8200ER、I-Site 8820，配套软件是 I-SITE Studio。仪器详细介绍见公司官网(www. maptek. com)，中国代理商天河道云(北京)科技有限公司网站(www. daoyuntech. com)。

(7)美国 Basis 公司

美国 Basis 公司研发的三维激光扫描仪目前以 Surphaser 系列为大众所熟知，该系列的产品主要有 25HSX、100HSX、10，配套软件是 SurphExpressStandard。仪器详细介绍见中国代理商北京龙睿海拓科技发展有限责任公司网站(www. lidar. net. cn)。

2.2　国内地面三维激光扫描仪简介

目前，国内生产地面三维激光扫描仪的公司较少，随着地面三维激光扫描技术应用普及程度的不断提高，国内产品在中国市场占有率逐步提高，下面简要介绍有代表性的公司产品。

2.2.1　中海达公司 HS 系列产品

广州中海达卫星导航技术股份有限公司(简称为中海达)成立于 1999 年，2011 年 2 月 15 日在深圳创业板上市。2012 年公司与王少华合作，投资设立武汉海达数云技术有限公司，用以主营研发、生产及销售三维激光扫描仪系列产品。

2012 年成功研发了 iScan 一体化移动三维测量系统与 LS-300 三维激光扫描仪。LS-300 是国内第一台完全自主知识产权的高精度地面三维激光扫描仪，具有高效扫描、远距离测量、I 级安全激光、智能化操作、符号工程测量流程的业务化软件设计等特点。同时，还配套自主研发了系列激光点云数据处理软件和三维全景影像点云应用平台。2014 年推出了 HS300 与 HS450 三维激光扫描仪，2015 年推出了 HS650 高精度三维激光扫描仪。

2016 年推出的 HS1200 高精度三维激光扫描仪(图 2-6)，是中海达完全自主研发的脉冲式、全波形、高精度、高频率三维激光扫描仪，具备测量精度高、点云处理效率高、成果应用多样化等特点。中海达自主研发的配套全业务流程三维激光点云处理系列软件，主要有 HD 3LS Scene、HD 3LS Scene_G、HD PTCLOUD VECTOR FOR AUTOCAD、HD MAPCLOUD 3DVIRTUAL、HD CITY MODELING。

图 2-6 HS1200 三维激光扫描仪

仪器的主要技术参数见表 2-4，扫描仪详细介绍见武汉海达数云技术有限公司网站(www.hi-cloud.com.cn)。

表 2-4 **中海达公司三维激光扫描仪主要技术参数**

面市时间	2013 年	2014 年	2015 年	2016 年
仪器类型	LS-300	HS450	HS650	HS1200
扫描距离(m)	0.5~250	1.5~450	1.5~650	2.5~1200
扫描速度(点/秒)	14400	水平：36°/秒 垂直：3~150 线/秒	水平：36°/秒 垂直：3~150 线/秒	水平：36°/秒 垂直：3~150 线/秒
测距精度(mm)	25/100m	5/40m	5/40m	5/40m
角分辨率(″)	18	3.6	3.6	3.6
扫描视场角(水平/垂直,°)	360/300	360/100	360/100	360/100
数据存储	60GB(SSD)	240GB(SSD)	240GB(SSD)	240GB(SSD)
主机尺寸(mm)	400×300×200	ϕ188×318	ϕ188×318	ϕ188×318
重量(kg)	14.2(含电池)	10.5	10.5	10.5
激光类型	脉冲式	脉冲式	脉冲式	脉冲式

2.2.2　北科天绘公司的 U-Arm 系列产品

北京北科天绘科技有限公司(简称北科天绘)于 2005 年初成立。公司产品系列包括:基于飞行平台的激光扫描测量设备 A-Pilot 系列、基于车载平台的激光扫描测量设备 R-Angle 系列、地面全向三维激光扫描设备 U-Arm 系列。

2011 年成功研制出第一代地面激光扫描仪(U-machine),2012 年成功研制出第二代地面设备(UA 系列),2012 年到 2013 年年初改进第二代设备为第三代地面设备同为 UA 系列,其中第二代与第三代为第一代的改进型号,同时 UA0100、UA0500、UA1000、UA2000 在 2013 年初相继面世。2014 年推出了 UA-1500 和 TP-3000。

U-Arm 系列产品包括 UA-0150、UA-0500、UA-1500 和 TP-3000 四个型号,如图 2-7 所示,另外可以根据行业需求进行定制。UIUA 软件是北科天绘针对 U-Arm 地面三维激光扫描仪自主研发的配套软件,实现了从设备控制到数据采集、数据解算、点云滤波、点云分类、点云与影像融合等一体化操作流程,形成了一套完整的数据处理解决方案。

图 2-7　U-Arm 地面三维激光扫描仪

仪器的主要技术参数见表 2-5,扫描仪详细介绍见公司网站(www.isurestar.com)。

表 2-5　**U-Arm 系列三维激光扫描仪主要技术参数**

仪器型号	UA-0150	UA-0500	UA-1500	TP-3000
扫描距离(m)($\rho \geqslant 60\%$)	0.5~300	1.5~1000	10~1500	50~5000
回波模式	N/A	多回波	多回波	多回波
激光波长(nm)	红外	1550	1550	1064

续表

仪器型号	UA-0150	UA-0500	UA-1500	TP-3000
扫描视场(°)	360×300	360×300	360×300	360×70
扫描速度(rpm)	1800	1800	1800	200~300(Hz)
测角分辨率(°)	0.001	0.001	0.001	0.001
测距精度(mm)	2~5/50m	5~8/100m	5~8/100m	20~30/500m
重量(kg)	6	9	12	18

2.2.3 广州思拓力公司的 X 系列产品

广州思拓力测绘科技有限公司(简称思拓力，STONEX)于 2011 年成立。2012 年公司推出了 STONEX X9 三维激光扫描仪，2013 年推出了 X300 三维激光扫描仪，2015 年推出了 X50 三维激光扫描仪，2017 年推出了 X300 Plus 三维激光扫描仪(图 2-8)，2018 年推出了 X150 Plus 三维激光扫描仪。

配套有 Si-Scan2.1 三维点云扫描软件，具有扫描数据配准与拼接技术、多站拼接技术、滤波与光顺技术、点云简化技术、三维建模技术(模型制作：三角网、实体模型)、纹理映射技术、自动化点云分类技术、特征物分析提取技术、二三维一体化测图技术等功能，最大限度地减少和简化数据后处理工作。

仪器的主要技术参数见表 2-6，扫描仪详细介绍见公司网站(www.situoli.com)。

图 2-8 X300 Plus 三维激光扫描系统

表 2-6　**STONEX 系列三维激光扫描仪主要技术参数**

仪器型号	X9	X300	X50	X150 Plus	X300 Plus
测距范围(m)	0.3～187	2～300	0.2～50	2～150	2～150
扫描速度(点/秒)	101.6 万	4 万	4 万	4 万	4 万
垂直视野范围(°)	320	180	270	180	180
水平视野范围(°)	360	360	360	360	360
扫描精度(mm)	1/50m	4/50m	1/10m	4/50m	4/50m
数据存储	—	内置 32GB 闪存(可扩展至64GB)	内置 32GB 板载 SSD 固态硬盘	内置 32GB 闪存(可扩展至64GB)	内置 32GB 闪存(可扩展至 64GB)
仪器尺寸(mm)	—	215×170×430	—	215×170×430	215×170×430
主机重量(kg)	9.8	6.15	—	6.15	6.15

另外，还有深圳市华朗科技有限公司(www.holon3d.com/cn)、武汉迅能光电科技有限公司(www.scanlasertech.cpooo.com)、杭州中科天维科技有限公司(www.cst3d.com)研发制造的三维激光扫描仪及相关软件。

2.3　手持式三维激光扫描仪简介

2.3.1　概述

三维激光扫描技术是为了满足工业领域的设计和制造需求而诞生的，其主流技术从出现到现在，已经发展到了第四代(手持式三维扫描)。第一代是接触式测量技术，第二代是线激光扫描技术，第三代是结构光扫描技术。手持式三维激光扫描技术通过使用线激光来获取物体表面点云，用视觉标记来确定扫描仪在工作过程中的空间位置。手持式三维激光扫描仪的优点主要有：高分辨率、极高精度、真正自动多分辨率、双扫描模式、自定位、真正便携式设备、功能强大、使用界面友好。

手持式三维激光扫描仪是一种科学仪器，它是三维激光扫描仪中最常见的扫描仪，用来侦测并分析现实世界中物体或环境的形状(几何构造)与外观数据(如颜色、表面反照率等性质)。搜集到的数据常被用来进行三维重建计算，在虚拟世界中创建实际物体的数字模型。这些模型具有相当广泛的用途，如工业设计、瑕疵检测、逆向工程、机器人导引、地貌测量、医学信息、生物信息、刑事鉴定、数字文物典藏、电影制片、游戏创作素材等都可见其应用。

2.3.2　国外手持式三维激光扫描仪简介

目前手持式三维激光扫描仪的制造商主要有加拿大 Creaform 公司、美国 Artec(阿泰克)集团、加拿大 NDI 公司、美国 FARO 公司等。

以加拿大 Creaform 公司的设备为例，作简要介绍：加拿大 Creaform 公司成立于 2002 年，2007 年进入中国。2005 年推出首个 Handyscan 3D 激光扫描仪，目前主要型号有 UNIscan、REVscan、EXAscan、Go！SCAN、Handyscan700 等。

其中，Handyscan700(图 2-9)具有更高的准确性、速度和分辨率。这是市场上用途最广的三维激光扫描仪，适用于检测和要求严格的逆向工程应用。配套有后期处理软件 VXmodel，它可以直接集成到 VXelements 中，并且完全允许在任何 CAD 或 3D 打印软件中直接使用完成的三维扫描数据。VXmodel 提供了最简便快捷的途径，可将数据从三维扫描仪传送至 CAD 软件中。

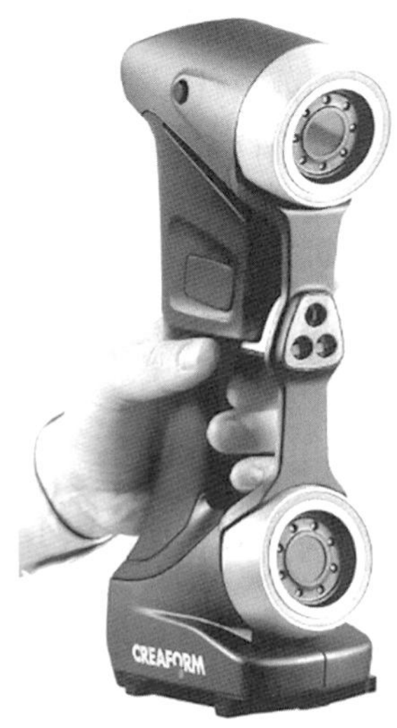

图 2-9　Handyscan700 3D 手持式扫描仪

2.3.3　国内手持式三维激光扫描仪简介

目前国内手持式三维激光扫描仪的制造商主要有：杭州先临三维科技股份有限公司、杭州思看科技有限公司、上海汇像信息技术有限公司、深圳市华朗科技有限公司、深圳市精易迅科技有限公司、武汉中观自动化科技有限公司、深圳积木易搭科技有限公司等。

杭州先临三维科技股份有限公司成立于 2004 年，是国家白光三维测量系统(3D 扫描仪)行业标准的第一起草单位。

杭州先临三维科技股份有限公司推出的 EinScan 全球首款桌面、手持式两用三维激光扫描仪。桌面式扫描与手持式扫描两种模式轻松转换。扫描仪轻便小巧，既可以满足固定扫描时对于高精度数据的要求(精度为 0.03mm)，又可以做到手持实时 3D 数据采集(精度为 0.3mm)，灵活易用，适用范围广。工业级 3D 扫描仪产品主要有：FreeScan Plus 无线激光手持三维扫描仪，FreeScan X7、X5、X3 激光手持 3D 扫描仪等。

2.4　拍照式三维激光扫描仪简介

2.4.1　概述

拍照式结构光三维激光扫描仪是一种高速高精度的三维扫描测量设备，采用的是目前国际上最先进的结构光非接触照相测量原理。结构光三维扫描仪是采用一种结合结构光技术、相位测量技术、计算机视觉技术的复合三维非接触式测量技术。采用这种测量原理，使得对物体进行照相测量成为可能。所谓照相测量，就是类似于照相机对视野内的物体进行照相，不同的是照相机摄取的是物体的二维图像，而研制的测量仪获得的是物体的三维信息。与传统的三维扫描仪不同的是，该扫描仪能同时测量一个面。拍照式三维扫描仪可随意搬至工件位置做现场测量，并可调节成任意角度作全方位测量，拍照式三维扫描仪对大型工件可分块测量，测量数据可实时自动拼合，非常适合各种大小和形状物体(如汽车、摩托车外壳及内饰、家电、雕塑等)的测量。

拍照式三维激光扫描仪是国内近期火热起来的，其最大的优势是扫描时可以获取整个幅面的三维数据；劣势是对扫描物体限制要求高，大部分情况下要喷显像剂，且每扫描一个幅面就要移动位置，在扫描大幅面和造型复杂物体时，效率较低。

2.4.2　国外拍照式三维激光扫描仪简介

目前拍照式三维激光扫描仪的制造商主要有德国 Breuckmann(博尔科曼)公司、美国惠普(Hp)公司等。

以德国的 Breuckmann(博尔科曼)公司生产的系列产品为例，简要介绍如下：

Breuckmann 公司位于德国梅尔斯堡，自 1986 年成立以来一直引领着非接触式三维光学测量技术的发展。Breuckmann 的产品基于微结构光投影技术专利，是高精度、高可靠性的 3D 检测工具；Breuckmann 研发的三维激光扫描系统主要用来实现物体的三维测量、三维数字化以及三维检测。2012 年 9 月 3 日，Breuckmann 公司被 Aicon 三维系统有限公司收购。

目前，Breuckmann 公司生产出了多系列产品，主要有 StereoScan 3D-HE、smartSCAN-3D-C5(图 2-10)、smartSCAN 3D-HE。smartSCAN 3D-HE 的测量和数字化系统是 smartSCAN 3D 系统的进一步研发和扩充，代表着当今移动性非接触测量和数字化系统的世界最先进水平。smartSCAN 3D-HE 适合任何在产品的研发和质量监控中三维数据的提取和加工，被广泛应用于逆向工程中的精密测量和数字化等任务中。

2.4.3　国内拍照式三维激光扫描仪简介

目前拍照式三维激光扫描仪的制造商主要有：深圳市华朗科技有限公司、杭州先临三维科技股份有限公司、上海汇像信息技术有限公司、深圳市精易迅科技有限公司、新拓三维技术(深圳)有限公司等。

深圳市华朗科技有限公司成立于 2006 年，主要产品有拍照式三维扫描仪、手持式三

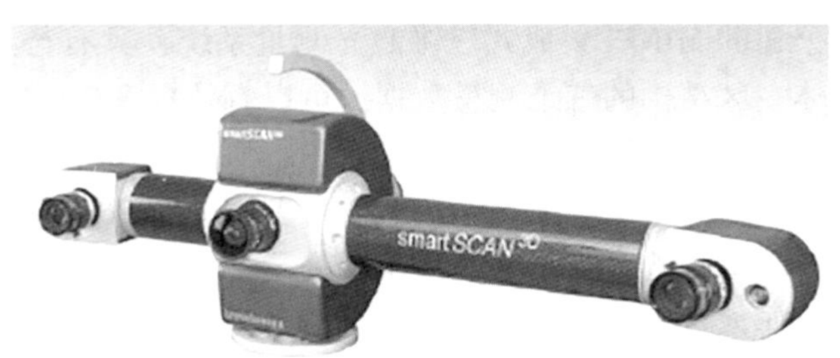

图 2-10 smartSCAN-3D-C5 三维扫描仪

维扫描仪、三维彩色扫描仪、三维摄影测量系统、三维人体(形)扫描仪、大视场三维扫描检测系统等。

拍照式三维激光扫描仪的主要产品是 α7000(最顶配产品)、Holon-3DX 系列、Holon-3DS 系列、Holon-3DM 系列、Holon-3DW 系列、Holon-3DZ 系列(综合型)、Holon-3DSF 系列(400 型)、Holon-3DE 系列(800 型)、Holon-3DSV(全功能型)。

α7000 拍照式三维激光扫描仪具有超高效率、高性价比、高稳定性、多模式切换、外插法多频相移光栅、13 步编码校准技术、精度高等特点。

2.5 特殊用途的三维激光扫描仪简介

2.5.1 加拿大空区三维扫描系统

1. Optech 公司 CMS V500

加拿大 Optech 公司 CMS 空区三维扫描系统在 19 世纪 80 年代取得了专利保护，CMS 等同于地下测量。CMS 空区三维扫描系统采集到成千上万个用于确定空区尺寸、方位、体积的三维坐标点，并用这些点绘制详细的工程图。通用的数据格式可以确保 CMS 数据导入到任何软件进行处理。

新型 Optech CMS V500 通过在过去机型的基础功能上改进，以及增加新的功能来提高效率。该系统的特色功能有：精确的 3D 模型空区，能够快速和简便地比较数据；实时数据可视化，离开扫描现场之前可立即检查数据质量；内置电池，无线操作，在一个安全的区域进行监控操作；通过电脑远程操作设备，便捷、灵活；CMS 数据可导出到任何矿山软件和 CAD 平台进行数据分析；内置摄像头使得 CMS V500 具备视察功能，操作员能够利用摄像头观察和记录采矿工作面、矿仓、通风井和其他难以接近的区域。

Optech CMS V500 系统广泛应用于一般地下溶洞、金属矿以及有关方量测量；在金属矿山上，CMS 能解决的问题是位置、大小、形状的确定，以及矿石方量计算；解决客户对不安全以及人不能够进入的采空区的测量需求；防爆型 CMS 能有效保障在煤矿矿井的安全作业。

2. GeoSight 公司 MINEi 地下空区三维激光测量系统

加拿大 GeoSight 公司的 MINEi 集成式三维激光测量系统，具有行业领先的技术水平。通过使用精确模拟矿体空区结构的三维测量数据，可以有效提升矿山客户的生产效率。

该系统的特点主要有：操作简单，提高测量效率；快捷高效，平均用时 7 分钟，即可完成一次测量；测量精确，高效的激光扫描，距离误差不大于 2cm，数据真实可靠；应用范围广，从地下空区、巷道的测量到溜井乃至矿堆的测量均适用；远距离操作，特别配备的无线连接系统，使工作人员远离危险区域；特别配备的深井测量辅助装置，可实现溜井的三维精确测量，为溜井的维护、治理提供准确的数据依据。

该系统可应用于真三维模型图纸，为采矿设计提供数据支持；采空区三维测量，计算空区体积，采场验收；监测空区沉降、变形情况；溜井的三维测量与检测；矿堆测量与体积计算；核实验超爆、欠爆爆破情况等。

2.5.2　英国的采空区扫描仪

1. 采空区扫描仪

英国的三维激光扫描仪的代表性产品是采空区扫描仪——探杆式三维激光扫描仪 Void Scanner（VS150）Mk3，VS150 三维激光采空区测量系统是英国 MDL 公司专门为矿山采空区测量而生产的一种基于激光的空区测量系统。系统可以架设在伸缩式、坚固轻便的碳素延长杆上，可以深入到空区内进行测量，也可以架设在三脚架上进行测量。主要应用于采场验收、采空区测量、采场体积计算、对比测量观察变形、矿堆体积测量等。

2. 钻孔式三维激光扫描仪

英国的钻孔式三维激光扫描仪的代表性产品有 MDL 公司开发的 C-ALS MK3 三维激光采空区测量系统。它可以通过地表延伸至空区内部的钻孔将激光探头下放至空区内部，迅速而安全地对空区进行激光三维扫描；也可以在地下向采空区钻进钻孔，通过钻孔进行空区探测。在扫描过程中，与探头相连的控制单元与计算机通过网络连接，最大距离为 300m，操作人员可在远离危险区域的环境下利用控制软件监视和操作扫描系统。

2.5.3　德国 SICK(西克)激光扫描测量系统

1946 年 SICK(西克)公司诞生，它的主要激光产品有室内型激光扫描测量系统和室外型激光扫描测量系统。

室内型激光扫描测量系统主要用于室内仓库及厂房内，如自行小车 AGV 防撞及导航，仓库入口超限检测，机器人的引导及定位，室内散货、包裹体积测量等。室内型激光扫描测量系统有 7 个型号的产品。

室外型激光扫描测量系统主要用于室外型防撞、障碍检测或物体外形测量。如港口设备防撞及定位、重型设备室外防撞、高速公路车型分类及超限检测、铁路路轨障碍物检测、室外机器人防撞及导航、地形扫描、散货如煤堆体积测量等应用。系统普遍采用多次回波检测技术，IP67 的防护等级、雾气校正功能及内部集成加热器，保证其即使在恶劣环境下也能准确测量。室外型激光扫描测量系统有 7 个型号的产品。

2.5.4　关节臂激光扫描仪

关节臂激光扫描仪是一款独特的测量设备。用户可以用测量臂的硬测头来精确采集点，再用激光扫描头获取所需的大量点云数据。设备也可与逆向工程软件如 Geomagic，Polyworks，Rapidform 和其他第三方软件包一起使用。关节臂激光扫描仪适用于检测、逆向工程、快速成形、3D 建模。

国外关节臂激光扫描仪产品主要有美国的 FARO Design ScanArm 2.0，意大利 FriulROBOT 公司的 ScanFlex，法国的 Kreon ACE、瑞典海克斯康公司扫描式测量臂等。国内主要有柳州如洋精密科技有限公司的 RA5 系列产品等。

2.5.5　盘煤仪

目前盘煤仪的国内制造商主要有：北京三维麦普导航测绘技术有限公司、中科科能(北京)技术有限公司、西安科灵节能环保仪器有限公司等。

北京三维麦普导航测绘技术有限公司成立于 2007 年，公司盘煤仪系列产品有无人机盘煤仪、便携式盘煤仪、全自动盘煤仪。

便携式盘煤仪产品包括 SW21 和 SW31 高精度盘煤仪，SW11 型三维激光盘煤全站仪，另外代理美国图帕斯 200X 型激光测距盘煤仪，康拓一体式与分体式盘煤仪。

SW11 型三维激光盘煤全站仪是公司最新开发的三维激光扫描系统，可以应用于物料库存量的测量以及其他三维扫描应用。系统采用的专业三维建模软件，功能强大，直接读取内存中扫描点数据，生成 DTM 模型，可计算出体积、面积等空间数据信息。

设备的详细资料见北京三维麦普导航测绘技术有限公司网站(www.survey3d.com)。

思　考　题

1. 关于地面三维激光扫描仪国外的主流品牌有哪些？国内有代表性的公司有哪些？
2. 徕卡综合测量工作站有几个型号？主要功能是什么？
3. 德国 Z+F 公司的三维激光扫描仪 IMAGER 系列的型号有哪些？配套软件是什么？
4. 武汉海达数云技术有限公司的 HS1200 高精度三维激光扫描仪有哪些特点？配套的全业务流程三维激光点云处理系列软件有哪些？
5. 北京北科天绘科技有限公司的地面激光扫描仪 UA 系列型号有哪些？主要特点是什么？配套的软件是什么？
6. 广州思拓力测绘科技有限公司的 X 系列三维激光扫描系统有哪些型号？配套软件是什么？有哪些主要功能？

第3章 地面三维激光扫描点云数据采集

为了获取满足项目精度要求的点云数据，工作过程一般包括项目计划制定、外业数据采集和内业数据预处理三个环节。《规程》中指出：地面三维激光扫描总体工作流程应包括技术准备与技术设计、控制测量、数据采集、数据预处理、成果制作、质量控制与成果归档。本章首先阐述制定扫描方案的方法，然后介绍外业扫描的三种常见方法，包括基于标靶的点云数据采集(简称标靶法)、基于地物公共特征的点云数据采集(简称地物特征法)和全站仪式点云数据采集(简称全站仪法)，最后简要介绍点云数据格式和缺失成因。

3.1 野外扫描方案设计

《规程》中对资料收集及分析、现场踏勘、仪器及软件准备与检查做出了具体要求。参考学者的相关研究，对方案设计做简要阐述。

3.1.1 制定扫描方案的作用

测绘工程项目多数都有技术设计的环节，在我国三维激光扫描技术应用还处于初期阶段，多数应用项目属于试验研究性，只有少数应用技术路线相对成熟，在多数大型项目中，技术设计已经成为必要环节。

三维激光扫描技术应用的核心是获取点云数据精度。从目前一些学者的研究成果中可看出，点云数据精度的影响因素较多。为了控制误差累积，提高扫描精度，三维激光扫描测绘和传统测绘一样，测绘前进行基于精度评估的技术设计是非常有必要的，对于项目的顺利完成具有非常重要的作用。

3.1.2 制定扫描方案的过程

《规程》中指出：技术设计应根据项目要求，结合已有资料、实地踏勘情况及相关的技术规范，编制技术设计书。技术设计书的编写应符合《测绘技术设计规定》(CH/T 1004—2005)的规定。本书结合一些学者的研究成果，归纳出制定扫描方案的主要过程如下：

1. 明确项目任务要求

当扫描项目确定后，承包方技术负责人必须向项目发包方全面细致地了解项目的具体任务要求，这是制定项目技术设计的主要依据。

2. 现场勘查

为了保证项目技术设计的合理性并能顺利实施，全面细致地了解项目现场的环境，双方相关人员必须到扫描现场进行踏勘。

踏勘过程中注意查看已有控制点的位置、保存情况以及使用的可能性。根据扫描对象的形态、空间分布、扫描需要的精度以及需要达到的分辨率确定扫描站点的位置、标靶的位置等。根据扫描站点的位置考虑扫描数据的拼接方式，并绘制现场草图(有条件可用大比例尺的地形图、遥感影像图等作为工作参考)，对主要扫描对象进行拍照。根据现场勘查以及照片信息找出整个扫描过程中的难点，并对其提出相应的解决办法。

3. 制定技术设计方案

《规程》中规定：技术设计书的主要内容应包括项目概述、测区自然地理概况、已有资料情况、引用文件及作业依据、主要技术指标和规格、仪器和软件配置、作业人员配置、安全保障措施、作业流程。详细说明见《规程》。

选择主要设计内容简要说明如下：

(1)扫描仪选择与参数设置

目前扫描仪的品牌型号比较多，在数据采样率、最小点间距、模型化点定位精度、测距精度、测距范围、激光点大小、扫描视场等指标方面各有千秋，为项目仪器选择提供了较大的空间，一般应根据仪器成本、模型精度、应用领域等因素综合考虑。

仪器选择时首先要考虑项目任务技术要求、现场环境等因素，再结合仪器的主要技术参数确定项目使用的仪器，多数情况下一台仪器能够满足作业要求，但是在特殊情况下(如项目任务量较大、工期较短、扫描对象有特殊要求)需要多台仪器参与作业，甚至使用不同品牌型号的仪器。目前不同品牌仪器的性能参数还不统一，在选择仪器前应充分了解仪器的相关标称精度情况，结合项目技术要求选择相应的参数配置，比如最佳的扫描距离、每站扫描区域、分辨率等指标。参数选择的原则是能够满足用户的精度需要即可，不宜精度过高，否则会造成扫描时间增加、工作效率下降、成本上升、增加数据处理工作量与难度等不良后果。

(2)测量控制点布设方案

扫描仪本身在扫描过程中会自动建立仪器坐标系统，在无特殊要求时能够满足项目需要。但是为了将三维激光扫描数据转换到统一坐标系统(国家、地方或者独立坐标系)下，需要使用全站仪或其他测量仪器配合观测，这样在点云数据拼接后就可把所有的激光扫描数据转换到统一坐标系下，方便以后的应用。测量控制点布设要考虑现场环境、点位精度要求及仪器本身特性等，可参考测绘相关的技术规范进行。

4. 野外扫描方案设计

在整个项目技术设计过程中，野外扫描方案是最重要的组成部分。扫描之前要设计全面细致的方案。根据测量场景大小、复杂程度和工程精度要求，确定扫描路线，布置扫描站点，确定扫描站数、扫描系统至扫描场景的距离以及扫描分辨率。仪器参数的确定，将直接影响到扫描精度和效率，分辨率一般根据扫描对象和需要获取的空间信息进行确定。

对扫描方案设计中的主要内容说明如下：

(1)标靶

扫描仪的内部有一个固定的空间直角坐标系统。当在一个扫描站上不能测量物体全部而需要在不同位置进行测量时，或者需要将扫描数据转换到特定的工程坐标系中时，都会涉及坐标转换问题。为此，就需要测量一定数量的公共点，来计算坐标变换参数。为了保证转换精度，公共点一般采用特制的球面(形)标志(也称球形标靶，如徕卡系列的扫描仪配套的球形标靶，可以放置在地面上(见图 3-1)或安置在三脚架上(见图 3-2))和平面标志(也称平面标靶)上，不同形状的平面标靶见图 3-3，不同形状的平面标志见图 3-4，在变形监测项目中一般采用贴片固定在监测对象上代替标靶。

图 3-1　放置在地面上球形标靶

图 3-2　安置在三脚架上球形标靶

图 3-3　不同形状的平面标靶

图 3-4　不同形状的平面标志

放置标靶时注意标靶能够良好识别，不要被物体遮挡；为提高拼接精度不要将标靶放在一条直线上，安放位置要确保扫描数据期间的稳定性，标靶之间应有高度差。

为满足点云数据的拼接要求，相邻测站至少要求有三个公共点重合，因此购置仪器时一般至少要配置 4 个标靶。如果有条件，可以多配置，这样扫描时每站的扫描范围会加大，同时也会提高工作效率。

(2)测站设置

根据扫描实施方案，设置站点要保证三维激光扫描仪在有效范围内发挥最大的效率，科学地设置站点可大幅度提高测量效率。在需要扫描标靶的情况下，换站前要计划好下一站位置，要确保下一站也能看到标靶；若不需要标靶，要保证测站的位置能尽量多地看到特征点，以方便后续的点云拼接。

一般情况下，采用地物特征和标靶控制点拼接数据时，测站设置应遵循如下原则：

①使得扫描仪所架设的各个测站可以扫描到目标区域的全部范围。

②对测站数进行优化，采用最小的设站数量，最大的覆盖面积(保证采样率的前提下)，减少拼接次数，减少点云数据的拼接误差和数据总量。

③相邻两站之间有不少于三个可清晰识别的标靶或特别标志，扫描仪至扫描对象平面的距离要在仪器标称测距精度的最佳工作范围内，一般要与扫描对象平面垂直。

④在可视范围内，保证90%以上的数据完整性，站与站之间重复率能够满足后续数据拼接的要求，可以保证研究对象整个点云数据的完整性和不同站点间拼接的最低要求。针对古建筑的特殊部位，要进行数据补充，保证完整性。对于大型的复杂建筑，尤其是具有一定高度的建筑，应采用其他辅助手段，保证点云数据的完整性。

(3)大范围区域扫描方案的设计

当扫描范围比较大，扫描站数较多时，采用一种接拼方式可能会有较大的累计误差。目前大范围区域点云数据拼接是研究的热点问题，直接影响了野外扫描方案的制定。

扫描方案设计是顺利完成项目的技术保障，双方要充分沟通，也要对方案进行多次论证，确定最终的实施方案。在方案实施过程中，如果遇到问题也可以对原方案进行修改。

3.2　点云数据采集方法概述

地面三维激光扫描仪对三维场景进行数据采集时，一般可采用三种数据采集方法：基于标靶的数据采集方法(简称标靶法)、基于地物特征拼接的数据采集方法(简称地物特征法)、全站仪模式的点云数据采集方法(简称全站仪法)。

3.2.1　标靶法

标靶法，即基于标靶的点云数据采集方法，采用的反射标靶可以是球体、圆柱体或圆形标靶，一般情况下是仪器设备自带的标靶，或者仪器设备已经定义的标准标靶。外业数据采集时，在待测物体四周通视条件相对较好的位置布设反射标靶，作为任意设置测站的共同后视点。任意位置设站对待测物体扫描时，要求测站能同时后视到三个及以上标靶。扫描结束后，再对待测物体四周能后视到的标靶进行精扫，以获取标靶的精确几何坐标。根据实际工作经验，在进行基于标靶的数据采集时，每站之间获取 4 个以上的标靶数据，在后期数据处理时能得到更好的点云拼接效果，标靶与测站位置关系如图 3-5 所示。

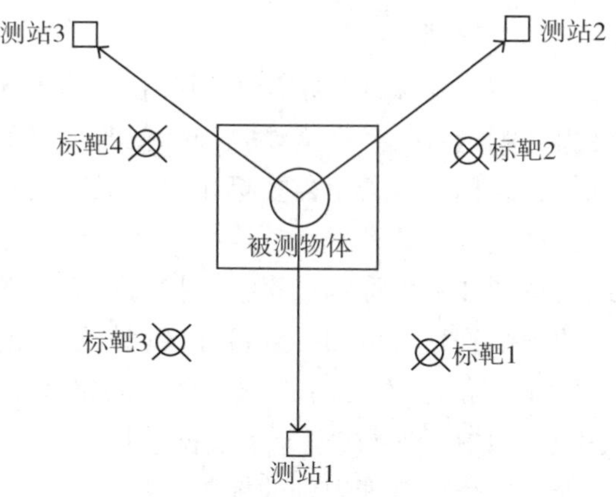

图 3-5　标靶与测站位置关系示意图

基于标靶的数据采集方法目前主要应用于雕塑、独立树、堆体、人体三维扫描等测量面积相对较小、独立的物体扫描工程中。如果面积较大或者被扫描物遮挡时，在换站的同时就要移动标靶到下一个能通视的位置，保证每一测站至少能扫描到 3 个以上的标靶，如图 3-6 所示的堆体，共扫描 4 站(S1～S4)，标靶摆放 6 个位置(b1～b6)，按照逆时针的方向移动。

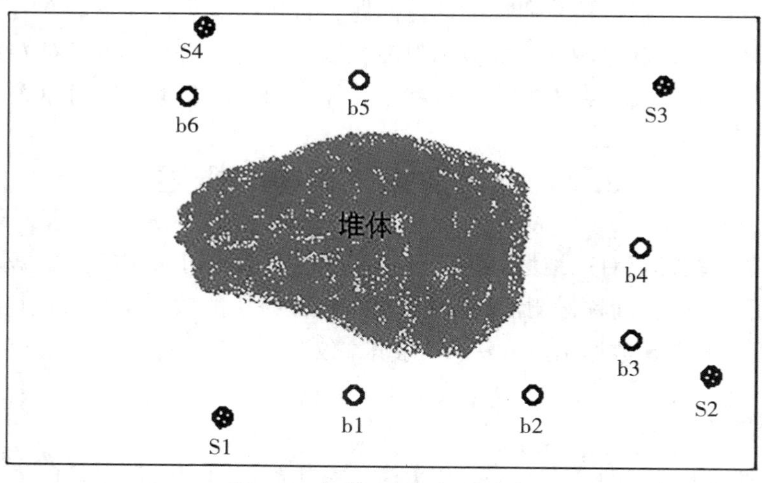

图 3-6　仪器及标靶摆设位置

基于标靶的数据采集方法可以在任意位置架设扫描测站点，但要求相邻两测站间要有 3 个以上固定位置的公共标靶，扫描时需要对公共标靶进行精扫；这种方法不需要获取每个测站和标靶的测量坐标，内业点云拼接简单、快速，拼接精度较高。该方法适合小型、单一物体的扫描工程。

3.2.2　地物特征法

根据相邻测站获取的点云数据重叠区域内共有地物特征进行后续数据拼接的采集方法即为基于地物特征拼接的数据采集方法。共有特征可以是特征面、点及其他扫描仪可以识别的特殊标志。在外业数据采集时，扫描仪可以根据情况架设在任意位置进行扫描，同时不需要后视标靶进行辅助。在扫描过程中，只需要保证相邻两站之间的公共区域拟采用的拼接地物特征有 3 个以上即可。

数据处理主要通过扫描仪自带的软件选择各测站重叠区域的公共特征，计算旋转矩阵进行拼接，拼接过程根据软件功能分为自动拼接和手动拼接两种方式。特征选择完成后，软件可以计算出待拼接点云相对于基础点云的旋转矩阵，将两站数据拼接在一起。结果再与第三站进行拼接，采用此方法将其余各站的数据拼接成一个整体。

此方法可以在任意位置架设扫描仪进行数据采集，不需架设后视或公共标靶，只要求扫描测站之间公共区域内有 3 个以上可用于拼接的特征即可，外业测量简单方便，布设方式灵活。内业数据拼接时需要人工选取公共点云进行拼接，拼接过程复杂、精度较低。该方法适用于特征明显，测量精度要求不高的工程。

3.2.3　全站仪法

全站仪法类似于常规全站仪测量的方法，也是最接近于传统测量模式的方法。该方法需要在已知控制点上设站扫描，各控制点的坐标需要采用其他的方法进行测量，如导线测量、GPS-RTK 方法等。采用 GPS-RTK 作业方法时，可以通过扫描仪自带的接口，将 GPS 接收机直接连接在扫描仪器上，进行同步测量。

外业具体数据采集流程：①在已知控制点上架设三维激光扫描仪，仪器进行对中整平；②在另一与测站点相互通视的已知控制点上架设标靶，对标靶进行对中整平；③根据测量物体的特征，对三维激光扫描仪按一定的参数进行设置后采集被测物体点云数据；④在点云数据中找到标靶的位置并对标靶进行精细扫描，获得后视点标靶的相对坐标。

利用仪器配套的软件，输入对应控制点的坐标，将点云数据转到需要的测量坐标系中。由于已知控制点都是在同一坐标下进行测量得到的，因此各站点云数据通过配准操作后叠加在一起，就形成了统一的整体数据。

此方法由于每个控制点都在同一坐标系下，因此需要采用其他设备对控制点坐标进行测量，从而加大了外业工作量。在扫描过程中，只需要对一个后视标靶进行扫描即可完成定向，每站点云数据之间不需要有重叠区域。该方法点云拼接精度高，并可以直接得到相应的测量坐标系，适用于大面积或带状工程的数据采集工作。

3.3　标靶法的点云数据采集流程

《规程》中指出：数据采集流程包括控制测量、扫描站布测、标靶布测、设站扫描、纹理图像采集、外业数据检查、数据导出备份。本书参考学者的应用研究成果，对利用标靶进行点云数据采集的方法进行说明。

3.3.1　标靶法的主要步骤

扫描开始前要做好相关准备工作，主要包括仪器、人员组织、交通、后勤保障、测量控制点布设等。针对不同品牌的仪器型号，在一个测站上具体扫描操作的方法会有所不同。目前多数扫描仪的集成度较高，以徕卡 ScanStation C10 扫描仪为例，在采用球形标靶控制点方式拼接的情况下，在一个测站上扫描的主要步骤如下：

1. 仪器安置

仪器安置的主要工作包括接电源(锂电池或者交流电源)、对中(在需要条件下)、整平，需要的时间非常短，有外接电源连接后的仪器设置效果如图 3-7 所示。对于个别扫描控制与数据存储采用笔记本电脑的分体式扫描仪，要将各个部件连接完整，就需要一定的时间，一般会在半小时以内完成。

图 3-7　有外接电源连接的仪器架设

2. 摆放球形标靶

在仪器安置的同时，可以在扫描对象的附近摆放 4 个球形标靶，如图 3-8 所示。注意球形标靶一定要放在比较稳定的地方，要与仪器通视，同时不要摆放在一条直线上，要考虑到下一站的球形标靶移动时的通视。

3. 仪器参数设置

在确认仪器安置无误后，可以打开仪器电源开关，一般开机可能需要几分钟时间，之后出现操作的中文主菜单(图 3-9)，可以用配置的手写笔进行轻点屏幕操作。仪器带有电子气泡和激光对中，可以方便使用(图 3-10)。当开机完成后，可以进行扫描参数设置，主要包括工程文件名、扫描范围、分辨率、标靶类型等。其中与精度相关的参数设置要与项目技术设计相符。目前多数国外产品支持中文菜单的操作，总体上操作比较简单。

图 3-8　4 个球形标靶摆放关系

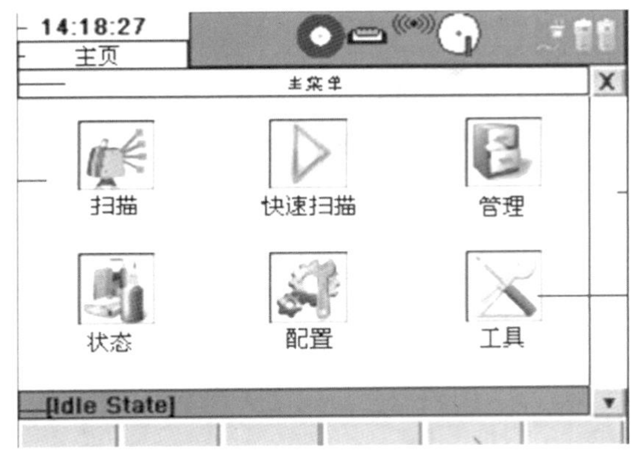

图 3-9　仪器主界面

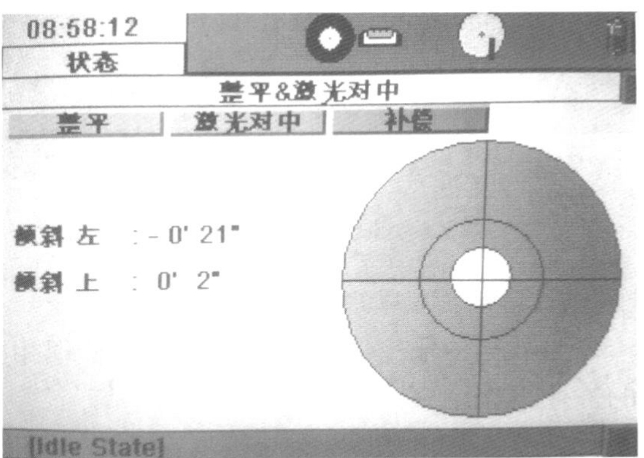

图 3-10　整平与激光对中界面

4. 开始扫描

当确认仪器参数设置正确后，可以执行扫描操作。仪器在扫描过程中会有扫描进程的显示以及完成扫描所需的剩余时间，如果有问题可以暂停或取消扫描。当仪器扫描结束后，可以检查扫描数据质量，不合格的需要重新扫描。扫描完一站后需要对标靶进行精扫描。依据扫描方案，还可以进行照相(仪器配套相机或专业相机)。

为了保证后续工作顺利完成，在测站上应做好观测记录，主要内容包括扫描测站位置略图、扫描仪品牌与型号、扫描时间、扫描操作人、测站编号、参数设置等，可自行设计表格填写。

5. 换站扫描

当确认测站相关工作完成无误后，可以将仪器搬移到下一测站，是否关机取决于仪器的电源情况、两站之间的距离、仪器操作要求等因素。根据扫描对象的情况决定是否移动标靶。

当仪器搬移到下一测站后，选择相同的工程新建站重复前 4 个步骤的工作。注意与前一个测站需要相同分辨率等特殊指标参数。

6. 数据输出

当全部扫描工作完成后，依据数据文件的大小，如果工作文件比较小(参考 U 盘容量确定)，可在现场导出数据文件，插入 U 盘，选择“工具”按钮下的“传输”功能，进行相关操作，如图 3-11 所示。如果比较大，则可以采用移动硬盘或者传输电缆直接与电脑连接。

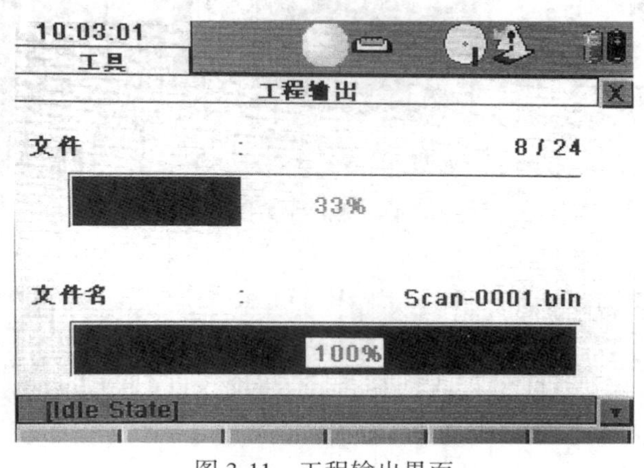

图 3-11　工程输出界面

7. 结束扫描工作

当数据传输完成后，关闭仪器。整理相关部件，仪器马达停止后可装入仪器箱，扫描的外业工作结束。

3.3.2　标靶法的主要注意事项

由于仪器本身及扫描外界环境等因素，对获取的点云数据精度有一定的影响，为了保证能获取到扫描对象完整精度符合要求的点云数据，《规程》中规定在点云数据采集时应满足一定的要求。参考学者研究的成果，在野外点云数据采集过程中主要注意事项如下：

①在可能的条件下，应该使用最佳的距离和角度。在室内扫描或扫描距离较短的情况下，不同的角度会有不同的接收率，并不是正直扫描时接收率最高。

②防止在仪器工作温度以外使用。在天气较热的情况下，应尽可能地将设备放在阴凉环境下，或者在仪器上部搭上一块湿布，帮助仪器散热。

③仪器内部安装了高分辨率的数码相机，因此在扫描仪设站时应注意不要将设备直接对着太阳光。

④仪器在扫描操作时，尽量避免风、施工机械影响引起的地面颤动等造成三脚架晃动，还有扫描范围内人员走动、空气中浮尘等造成三维数据的噪音，对此应选择合适的时机尽量避免，无法避免时在后期数据处理时应对其进行消除。

⑤激光在穿透湿度大的空气时会有很大程度的衰减，所以应尽量避免在潮湿的区域作业。特别是封闭潮湿的环境，空气中的水汽不仅会吸收激光，而且被测目标表面的水也会

产生镜面反射，这样会使扫描仪的测量距离降到非常小的范围。

3.4　地物特征法的点云数据采集流程

随着激光扫描技术的进步和市场的需求，先进的激光扫描设备都增加了基于地物特征进行数据拼接的功能，以此来提高外业的作业效率，典型的有 RIEGL、FARO、Trimble 等品牌的新设备。地物特征法目前主要用于室内、城区等建筑物较多、平面特征丰富的区域。

3.4.1　地物特征法的主要步骤

以 Trimble TX8(简称 TX8)设备为例，简述基于地物特征数据采集方法的具体步骤。

1. 仪器架设

TX8 的架设与其他三维激光扫描设备类似，将设备的三脚架大致置平在预先设定的位置后，确保三脚架稳定后将机头安置其上，拧紧连接螺旋，借助仪器上的水平气泡将设备整平，根据需要也可以进行对中，如图 3-12 所示。一般在野外作业时采用激光扫描仪内置电池供电(图 3-13(a))，该设备也提供电源线供电。架设完毕后，将电池和数据 U 盘插入仪器内部(图 3-13(b))。

图 3-12　Trimble TX8 外业架设图

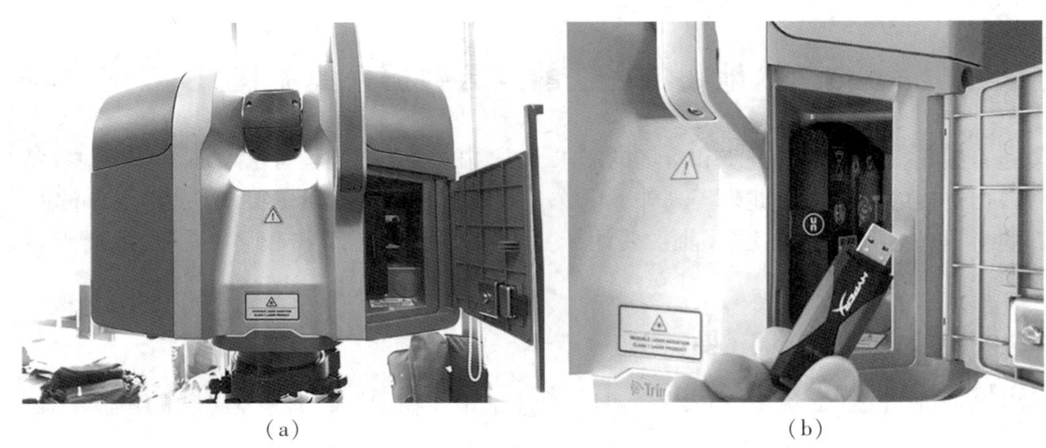

（a）　　　　（b）

图 3-13　电池及存储 U 盘插入图

2. 仪器参数设置

确认仪器安置完毕后，点击仪器操作面板上端的电源开关按钮，该仪器设备开机时间一般在一分钟以内。开机完毕自动进入主界面，如图 3-14 所示。开机完成后可以进行扫描参数设置，主要包括新建工程（设置工程名称、操作人等信息）、自动补偿设置（图 3-15）、扫描参数设置、扫描范围选择、工程的编辑等。其中扫描范围的选择，重点确认与下一站进行接边的范围内三个公共平面（图 3-16）或三个标志点。其中如果具备三个公共平面则后处理软件 TRW 可以自动进行拼接，如果是三个以上的公共标志点，则可以用后处理软件进行手动点云拼接。

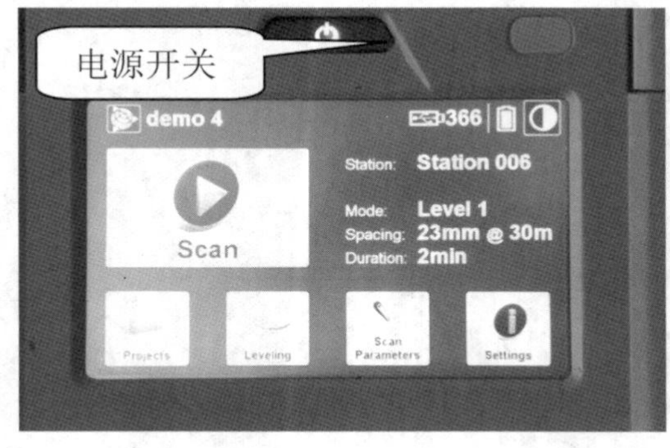

图 3-14　操作面板及电源开关

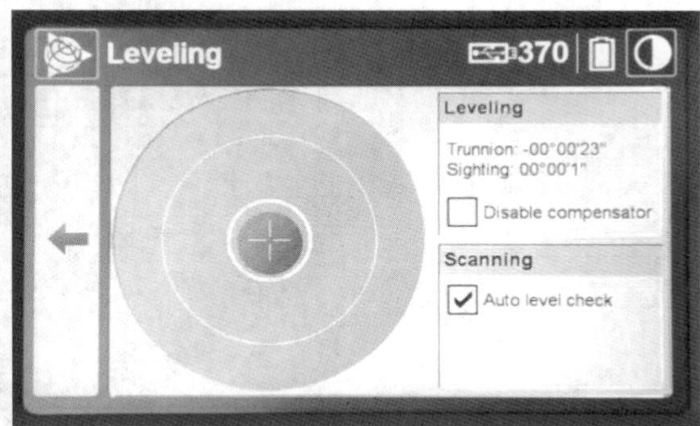

图 3-15　自动置平补偿

3. 开始扫描

当确认仪器参数设置正确后，点击操作主界面中的“Scan”按钮开始执行扫描，其中 level 等级里面明确了大概的扫描时间，TX8 扫描仪有 4 个等级，每个扫描等级的点云精度及详细参数见表 3-1，每个等级都定义了在相应距离的点云密度、点云数量及扫描用时。

图 3-16 面拼接点云示例

表 3-1 **TX8 的扫描等级指标及时间**

扫描等级	点间隔	时间(分钟)
预览	15.1mm/10m	1
Level 1	22.6mm/30m	2
Level 2	11.3mm/30m	3
Level 3	5.7mm/30m	10
扩展	75.4mm/300m	19

扫描结束后，可以检查扫描数据的质量，不合格的可以进行部分或全部数据的重新扫描。依据扫描方案，还可以进行照相。

4. 换站扫描

当确认测站相关工作完成无误，可以将仪器搬移至下一测站，是否关机取决于测站间的距离及电源电量情况。当仪器搬移到下一站后，重复以上工作步骤，如果第一站进行了整平工作，其他站可以不再整平，注意选择相同的工程，参数根据具体情况进行设置。

5. 绝对定位

如果测区成果需要绝对坐标系，在测量的过程中，需要在整个测区实际扫描并用传统测量方法测得三个以上的已知点，既可以是标靶，也可以是特殊标志，便于后期将成果转换到绝对坐标系下。

6. 结束扫描工作

当全部扫描工作完成后，检查数据质量，数据会直接存储在之前插入仪器的 U 盘中，如果数据没有问题，关闭仪器，直接将数据盘取出即可。整理相关仪器部件，放入仪器箱中，结束作业。

3.4.2 地物特征法的主要注意事项

对于地物特征法，除了常规的扫描注意事项以外，在采集之前还需要特别强调以下事项：

①仪器高度适当；仪器与墙壁距离和入射角度相对合理，以保证扫描数据的精度。

②保证数据的完整性。

③仪器参数选择：点密度够用即可。点密度过大会导致数据采集时间久，数据处理时间长；数据密度过小则不能满足成果要求，因此要适度选择采集密度。

④相邻测站重叠率不低于 30%，以保证数据处理的拼接精度。

⑤详细绘制扫描路线草图，便于辅助内业数据的处理。

3.5 全站仪法的点云数据采集流程

随着仪器性能的不断提高，与传统测绘技术相结合的产品已经出现，例如，GPS、IMU、全站仪等，提高了获取点云数据的精度，同时可以进一步获取指定坐标系下的点云坐标。

国内学者已经开始关注这方面的应用，并做了相关研究。从最初的在扫描仪中引入平台坐标系，研究坐标系转换和扫描仪定向，来实现扫描仪全站化，到在外业扫描过程中，通过架站和标靶扫描获取坐标（戚万权，2013）。其中，ScanStation C10 提供了多种传统全站仪式的架站方法：已知方位角、已知后视点以及后方交会的方法，可以轻松地将仪器架设在已知点上，通过已知点的坐标实现高精度的不同测站的数据拼接，确保获取高质量的扫描成果，当然这些已知点的坐标可以通过全站仪或者 GPS 提前获取，在现场只需在设站时输入坐标即可，使用这些设站方法后，在室内数据处理时无需再进行拼接，而是直接进行后续的点云去噪和建模等处理工作。

3.5.1 全站仪法的主要步骤

对于扫描现场没有已知控制点的情况，而扫描项目又需要实现高精度的点云拼接，此时可以使用 ScanStation C10 导线测量方法（图 3-17），其具体的步骤如下：

①现场布设临时导线点即仪器架设点（A、B、C）。

②仪器架设在 B 点定向 A 点所架标靶，此时使用已知方位角设站方法，给定一个方位角，如定义 0°00′00″。

③完成 B 点设站后即可开始扫描，同时扫描下一站 C 点标靶作为前视点。

④将仪器搬至 C 点，使用已知后视点设站方法，扫描前视 B 点标靶完成定向后，即

可进行后续扫描，同时扫描前视点 D 标靶。

⑤依次完成各个站的设站和扫描任务，直到前视点为 A 点为止，这样就完成了一个闭合导线测量，不仅完成了导线测量，同时也完成了各个站的扫描任务，当然在整个导线测量中需要量取仪器高和标靶高，以确保获取正确的高程值。

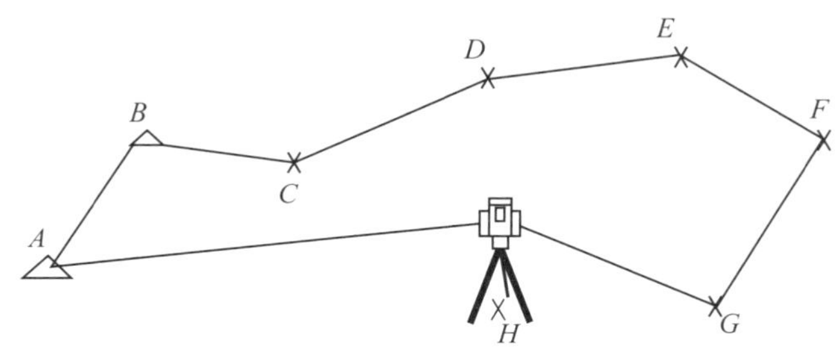

图 3-17 ScanStation C10 导线布设示意图

ScanStation C10 外业完成的导线测量数据也可以导入 Cyclone 软件中进行查看和编辑，如图 3-18 所示，以核对各站的点号以及仪器高和标靶高是否正确。

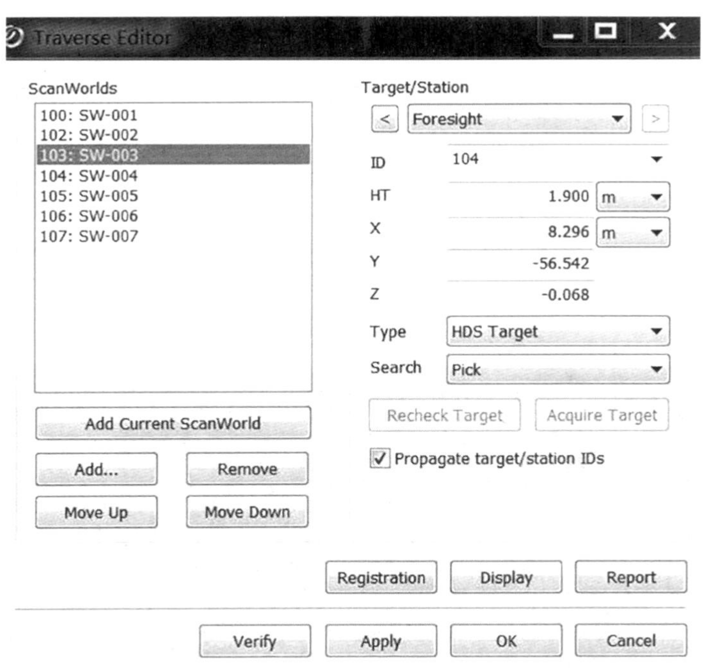

图 3-18 Cyclone 软件中显示的导线测量数据

完成编辑后可以对所有设站数据进行重新拼接，同时查看拼接报告(图 3-19)，在报告中可以查看各导线点的坐标信息、导线总长度以及闭合差等信息。

Traverse Report

```
X = -0.000 m, Y = 17.072 m, Z = 0.154 m, HT = 1.900 m
Foresight: 102
X = -0.003 m, Y = -18.812 m, Z = -0.078 m, HT = 1.900 m
Station: 102
X = -0.003 m, Y = -18.812 m, Z = -0.078 m, HI = 0.000 m
Backsight: 100
X = 0.000 m, Y = 0.000 m, Z = 0.000 m, HT = 1.900 m
Foresight: 103
X = 0.641 m, Y = -34.510 m, Z = -0.058 m, HT = 1.900 m
Station: 103
X = 0.641 m, Y = -34.510 m, Z = -0.058 m, HI = 0.000 m
Backsight: 102
X = -0.003 m, Y = -18.812 m, Z = -0.078 m, HT = 1.900 m
Foresight: 104
X = 8.296 m, Y = -56.542 m, Z = -0.068 m, HT = 1.900 m
Station: 104
X = 8.296 m, Y = -56.542 m, Z = -0.068 m, HI = 0.000 m
Backsight: 103
X = 0.641 m, Y = -34.510 m, Z = -0.058 m, HT = 1.900 m
Foresight: 105
X = 11.260 m, Y = -37.574 m, Z = 0.357 m, HT = 1.900 m
Station: 105
X = 11.260 m, Y = -37.574 m, Z = 0.357 m, HI = 0.000 m
Backsight: 104
X = 8.296 m, Y = -56.542 m, Z = -0.068 m, HT = 1.900 m
Foresight: 106
X = 21.586 m, Y = -20.435 m, Z = 0.351 m, HT = 1.900 m
Station: 106
X = 21.586 m, Y = -20.435 m, Z = 0.351 m, HI = 0.000 m
Backsight: 105
X = 11.260 m, Y = -37.574 m, Z = 0.357 m, HT = 1.900 m
Foresight: 107
X = 12.093 m, Y = -1.045 m, Z = 0.087 m, HT = 1.900 m
Station: 107
X = 12.093 m, Y = -1.045 m, Z = 0.087 m, HI = 0.000 m
Backsight: 106
X = 21.586 m, Y = -20.435 m, Z = 0.351 m, HT = 1.900 m
Foresight: 100
X = 0.000 m, Y = 0.000 m, Z = 0.000 m, HT = 1.900 m
Last Traverse Point: 100
X = 0.000 m, Y = 0.000 m, Z = 0.000 m
Closing Point: 100
X = 0.167 m, Y = 0.075 m, Z = -1.714 m
No. of Pts: 7
Total Traverse Length: 147.860 m
```

图 3-19　拼接报告

当然也可以在 Cyclone 软件中非常直观显示导线图形，各个导线边的长度以及转角的数值，如图 3-20 所示。

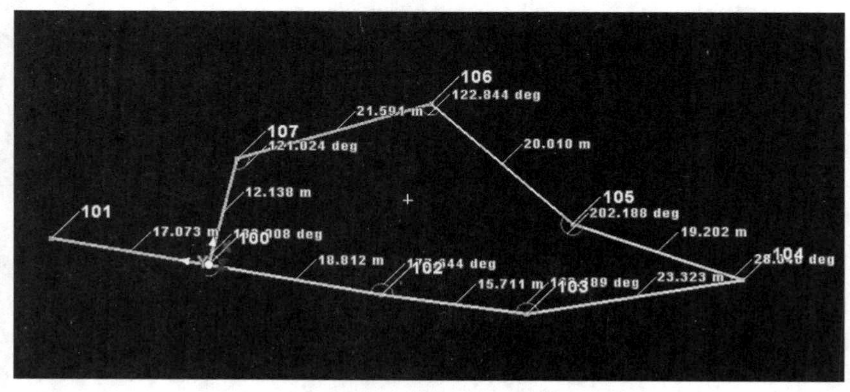

图 3-20　Cyclone 软件中的导线图形

徕卡 ScanStation C10 的导线测量方法成功应用于清东陵古建筑的扫描项目中，对其中的景陵和孝陵进行了扫描，扫描的线路长度达 7km，扫描的建筑将近 50 座。

ScanStation C10 作为徕卡一款革命性的产品之一，成功引入了传统全站仪的架站方法，实现了外业扫描的导线测量方法，无需其他测量设备，即可完成现场导线控制测量和扫描任务，同时还能完成外业扫描数据的拼接任务。尤其在大型扫描项目中，不仅可以提高外业的扫描效率，也可以减少内业数据的处理时间。

很多工程案例也证明了全站仪法的技术特点(张志娟等，2014)：地面三维激光扫描仪全站仪模式获取点云数据方法外业操作简单，两次不连续工程衔接精度高。点云数据拼接精度与常用的标靶扫描方法相当，能够满足项目精度的要求，且该方法可以一次性对所有点云数据进行拼接，而且拼接时不容易出错，拼接方法比较简单。

此外，全站仪扫描方法中的导线还可以布设成支导线的形式，大大减少了控制点布设与测量的工作量。既可以在假定坐标系下进行扫描，也可以在操作过程中输入控制点的坐标。目前使用 Cyclone 8.0 软件，按照此方法将数据导入软件中，自动拼接数据，但是不能看到拼接报告与导线略图。此方法适用于较大范围的扫描工程，导线形式布设比较灵活，操作方法比较简单，拼接精度高。

3.5.2　全站仪法的主要注意事项

采用全站仪法进行三维激光扫描数据应用时，应注意以下事项：

①站与站之间必须保持良好通视，便于扫描仪进行相邻站点标靶的定向观测；

②站与站之间虽然不需要满足拼接需求的 30% 重叠度，但是要注意保证点云的完整性；

③地面点标志依据项目的面积与进度等因素确定保存的时间，采用不同类型的点标志。

3.6　LiDAR 点云数据格式

3.6.1　点云数据格式标准化

在 LiDAR 标准化领域，美国一直走在世界前列，美国测绘地理信息标准的研制主要受市场的驱动，呈现多元化的特点，LiDAR 的相关标准也较多，侧重点亦各不相同。目前，在 LiDAR 领域有两项影响颇为广泛、适用性较高的标准：美国摄影测量与遥感学会(ASPRS)在 2003 年发布实施的团体标准《LAS 规范》(1.0 版本)和 USGS 在 2012 年发布的《激光雷达基础规范》。其中，《LAS 规范》主要规定了 LiDAR 点云数据的记录格式，旨在使不同类型的 LiDAR 硬件装置和软件处理工具都能为用户提供一种开放的、通用的数据格式，方便用户使用和数据共享。该标准经过不断的更新完善，目前正式发布的最新版本是 1.4 版，同时 ASPRS 也正在研究更高级版本 LAS Specification PROPOSAL2.0。《LAS 规范》(1.4 版本)将 LiDAR 文件结构分成 4 个部分，分别是头文件、变长记录、点数据记录和可扩展的变长记录(郭玉芳，2016)，具体内容见表 3-2。

表 3-2　**LAS 文件的主要结构和内容**

LAS 文件结构	主要内容
头文件	记录整个文件数据集的公共部分，如 LiDAR 点的来源、数据生产的日期、点的数量、数据范围和数据偏移缩放系数等(所有 LAS 文件必须有头文件)
变长记录	LAS 格式中比较灵活的部分，数据类型可以变化，主要包括投影信息、元数据、全波形包信息和用户应用数据等
点数据记录	用来存储坐标点信息，包括点的坐标、激光返回强度、返回点序号、返回点个数、点的分类、扫描方向、航线边界、扫描角范围多条基本属性
可扩展的变长记录	允许用户在 LAS 文件后面追加一些信息，如投影信息，而不需要重新改写整个 LAS 文件

3.6.2　常见的点云数据格式

目前，激光扫描仪采集的数据通常是大量的原始点云，包含点的三维坐标以及激光强度和颜色等信息。仪器一般将数据保存为仪器自定义的数据格式，在自带的后处理软件中，提供了对这些格式的读写模块，常见仪器支持的点云数据格式见表 3-3。

表 3-3　**常见仪器支持的点云数据格式**

仪器名称	自定义格式	常见的数据格式
RIEGL	3DD	ASCII、VRML、OBJ、DXF、PTC
Leica	Leica's X-function DBX format	ASCII、Land XML、PTZ、3DD、DXF
Optech	IXF	ASCII、PF
Trimble	RWP、DCP、SOI、PPF	PTC、TXT、CSV、DXF

下面对常用的数据格式简要介绍如下：

1. ASCII 格式文件

ASCII 格式文件是仪器普遍采用的一种数据格式，它包括 PTX、XYZ、PTS、TXT 等文件格式。PTX 格式适用于交换扫描点及其对应的坐标变换，所有值都是以 ASCII 给出的，并且单位都采用公制。

ASCII 型格式数据的结构大致相同，其共同的优点是：结构简单、读写容易，可以被大多数仪器和软件支持。但是 ASCII 型数据所占空间大，这使海量 LiDAR 数据的存储和处理都比较困难。同时，该格式数据只存储了(X, Y, Z)坐标和反射值这些基本信息，点的信息量不完整，不利于数据的应用和信息提取。

2. 二进制的 OBJ 格式文件

OBJ 格式的特点是：文件既可以存储离散点，又可以记录线、多边形以及自由曲面的数据。明显的形体信息和拓扑关系信息使数据便于显示和建模。其缺点是：点的属性信息不完整，格式的编译和解码比较复杂，从而限制了它的应用。

3. PTC 点云格式

PTC 是一种二进制的点云格式，大部分仪器可以直接导出 PTC 文件，一些软件也可以转换或写出该格式文件。文件不仅保存了三维坐标信息，还存储了高分辨率数据对应图像的像素信息，而且比 ASCII 格式存储更简洁。这保证了点云数据在 AutoCAD 中的导入、显示与绘制都很高效。缺点是：数据的导出要先收集所有的扫描点，然后开始写入文件，因此，内存需求可能会很大。

除了以上三种数据格式，使用较多的还有 DXF 格式，这是一种描述 CAD 数据的 ASCII 格式文件。扫描数据在保存为 DXF 格式后可直接在 AutoCAD 中显示与建模。CSV 表单文件是一种数据中间以空格隔开的文件格式，具有转换容易的特点，但对内存空间要求大。LandXML 是一种包含空间拓扑信息的文件，适用于保存具有地理信息、交通和建筑等空间信息的数据。

目前，不同激光扫描仪自定义的格式种类多且不兼容，这影响了数据的共享与转换，系统间普遍支持的格式存在很多局限。

3.7　点云数据缺失成因分析

地面激光扫描系统采集的空间数据包括建筑表面、树木、道路等地面物体及附属设施的位置信息。然而，由于搭载平台、设备仪器的限制或待扫描物体本身的特点，获取的数据常常存在不完整现象。这种在采集数据时，由于搭载平台限制、扫描对象局部遮挡等原因引起的点云数据不完整情况，称之为点云数据缺失。点云数据缺失现象不仅影响数据的完整性，还将影响三维模型重建、局部空间信息提取等后续数据处理工作。目前的研究主要集中在基于缺失现象的数据修复算法方面，针对这些面积较小的“孔”、“洞”型缺失，出现了相应的孔洞缺失修复算法。也有学者针对某种类型的数据缺失，开展了修复方法的研究。

根据数据缺失原因，将缺失类型分为 6 类：镜面反射缺失、外物遮挡缺失、自遮挡缺失、细节缺失、扫描盲区缺失、激光吸收缺失(陆旻丰等，2013)。对数据缺失产生的原因、缺失数据特征等分析如下：

1. 镜面反射缺失

三维激光扫描仪获取待测物体空间位置的前提条件是激光发生漫反射，漫反射是指投射在粗糙表面上的光向各个方向反射的现象。当激光投射到玻璃、镜子等一些表面光滑或其表面粗糙度无法构成漫反射现象的物体时，激光产生镜面反射，导致激光扫描仪无法接受回波，由此产生的数据缺失现象称为镜面反射缺失。

这类缺失主要分布于城市建筑物表面的干净透明窗户、玻璃幕墙装饰等，玻璃幕墙是较为普遍的点云数据缺失类型，如图 3-21 所示。镜面反射缺失边界一般为规则几何面，缺失区域纹理单一，缺失邻域纹理保留其几何结构性特征，因此，可修复性高，根据其几何形态可修复缺失区域。

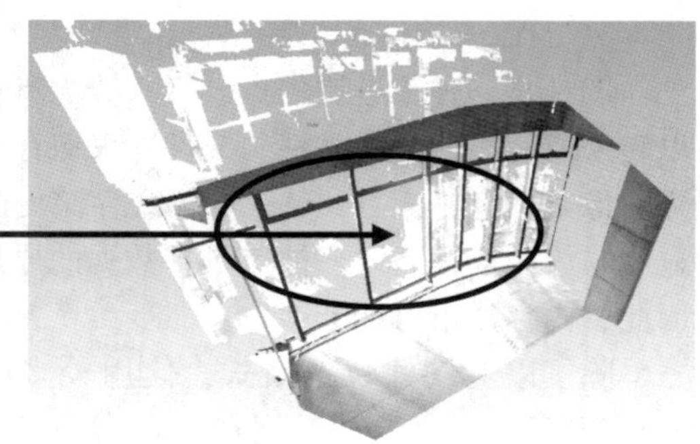

图 3-21　镜面反射缺失点云示例

2. 外物遮挡缺失

建筑物周围的树木、行人、车辆会遮挡住激光，如图 3-22 所示，使得激光在没有到达待测物体表面时便返回，由此引起的主要被测物体点云数据缺失称为外物遮挡缺失。

这一类缺失面积大，分布广泛且不均匀。外物遮挡缺失也是主要的点云数据缺失类型。特别是在城市复杂环境下，很难做到建筑物周围无任何遮挡，因此极易产生此类缺失。外物遮挡缺失的缺失边界一般为不规则几何面，与镜面缺失不同，外物遮挡缺失区域纹理复杂，缺失邻域纹理结构特征基本丧失，可使用多站多角度互补扫描修补缺失区域或采用全回波激光扫描仪采集数据，因此可修复性高。

图 3-22　外物遮挡缺失点云示例

3. 自遮挡缺失

建筑物的姿态千变万化，然而其基本构架是不变的，即由多个不同的面构成的多面体。在扫描作业时，面与面之间易形成遮挡，这样形成的点云缺失称为自遮挡缺失，如图 3-23 所示。自遮挡缺失与外物遮挡缺失类似，属于遮挡类的缺失。

这一类点云数据缺失常见于成角度的墙面与墙面之间，分布于建筑物的各个角落中。建筑物本身一般较规则，因为自遮挡产生的缺失边界一般也为规则几何面，缺失区域纹理简单，只包含一种物体或少量物体，缺失区域邻域纹理保留几何结构特征，可修复性高，一般通过多站多角度互补扫描修补缺失区域。

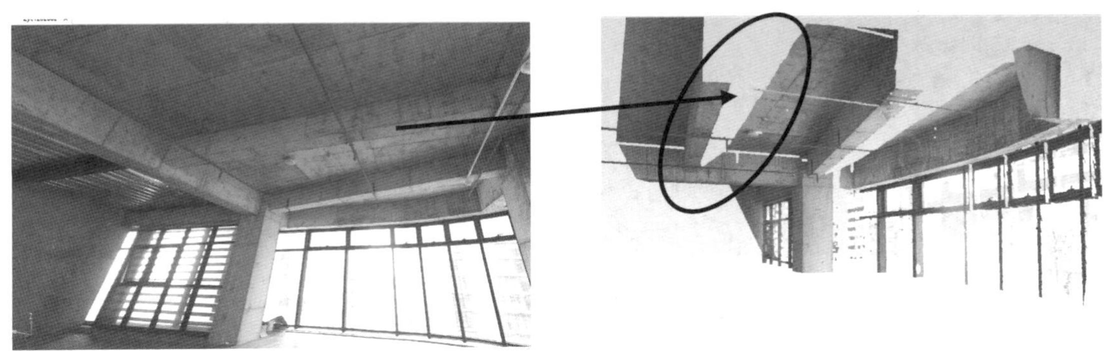

图 3-23 自遮挡缺失点云示例

4. 细节缺失

建筑物的楼梯扶手、窗户的窗框等部位相对于其他部分而言，表面积小，当激光到达这些细小部分时，常常会因为角度分辨率低而无法被扫描对象反射，从而产生数据缺失，称为细节缺失，如图 3-24 所示。

在城市三维重建中，建筑物楼梯的扶手，阳台的栏杆和窗框，复杂的幕墙装饰等细节部分常常会发生数据缺失。这一类缺失一般只包含一种物体，缺失纹理具有重复性，因此可利用基于样本的修复方法修复这一类缺失，可修复性较高，而其缺失区域邻域信息则基本丧失。

图 3-24 细节缺失点云示例

5. 扫描盲区缺失

地面三维激光扫描仪的水平扫描角度一般可以达到 360°，然而竖直方向还达不到全扫描的程度。因平台条件限制，无法进行扫描产生的数据缺失称为扫描盲区缺失，如图 3-25 所示。目前大多数扫描仪的盲区位于支架正下方。

图 3-25　扫描盲区缺失点云示例

6. 激光吸收缺失

当激光传播至物体表面时，反射率越高的物体，反射的激光信号越多，强度越高，因此点云也越密集。当反射的激光信号少时，反射的激光不足以计算测距值，从而产生数据缺失，此类缺失称为激光吸收缺失。

因扫描仪的波长不同，对不同的材质激光反射率不同，并且差异较大。水体部分极易产生数据缺失。激光吸收缺失同扫描盲区缺失相同，属特殊缺失类型，缺失对象特性明显，缺失区域几何形态及纹理复杂。

点云缺失数据的类型、成因以及特性分析可为缺失区域类型的自动检测和判别、缺失区域修补算法研究、激光扫描仪选择、激光扫描外业工作方案优化等工作提供依据。

思　考　题

1. 在《规程》中针对地面三维激光扫描的总体工作流程包括哪些内容？
2. 制定外业扫描方案的主要过程是什么？
3. 扫描过程中的公共点标志有几种？
4. 扫描过程中的测站设置要遵守的一般原则是什么？
5. 地面三维激光扫描仪外业数据采集方法有几种？应用范围分别是什么？
6. 标靶法采集数据时在一个测站上扫描的主要步骤是什么？
7.《LAS 规范》(1.0 版本)是由哪个学会、什么时间发布实施的团体标准？1.4 版本将 LiDAR 文件结构分成哪几个部分？
8. ASCII 包括那些文件格式？优点是什么？
9. 什么是点云数据缺失？点云数据缺失的原因有几种类型？

第 4 章　地面三维激光扫描仪精度检测

地面三维激光扫描仪本身的精度决定着获取的点云数据质量。目前学者在仪器的检定、检测、校准方面的研究差别较大。本章在介绍仪器性能与检定相关术语、检测研究现状的基础上，阐述扫描仪的主要性能参数定义，分析点云数据的误差来源与精度影响，最后介绍扫描仪测距精度检测试验。

4.1　仪器性能与检定相关术语

由于激光扫描仪的生产厂家不同，应用领域上有一定的差异，出现了许多名词和术语。规范化使用相关术语，对于比较设备的性能和学科交流是十分有益的。国家相关规范和规程中的规定非常少，本书参考一些学者的文献，对仪器性能与检定相关术语进行说明。

4.1.1　仪器性能相关术语

1. 精度

精度是指在相同条件下，对被测量物体进行多次反复测量，测得值之间的一致(符合)程度。精度是一种定性而非定量的概念，通常用重复性标准差来表示。

2. 准确度

准确度表示测量结果与被测量真值之间的一致程度，准确度取决于系统误差和偶然误差，表示测量结果的正确性。

3. 单点精度

单点精度是指利用地面激光扫描仪获取的三维点云数据与被测物体的已知数据之差的绝对量平均值计算出的标准差。通常，被测物体为已知直径的球体。

4. 重复性

重复性是指在相同的测量条件下，对同一被测量物体进行连续多次测量所得结果之间的一致性。

5. 分辨率

分辨率是指用物理学方法(如光学仪器)能分清两个密切相邻物体的程度。

6. 限差

限差又称容许误差，是在一定测量条件下规定的测量误差绝对值的限值。

4.1.2　检定方法相关术语

1. 检定

检定是由法定计量部门或其他法定授权组织，为确定和证实计量器具是否完全满足检定规程的要求而进行的全部工作。

检定是由国家法定计量部门所进行的测量，在我国主要是由各级计量院(所)及授权的实验室来完成。检定是我国开展量值传递最常用的方法，检定必须严格按照检定规程运作，对所检仪器给出符合性判断，即给出合格还是不合格的结论，而该结论具有法律效应。

检定是一项目的性很明确的测量工作，除依据检定规程要给出该仪器是否合格的结论外，有时还要对某些参数给出修正值，以供仪器使用者采用。

检定结果具有时效性和适应性，在使用仪器的检定结果时，要注意检定结果是否在有效期内，并注意区分仪器检定时的环境条件与使用时环境条件的区别。

2. 检测

检测是指对给定的产品、材料、设备、生物、物理现象、工艺过程或服务，按照规定的程序确定一种或多种特性或性能的技术操作。

检测又称为测试或试验，通常是依据相关标准对产品的质量进行检测，检测结果一般记录在称为检测报告或检测证书的文件中。

检测需要对仪器所有的性能指标进行试验，它除包含检定的所有项目外，还包括其他一些在检定中不进行检定的项目。

3. 校准

校准就是在规定的条件下，为确定测量仪器或测量系统所指示的量值，或实物量具或参考物质所代表的量值，与对应的由标准所复现的量值之间关系的一组操作。

校准是由组织内部或委托其他组织(不一定是法定计量组织)，依据可利用的公开出版规范，组织编写的程序或制造厂的技术文件，确定计量器具设备的示值误差，以判定是否符合预期使用要求。校准合格的计量器具一般只能获得本单位的承认。

校准的目的是：确定示值误差是否在预期的允许误差范围之内，得出标准值偏差的报告值，可调整测量器具或对示值加以修正，给任何标尺标记赋值或确定其他特性值，给参考物质特性赋值，实现溯源性。

校准的依据是校准规范或校准方法，可统一规定也可自行制定。校准的结果记录在校准证书或校准报告中，也可用校准数据或校准曲线等形式表示校准结果。

校准和检定的主要区别如下：

①校准不具有法制性，是企业自愿的量值溯源行为，而检定具有法制性，是属于法制计量管理范畴的执法行为。

②校准主要用以确定测量器具的示值误差，而检定是对测量器具的计量特性及技术要求的全面评定。

③校准的依据是校准规范、校准方法，可统一规定也可自行制定，而检定的依据必须是检定规程。

④校准不判断测量器具合格与否，但当需要时，可确定测量器具的某一性能是否符合预期的要求，而检定必须依据检定规程对所检测器具给出是否合格的结论。

4. 分项校准

分项校准即用误差分析的方法判断被检仪器的符合性。如对地面激光扫描仪进行检定时，需要分别对测距部分和测角部分中的仪器本身的系统误差及其他原因引起的系统误差进行校准。为选择恰当的被检分量，需要仔细分析地面激光扫描仪的结构，找出误差源并制定出合适的校准程序与方法。

5. 整体校准

整体校准是与分项校准完全相反的检定方法，它是将地面激光扫描仪作为一个整体，将被检仪器直接与标准器具进行比较测量来获取三维点云数据的改正数。

需要特别指出的是，我国习惯将“分项校准”和“整体校准”称为“分项”和“系统检定”。一般情况下检测和校准同步进行，称为检校。

4.2　扫描仪检测研究概述

到目前为止，对地面三维激光扫描仪的检校研究较多，但没有形成较为成熟的、通用的方法体系及评价体系。检校模式主要有两种：基于模块的检校模式和基于系统的检校模式。基于模块的检校模式是在对各个系统误差源充分认知的前提下，对每个误差参数用不同方法进行单独的检校，这种检校模式应用得最广；基于系统的检校模式是在对仪器系统误差及其影响不能充分掌握的情况下，通过对控制点或已知目标(球、平面)的合理观测，从整体上进行获得检校的数学模型。在实际的测量过程中对地面三维激光扫描仪的检校工作非常有必要。检校是检定、检测、校准的统称。

地面三维激光扫描仪本身的精度是制约仪器应用的主要因素，仪器检定与检测方面目前还处于研究阶段，存在的主要问题如下：

①仪器参数不统一，指标不一致。目前市场上的三维激光扫描仪多数是国外品牌，国际上对仪器参数的说明无统一标准要求，导致仪器参数的名称与数量上存在一定差异。并且对于个别指标在名称上一致，但是指标的标准存在不一致现象，无法进行统一比较。

②实际精度与标称精度不一致。当前所有成熟的地面三维激光扫描仪的系统参数都是由厂家给定的，受扫描仪的构造、测量技术方法及机械组装等因素的影响，加之扫描仪在长期的使用过程中，部件也难免会产生老化与磨损，往往会导致实际精度与标称精度不一致。

③国内对仪器检定无国家标准。按照测绘管理相关规定，对测绘工程中使用的仪器要定期检验，只能在有效期内使用。由于三维激光扫描技术在国内还处于初级阶段，多数还是试验研究应用，因此国家相关部门还未出台仪器检定的国家标准，对仪器在工程项目中的广泛应用造成了一定的障碍。

目前已经出台的只有国家计量检定规程和测绘地理信息行业标准。由中国计量科学研究院与江苏省计量科学研究院起草的中华人民共和国国家计量技术规范《地面激光扫描仪校准规范》(JJF 1406—2013)，2013 年 5 月 13 日由国家质量监督检验检疫总局发布，2013

年 8 月 13 日开始实施。在规范中定义了相关术语，阐述了计量特性、校准条件、校准项目与方法、校准结果、复校时间间隔。

在《规程》5. 3. 1 中，仪器应符合的要求是：仪器设备应在检校合格有效期内，软件应经过测试并在技术管理部门备案。

随着仪器精度的不断提高，工程实践经验的不断丰富，相关部门也将重视地面三维激光扫描仪检定问题，相信未来几年内相关部门会出台仪器检定的国家标准，推动地面三维激光扫描设备列入测绘仪器行列。

4. 3　扫描仪主要性能参数定义

地面三维激光扫描仪经过 10 多年的发展，已经比较成熟地应用到实际工程中。不同品牌的仪器在性能、指标、参数上都有各自特点。下面对国内外一些主流的系列产品性能指标技术参数做简单介绍。

4. 3. 1　RIEGL 扫描仪参数定义

以 2014 年推出的 VZ-2000 为例，有限定条件说明的主要技术参数如下：

(1)激光最大发射频率和有效测量频率

在全面评估的基础上，给出 5 个数值，激光最大发射频率分别是 50kHz、100kHz、300kHz、550kHz、1MHz，而有效测量频率(点/秒)的对应值是 21000、42000、122000、230000、396000。

(2)最大测距

最大测距是常规情况下的性能评估。最大射程是指在激光束垂直入射，目标的平面尺寸超过激光束直径时，所能达到的射程。在明亮的日光下，扫描的范围和精度，明显低于阴天和黎明时。在夜晚，扫描的精度和范围会更高。

依据目标反射率分两种情况给出数值，即 $\rho \geqslant 90\%$ 和 $\rho \geqslant 20\%$。对应激光最大发射频率，当目标反射率 $\rho \geqslant 90\%$ 时的最大测距分别是 2050m、1800m、1000m、750m、580m；对应激光最大发射频率，当目标反射率 $\rho \geqslant 20\%$ 时的最大测距分别是 1050m、930m、500m、370m、280m。其中第 2 至第 5 项的数据是通过 RiMTA3D 后处理确定的。

(3)精度与重复测量精度

精度就是测量一定数量后得出的真实值，是与真实一致性的度。例如在 RIEGL 测试条件下在 150m 的标准差，此条件下精度的数值是 8mm。

重复测量精度，也叫做再现性或可重复性，是更深一层测量以达到同样结果的一个度。例如在 RIEGL 测试条件下在 150m 的标准差，此条件下重复测量精度的数值是 5mm。

(4)激光发散度

激光发散度是 0. 3mrad，相当于在每 100m 的射程，激光束宽度增加 30mm。

(5)角度步频率

角度步频率属于可选项目，在激光发射频率为 50kHz 时最小步长增加到 0. 014°。角度步频率垂直($\Delta\theta$)扫描时的数值是 $0.0015° \leqslant \theta \leqslant 1.15°$。角度步频率水平($\Delta\varphi$)扫描时的数值是 0.0024°≤$\varphi$≤0.62°。

(6)波形数据输出(可选)

当最大激光发射频率高达 300kHz 时，可以提供专门的数字化回波信息。

4.3.2 Leica 扫描仪参数定义

以 2015 年推出的 P30/P40 为例，有限定条件说明的主要技术参数如下：

(1)单次测量精度

单次测量精度主要包括距离精度、角度精度(水平/垂直)、点位精度、双轴补偿器，精度指标准差，并且是在 78%反射率条件下的数值，具体数值见第 2 章。

(2)标靶获取精度

标靶获取精度适用于 HDS 黑白标靶(4.5″)，数值为 2mm/50m。

(3)扫描仪激光和激光对中器

扫描仪激光符合 IEC60825：2014 标准的 1 级激光。

4.3.3 Trimble 扫描仪参数定义

以 2013 年推出的 Trimble TX8 为例，有限定条件说明的主要技术参数如下：

(1)最大标准测程

对于大多数表面，最大测程可达 120m。对于反射率在 18%~90%间目标，最大标准测程为 120m。对于反射率在 5%左右的超低反射率物体，最大标准测程为 100m。

(2)测程噪声

对于大多数表面，2~100m 范围内反射率 18%~90%的物体，测程噪声小于 2mm。

(3)激光等级

1 类，对人眼安全(依据国际电工委员会激光等级测试标准 EN60825-1)。

(4)激光束直径

仪器有三种距离的激光束直径，分别是 6mm(距离 10m 处)、10mm(距离 30m 处)、34mm(距离 100m 处)。

4.3.4 TOPCON 扫描仪参数定义

以 2014 年推出的 GLS-2000 为例，有限定条件说明的主要技术参数如下：

(1)距离测量

距离因气象条件和大气稳定性等外界条件的变化有所差异。扫描共有五种模式，即高清模式、高速模式、安全模式、长距模式、近景模式，对应五种扫描模式条件下给出了不同的测程值。同时有三个反射率(90%、18%、9%)下的测程值。

测程值差异较大，最小是无数值，在长距模式与 90%反射率条件下最大为 350m。

(2)点间距

点间距在 10m 处，最小为 3.1mm。

(3)距离精度

对应扫描的五种模式，给出了五个数值，安全模式下的距离精度是 4.0mm/1~110m，其他模式下均为 3. 5mm，对应的距离区间不同。

(4) 激光对中

光斑大小 1m 距离时为 φ1mm，而 1. 5m 距离时为 φ4mm。

(5) 仪器高

仪器高是指从仪器基座底部到仪器中心位置的距离，为 226mm。

4. 3. 5　海达数云扫描仪参数定义

以 2016 年推出的 HS1200 为例，有限定条件说明的主要技术参数如下：

(1) 最大距离

扫描距离与反射率和激光发射频率密切相关，不同条件下的最大距离是：1200m@90%，100kHz；600m@20%，100kHz；535m@90%，500kHz；250m@20%，500kHz。

(2) 测距精度

距离在 40m 处的测距精度可以达到 5mm。

(3) 激光脉冲重复频率

在激光发射频率为 500kHz 时，激光脉冲重复频率最大为 50 万点/秒。

4. 3. 6　北科天绘扫描仪参数定义

以 UA-1500 为例，有限定条件说明的主要技术参数如下：

(1) 测距精度

距离在 200m 处的测距精度可以达到 10mm。

(2) 扫描范围

当目标反射率分别为 $\rho \geqslant 20\%$、$\rho \geqslant 60\%$、$\rho \geqslant 90\%$ 时，扫描范围分别是 1500m、3000m、3600m。

4. 4　点云数据误差来源与精度影响分析

地面三维激光扫描仪在数据采集过程中很容易受到外界因素的干扰，这些因素将会在某种程度上影响点云数据的采集质量，对精度产生影响。而错误的数据或误差较大的数据对用户而言是没有意义的，只有获得了满足精度要求的点云数据才能建立精确的实体三维模型，所以对点云进行误差分析是有必要的。

4. 4. 1　点云数据的误差来源

点云数据的误差来源主要包括仪器误差和环境误差，仪器误差也被称为扫描系统误差，该项误差可分为系统误差和偶然误差。系统误差引起三维激光扫描点的坐标偏差，可以通过公式改正或修正系统予以消除或减小。所以，偶然误差仍是激光扫描系统的主要误差来源，经综合分析，包括仪器自身的误差、仪器架设产生的误差、数据去噪建模产生的误差、距离误差、植被覆盖处的噪声误差。

地面三维激光扫描系统在扫描过程中，影响最终获取数据精度的误差是多方面的，误差包含粗差、系统误差和随机误差三部分。许多误差来源也是传统测量工作中普遍出现的。如激光束发散特性，导致在距离扫描测量中的角度定位的不确定性，扫描系统各个部件之间的连接误差等，这些不确定性因素都会造成最终的点云数据中含有误差。系统的误差传播同样遵循测量误差传播的基本规律。三维激光扫描系统的误差源可总结为激光扫描仪本身、反射目标及环境条件这三个方面。

激光扫描仪本身(称为仪器误差)包括距离测量、激光束的发散角、角度测量、多传感器数据同步、轴系稳定性、校准等。仪器误差一般是可以通过仪器生产厂家来提高产品的质量，计量检定人员采用一定的检定设备进行检查后对仪器进行改善。

反射目标包括大小、表面形状、材质、反射面曲率等。目前反射目标对测量成果的影响，还只能通过了解其影响规律，利用工作经验在实际工作中尽量避免。

大气环境引起的误差源包括温度、气压、折射、大气旋涡、大气灰尘、障碍物、目标的背景等。除了个别误差源(例如大气折射)可以进行改正外，其他误差源只能够通过仪器使用者本人选择恰当的工作环境和时间来减小其影响。

在仪器的使用过程中，操作人员的个人经验与专业素养也会直接影响到实验数据的质量。比如在测量过程中靶标被遮挡，由于疏忽大意造成数据记录错误，测量地点选取不合理等。

4.4.2 误差对精度影响分析

“三维激光扫描的精度”一般是指扫描点云的坐标精度，它包括绝对定位精度和相对定位精度两种，精度还与扫描仪的测程有很大关系。点云的绝对精度与距离测量、垂直角测量和水平角测量的精度有关。

对于扫描测量的误差来源对点云数据精度的影响规律简要分析如下：

1. 仪器误差

(1)角度测量

与传统的经纬仪相似，激光扫描仪的轴系也必须满足以下条件：水平轴(第一旋转轴)应垂直于视准轴(激光束发射与接收轴)；水平轴应垂直于垂直轴(第二旋转轴)；(带倾斜补偿器的仪器)垂直轴应当铅直；当视准轴水平时，垂直度盘的天顶距读数为90°；视准轴、水平轴及垂直轴相交于仪器中心。

在三维激光扫描仪测角系统中，需要考虑以下误差源：

①垂直度盘指标差。当视准轴(激光束发射与接收轴)水平时，如果垂直度盘的天顶距读数不为90°，那么其差值即是垂直度盘指标差。目前有些三维激光扫描仪带倾斜补偿器，而有些激光扫描仪则不带倾斜补偿器，所以不同类型仪器的垂直度盘指标差会具有不完全相同的含义。

②视准轴误差。当水平轴(第一旋转轴)与视准轴(激光束发射与接收轴)不垂直，或者当垂直轴(第二旋转轴)与水平轴(第一旋转轴)不垂直，这种不垂直的偏差被称为视准轴误差。当存在视准轴误差时，激光扫描仪扫出的扇面将会不同，从而给后续数据处理带来非常大的麻烦。

③偏心差。在理想情况下，第一旋转轴和第二旋转轴垂直，同时与视准轴相交，三轴

的交点为仪器的中心。但是实际上，因为受各种误差的影响，使得上面所述条件不能被满足，从而产生偏心差。

(2)距离测量

①周期性误差。目前部分激光扫描仪采用相位式进行距离测量。当采用相位式进行距离测量时，测距成果中自然包含周期性误差，这是原理性误差。周期性误差主要由发射及接收之间的电信号、光串扰引起。现代仪器采用了如数字信号分析在内的多项新技术，从而使得周期性误差振幅的幅值越来越小。

②加常数误差。加常数为电磁波测距仪的固有系统误差，测距仪及全站仪中加常数已经为众多仪器使用者所熟悉。与传统的全站仪相比，激光扫描仪不需要反射棱镜就能够进行距离测量，这样就无法使用反射棱镜的常数来补偿激光器的偏心；激光束经过了激光束转向系统转向后再投射到被测物体上，由被测物返回，再由接收光学系统接收，这样必然存在测距起算点的问题，通常情况下是将激光束的发射点以及接收点共同形成的点称作激光扫描仪测距的零点；同时第一旋转轴以及第二旋转轴的交点为三维激光扫描仪的中心。因此，激光扫描仪的加常数是指测距的起算点与仪器中心之间的差值。

③相位不均匀性误差。造成相位不均匀性的原因包括仪器使用及性能两个方面：从使用仪器方面来讲，由于反射面将反射回测距激光束的信号，也会给测距成果带来误差。这种因激光束位置不同进行距离测量造成的误差称为相位不均匀性误差；而从仪器性能方面来讲，因为发光管的发光面上各点发出的光的延迟不同(针对相位式测距仪而言)，或者由于发光面上各点发出的光的时间不一致(就脉冲式测距仪而言)，都将会给测距成果带来误差。

④比例改正误差。无论是采用脉冲法还是相位法，均需要仪器产生一个基准频率当作仪器距离测量的基准。当基准频率偏离设定值时，则将会对测距结果产生与所测距离成相应比例的改正。

⑤幅相误差。三维激光扫描仪与全站仪(免棱镜)的最大区别就是前者无测距信号强度控制装置。随着被测物体的位置、材质、反射面的平整度、离仪器的远近等的变化，激光扫描仪接收到的信号必然将发生剧烈变化，剧烈变化的测距信号不但会给测距结果带来误差，甚至会出现不能够完成测距的后果。因此，幅相误差是三维激光扫描仪技术的难点之一。

2. 外界条件及反射面引起的误差

(1)气象条件的影响

扫描仪所处环境的空气折射率不同，通过对观测的距离进行气象改正数计算完成。

(2)激光发散角引起的偏差

激光到达被测目标时光斑的大小带来偏差，如图 4-1 所示。同一个点可能因为光斑大小的不同返回来多个不同的观测值，由于无论是以光斑的边缘还是中心首先碰触到目标，激光点返回来的值始终是光束中心的角度反算出来的位置点，这个偏差可通过加大采集频率和使用激光发散角较小的设备来减小。

(3)激光束入射角度引起的偏差

当激光束发射投到被测物体表面时，其入射角度是千差万别的。如果激光束垂直射到

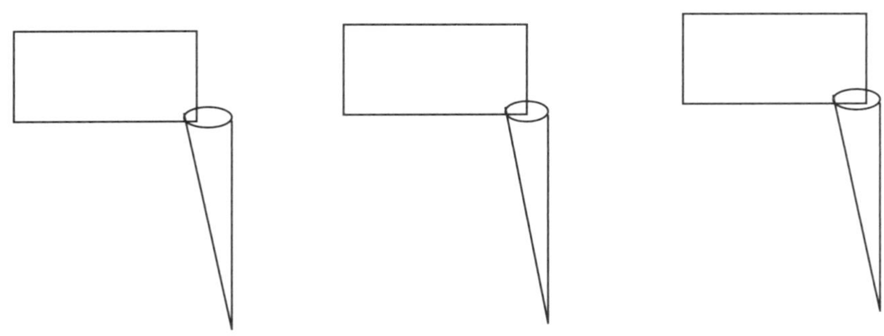

图 4-1　被测目标的激光光斑差别

入射表面，那么激光束在其上形成一个标准的圆形光斑。如果以其他角度投射到入射表面，那么激光束必定形成为一个椭圆(图 4-2)，这样的偏差可以通过利用所有返回激光束的加权平均进行消除(权：返回激光束的强度)。

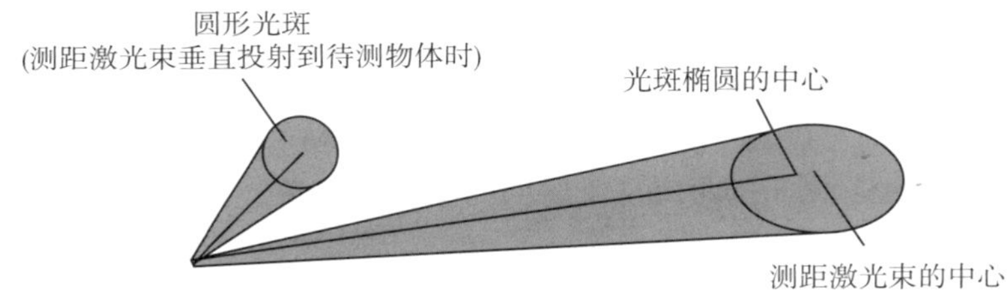

图 4-2　激光束入射角的不同引起光斑的变化

(4)“黑洞”现象

如果激光束投射到表面平整的待测物表面，根据镜面反射原理，光束返回方向与法方向的夹角将与入射夹角相同，一般在入射角度极小的情况下，出射角度同样也非常小。因此反射光束容易被扫描仪接收到。而当待测物表面粗糙时，会出现“漫反射”现象，此时返回的激光束杂乱无章。在接收返回激光束不足的情况下，扫描仪是无法根据少量激光束的数据获得扫描仪至待测物体之间的距离的，如果该距离无法测出，那么它的点云坐标信息自然也就无法获取。这种情况称为“黑洞”现象。

(5)反射面不同引起的偏差

厂家在进行实验时选择的条件无疑是较为理想的状态。其中所选用的待测物体是非常重要的一个环节。所测结果与被测物体的材质、颜色、反射面的光滑度等状态息息相关。这些条件的不同主要影响测量距离范围以及仪器常数。

①测量距离范围。以日本尼康公司给出的 NPL-821 免棱镜测距模式下测程与反射面之间的关系为例(图 4-3)，研究结果表明：对交通信号灯进行测量时的测距范围最大，达到 800m 左右。对金属钉这种小型物件的测量距离范围则极小，仅为 10m 左右。

②仪器常数。可以将所有反射物分成五类(Stiors，2007)：自然岩石(如灰色石头)、

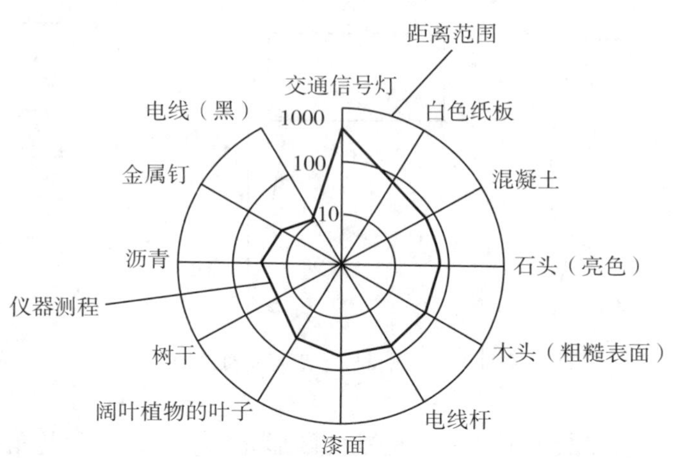

图 4-3　测程与反射面之间的关系(单位：m)

人工织物(深蓝色羊毛织物)、建筑材料(如光滑木板)、工业产品(如黄色纸张)及其他(如镜面)等五类。不同的反射物对三维激光扫描仪的影响是不同的，利用与三维激光扫描仪具有相似特性的免棱镜全站仪进行实验，在相距 10m、20m、30m、40m、50m、60m、70m、80m、90m、100m、120m 及 150m 处分别放置免棱镜全站仪和不同的反射物，经过实验分析得出以下结论：测量的距离与反射物的颜色有关系。颜色越浅，反射强度越大，测量的距离越远。

在不同时间下对同种材质进行测量时，对距离测量的结果偏差较小，具有较好的复现性。使用不同反射材质进行测量作业时，测量常数的范围一般维持在 60~140mm，超出仪器所标注的误差容许范围。一般情况下，如果使用的是强反射型材质，此时使用免棱镜测量模式已经不再合适。Stiors(2007)曾使用镀银的材质进行实验，曾出现过 12m。

测量偏差与被测距离之间不存在线性关系。只有严格使用厂家要求的反射材质，才有可能达到仪器出厂的标注精度。

4.5　扫描仪测距精度检测试验

近年来，学者针对地面三维激光仪的精度检测进行了研究，指标主要包括角度、距离、平面点位、三维坐标、点间距、鉴别率、目标颜色与粗糙度等。下面以徕卡 ScanStation C10 三维激光扫描仪为研究对象，针对仪器测距精度检测的主要方法与结果做简要介绍。

4.5.1　试验方案总体设计

参考六段解析模型，分为两个方案进行试验，检校场地的布设如图 4-4 所示。

方案一：选择直线长度为 50m 的检校场地，按照标准六段解析模型，A 取 5m，B 取 10m。

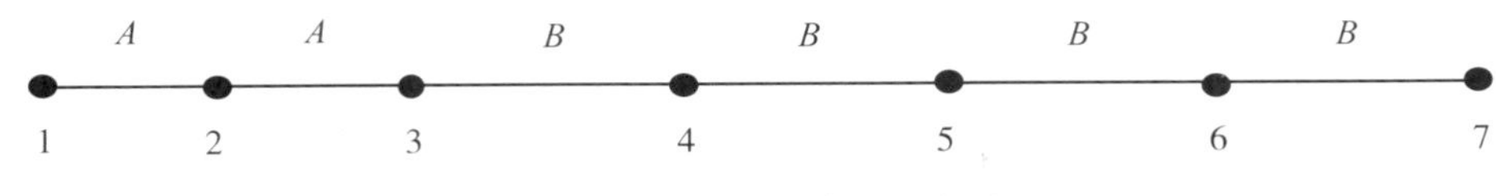

图 4-4 检校场地布设示意图

方案二：它是在方案一基础上的拓展，选择直线长度为 100m 的检校场地，按照场地布设方案，A 取 10m，B 取 20m。其中包含了 60m、80m、100m 的距离，而且选择的场地是在室外，有很多环境因素的影响，这样既是方案一的参照，又是对仪器性能的全方面检测。

4.5.2 试验数据获取与处理

根据试验精度要求，采用拓普康测量机器人 GTS-902A，测距精度在精测模式下可以达到 0.2mm(亚毫米级)。检校场地的数据获取是本试验的重点，50m 和 100m 的试验场地数据获取原理相同，试验过程中要做好试验的过程控制，主要试验步骤包括：选取试验场地，按照设计方案布设试验场地，用三维激光扫描仪依次扫描各站点上的标靶，用全站仪配合棱镜测量每一站点的距离，扫描仪数据导出，利用 Cyclone 软件提取标靶中心的坐标，如图 4-5 所示。

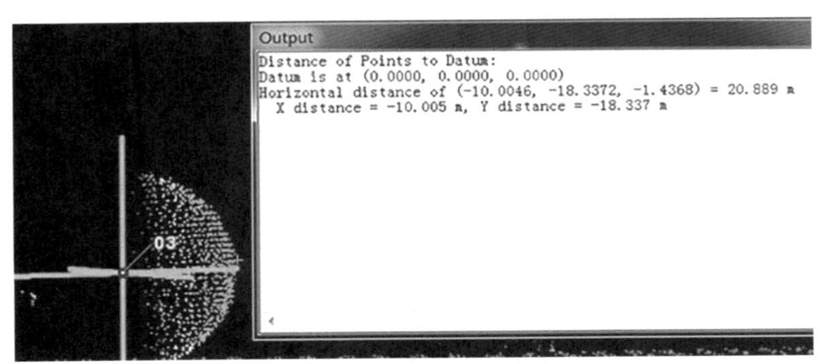

图 4-5 标靶中心的坐标数据提取

目前，三维激光扫描仪的精度检校方法和误差模型的建立，多数是基于三维激光扫描仪的扫描原理和全站仪的检校思路。三维激光扫描仪的加常数与乘常数检校，六段解析法和基线比较法是两种传统而经典的方法。

六段解析法是 H. R. Schwendener 在 1971 年提出的。此种方法不需要标准基线，通过对全组合方式获得的观测数据进行平差计算，就可以获得加常数，也可以消除乘常数的相关影响，但是加常数的检测精度很高，缺点是只能检测加常数。而基线比较法的模型是对加常数和乘常数两个参数同时进行解算。

因为数据处理中涉及矩阵运算，基于六段解析模型，采用 MATLAB 软件编程，方便后期的试验数据处理，解算出全站仪测量数据的加常数和距离改正数，运算界面如图 4-6

所示。

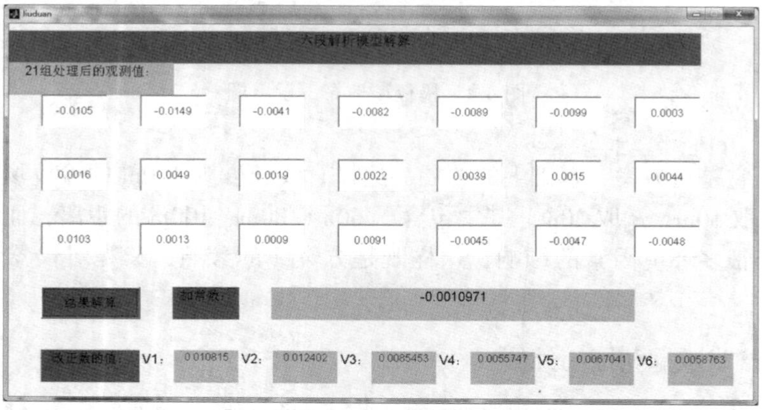

图 4-6　MATLAB 程序解算界面

通过 MATLAB 计算加常数和改正数后，利用加常数和改正数计算全站仪测量的值，计算结果见表 4-1 和表 4-2。

表 4-1　**全站仪测得距离值(50m)**

测站	观测点	测距平均值/m	经加常数改正后的距离值/m
1	2	5. 0075	5. 0172
	3	10. 0601	10. 0714
	4	20. 1489	20. 1563
	5	30. 1488	30. 1533
	6	40. 2401	40. 2457
	7	50. 2951	50. 2999
全站仪加常数 $C=-0.0011$			

表 4-2　**全站仪测得距离值(100m)**

测站	观测点	测距平均值/m	经加常数改正后的距离值/m
1	2	10. 0055	10. 0184
	3	20. 0241	20. 0336
	4	40. 0552	40. 0667
	5	60. 0731	60. 0832
	6	80. 0918	80. 1073
	7	100. 1023	100. 1043
全站仪加常数 $C=0.0006$			

4.5.3 试验结果分析

1. 50m 检校场数据结果分析

在 50m 测距精度检校场，采用徕卡 C10 和球面反射标靶，分别对设置的 21 段距离值进行了扫描，每段距离上扫描三次，并在 Cyclone 软件中提取出每个标靶中心的距离数据。

将徕卡 C10 未经改正的测量结果与真实值进行比较，由图 4-7 可知：在 50m 以内的距离，搭配球面标靶的测距精度最低为 8.5mm，低于标称的±4mm/50m 精度。

按基线比较模型的方程，对数据进行平差解算，得到徕卡 C10 在搭配球面标靶时加常数 0.05mm，乘常数为 84ppm。经过加、乘常数改正后的徕卡 C10 测距值和经过改正的全站仪测得值进行了对比和分析，得到徕卡 C10 的测距误差在 4mm 以内变化，达到了标称的±4mm/50m 精度，如图 4-8 所示。

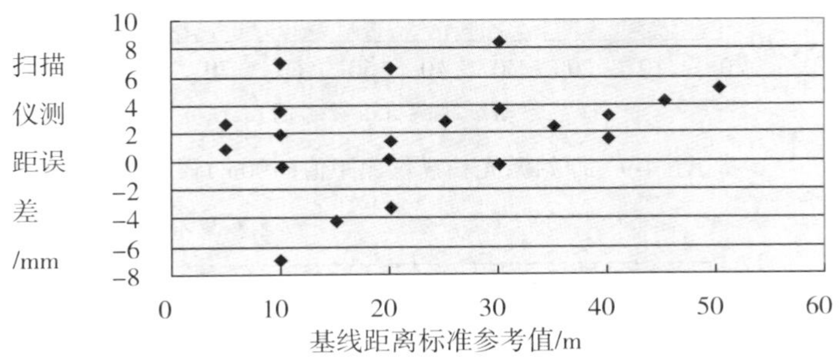

图 4-7 原始激光扫描仪测距值(50m)误差

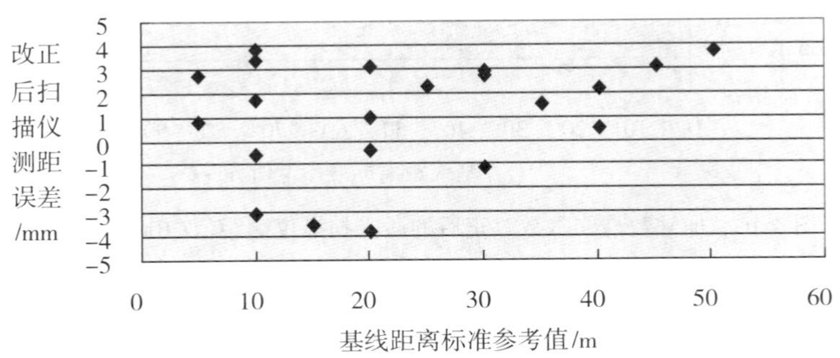

图 4-8 加常数与乘常数改正后的激光扫描仪测距值(50m)的精度

2. 100m 检校场数据结果分析

在 100m 测距精度检校场，用徕卡 C10 和球面反射标靶，分别对设置的 21 段距离值进行扫描，每段距离上扫描三次，并在 Cyclone 软件中提取出每个标靶中心的距离数据。由于 100m 检校场的特殊性，在 10m、20m、40m、60m、80m、100m 距离处都有点的分布，因此将徕卡 C10 未经改正的测量结果与真实值进行比较，从图 4-9 中可以看出，在

100m 的测距范围内，搭配球面标靶的测距精度在 40m 以内的，最低精度为 3. 6mm，在 60m、80m、还有 100m 的精度分别为 4. 8mm、6. 3mm、7. 7mm。

按基线比较模型的方程，对数据进行平差解算，得到徕卡 C10 在搭配球面标靶时加常数为 0. 6mm，乘常数为 25ppm。经过加、乘常数改正后的徕卡 C10 测距值和经过改正的全站仪测得值进行了对比和分析，得到激光扫描仪徕卡 C10 的 40m 以内测距误差在 4mm 以内变化，达到了标称的±4mm/50m 精度，而在 60m、80m、100m 处的测距精度分别为 6. 9mm、3. 7mm、10. 8mm，如图 4-10 所示。

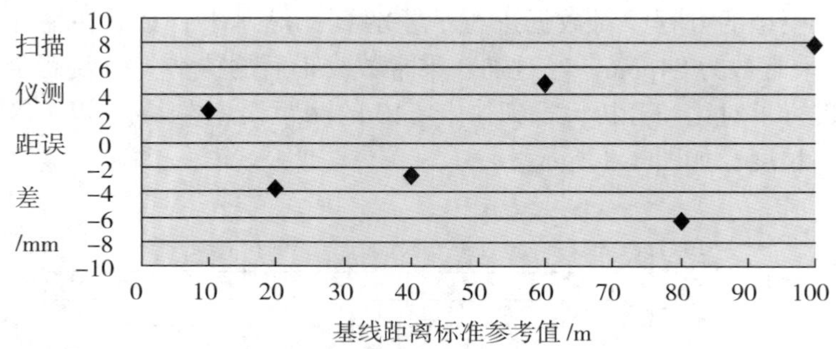

图 4-9　原始激光扫描仪测距值(100m)误差

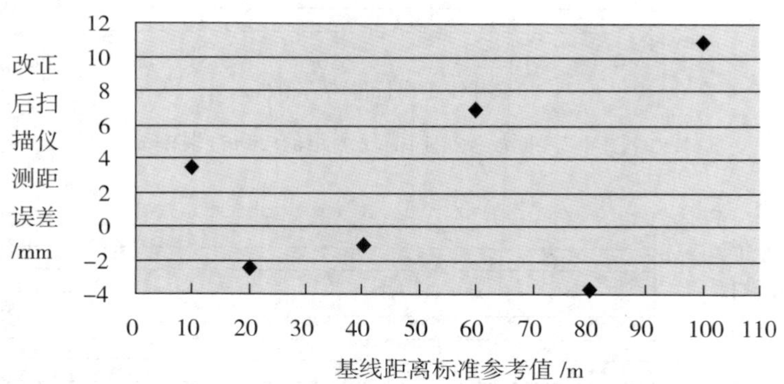

图 4-10　加常数与乘常数改正后的激光扫描仪测距值(100m)的精度

通过对徕卡 C10 三维激光扫描仪的测距精度检校试验，表明在实际的工作环境中，仪器达到了厂家的标称精度，并随着扫描距离的变长，精度呈下降趋势，但是能够满足大多数测量工程的要求。检校试验结果可为多种地面三维激光扫描仪的测距检校提供一定的参考。

思　考　题

1. 什么是精度、检定、检测、校准、整体校准？
2. 地面三维激光扫描仪在检定与检测方面目前存在的主要问题有哪些？

3. 以 RIEGL VZ-2000 扫描仪为例，精度与重复测量精度的含义是什么？
4. 以 Trimble TX8 扫描仪为例，激光束直径数值是多少？
5. 以 TOPCON GLS-2000 扫描仪为例，距离测量有哪几种模式？
6. 以海达数云 HS1200 扫描仪为例，测距精度是如何定义的？
7. 以北科天绘 UA-1500 扫描仪为例，依据目标反射率的不同扫描范围是如何定义的？
8. 三维激光扫描仪系统的误差源有哪些？
9. 外界条件及反射面引起的误差有哪些？

第5章　点云数据预处理

由于外业获取点云数据时的多种因素影响，点云数据质量直接影响三维建模等方面的应用，点云数据处理环节非常重要。本章主要介绍数据处理流程，数据的配准、滤波、缩减、分割、分类，最后介绍点云数据漫游与发布。

5.1　数据处理流程

5.1.1　点云数据处理软件

点云数据具有高冗余、误差分布非线性、不完整等特点，给海量三维点云的智能化处理带来了极大的困难，主要体现是：多视角、多平台、多源的点云数据难以有效整合，限制了数据间的优势互补，导致复杂场景描述不完整；复杂对象模型结构和语义特征表达困难，模型可用性严重受限，极大地限制了复杂场景的准确感知与认知。

点云数据处理软件也是三维激光扫描系统的重要构成部分。点云数据以公司内部格式存储，用户需要用原厂家的专门软件来读取和处理。目前需要使用两种类型的软件，才能让三维激光扫描仪充分发挥其功能：一种是扫描仪自带的控制软件，另一种是专业数据处理软件。前者一般是扫描仪随机自带的软件，既可以用来获取数据，也可以对数据进行一般处理，如 RIEGL 扫描仪附带的软件 Riscan Pro，FARO 的 FARO Scene，徕卡的 Cyclone 以及美国 Trimble 的 PointScape 点云数据处理软件等；后者主要用于点云数据的处理和建模等方面，多为第三方厂商提供，如 Imageware、PolyWorks、Geomagic、MicroStation、LiDAR Suite、LiDAR 360 等软件，它们都有点云影像可视化、三维影像点云编辑、点云拼接、影像数据点三维空间量测、空间三维建模、纹理分析和数据格式转换等功能。

另外，还有基于第三方开源库开发的一些数据处理软件，如 OpenMesh、MeshLab、CloudCompare、PointCloud Library(PCL)等，此类软件适于进行二次开发，实现一些定制化的功能。

5.1.2　数据处理的一般流程

三维激光扫描系统的全部工作流程可分为外业数据获取和内业数据处理，针对内业数据处理步骤，不同学者观点不太一致，但是基本步骤大概相同。

同济大学刘春认为：内业数据处理主要包括激光点云生成、规则格网化、数据滤波、压缩、数据分类、特征提取、数据拼接、坐标纠正、质量分析和控制等环节。太原师范学院张会霞(2010)认为：三维激光扫描数据处理是一项复杂的过程，从数据获取到模型建立，需要经过一系列的数据处理过程，通常包括数据配准、地理参考、数据缩减、数据滤波、数据分割、数据分类、曲面拟合、格网建立、三维建模等方面。

《规程》中说明：数据预处理流程包括点云数据配准、坐标系转换、降噪与抽稀、图像数据处理、彩色点云制作。有的学者将内业数据处理分为预处理与三维建模两个部分。

5.1.3 数据处理的准备

为了保证使用点云数据进行三维建模的质量，点云数据的预处理环节非常重要，预处理后的点云数据质量直接影响三维建模的质量。

为顺利完成点云数据的预处理，数据处理前做好相关的准备工作是很有必要的。准备工作包括以下四个方面：

①数据处理的硬件设备。目前扫描后生成的数据文件都比较大，一般有几十 GB。数据处理的硬件设备一般是指台式计算机(或者图形工作站)，笔记本电脑速度较慢。计算机的配置，总体要求是运算速度快、显示质量高(屏幕大)、硬盘存储空间大，可依据实际需求配置中高端的台式计算机或者图形工作站。

②数据处理的软件。软件包括随机配套软件、建模软件、相关辅助软件。随机配套软件是数据处理的主要软件，具有数据采集、预处理、建模等功能。不同品牌的产品有一定的差异，一般只能安装在一台电脑上使用。国外产品一般是英文版的，个别软件做了简单的汉化处理。建模软件目前以国外的商业化软件为主，软件功能上也存在一定的差异，要依据项目的需要做出选择，一般要多种软件组合使用。相关辅助软件是经常用到的图片、视频等，这些软件需要提前在计算机上安装好。

③相关知识与方法。在数据处理前，处理人员一般要了解数据处理的基本概念、原理等基础知识，可通过图书、论文等文献获取。目前主要是利用与设备配套的软件完成预处理，关于国外配套软件详细的中文使用文献较少，一般多是设备销售商的培训资料，还有英文版的软件使用指南和软件在线帮助，使用起来比较困难。对软件的熟悉程度会直接影响处理的效率与质量，因此处理人员应该提前了解相关理论知识，重点是熟悉配套软件常用功能的操作方法。

④数据质量检查。在处理硬件与软件准备的基础上，扫描外业工作完成之后，一般可利用 U 盘或者移动硬盘将原始数据文件复制到计算机上。运行配套软件，可打开(或者导入)原始数据。在做数据处理前，通过浏览数据功能，要检查扫描数据的质量，包括测站数量、点云完整性等。

5.2 数据配准

5.2.1 数据配准的定义

点云数据处理时，坐标纠正(又称为坐标配准，也称为点云拼接)是最主要的数据处理之一，由于目标物的复杂性，通常需要从不同方位扫描多个测站，才能把目标物扫描完整，每一测站扫描数据都有自己的坐标系统，三维模型的重构要求把不同测站的扫描数据纠正到统一的坐标系统下。在扫描区域中设置控制点或标靶点，使得相邻区域的扫描点云图上有三个以上的同名控制点或控制标靶，通过控制点的强制附合，将相邻的扫描数据统一到同一个坐标系下，这一过程称为坐标纠正。在每一测站获得的扫描数据，都是以本测站和扫描仪的位置和姿态有关的仪器坐标系为基准，需要解决的坐标变换参数共有 7 个：3 个平移参数，3 个旋转参数，1 个尺度参数。

《规程》中定义了点云配准的概念，即把不同站点获取的地面三维激光扫描点云数据变换到同一坐标系的过程。点云数据配准时应符合下列要求：①当使用标靶、特征地物进行点云数据配准时，应采用不少于 3 个同名点建立转换矩阵进行点云配准，配准后同名点的内符合精度应高于空间点间距中误差的 1/2；②当使用控制点进行点云数据配准时，二等及以下应利用控制点直接获取点云的工程坐标进行配准。

常见的配准算法有：四元数配准算法、六参数配准算法、七参数配准算法、迭代最近点算法(ICP)及其改进算法。点云数据的坐标配准目前国内外研究得都比较多，不同品牌仪器有与设备配套成熟的软件，如 Cyclone、PolyWorks 软件等。

点云数据配准是点云数据处理过程中非常重要的环节，配准后数据精度直接影响三维建模与应用。近年来，数据配准已经成为国内学者研究的热点问题。

5.2.2　配准方法分类

依据不同的分类标准，相应可以得到不同的配准方法分类。主要有以下观点：

①根据搜索特征空间的不同，可以分为全局配准和局部配准。全局配准是指针对整个点云搜索对应特征进行配准，局部配准则是在部分点云中搜索对应特征，也称为配对方式。

②根据配准的精度，可分为粗配准和精配准。粗配准的目的是通过确定两个三维点云集中的对应特征，解算出点云之间的初始变换参数；精配准是通过在粗配准的基础上获取最佳变换参数，然后完成点云配准。

③根据配准时所采用的基元，将点云配准分为基于特征的和无特征的配准。其中，前者是指利用一些几何特征，如边缘、角点、面等特征来解算变换参数，达到配准目的；后者则是直接利用原始点云数据进行配准。

④根据配准参数解算的目标函数，可分为点到点距离最小以及点到对应切面距离最小等。

⑤根据配准变换参数解算的方法，分为四元数法、最小二乘法、奇异值分解法以及遗传算法等。

在实际作业过程中，通常是根据拼接基元的特征进行如下分类：

(1)标靶拼接

标靶拼接是点云拼接最常用的方法，首先在扫描两站的公共区域放置三个或三个以上的标靶，对目标区域进行扫描，得到扫描区域的点云数据，测站扫描完成后再对放置于公共区域的标靶进行精确扫描，以便对两站数据拼接时拟合标靶有较高的精度。依次对各个测站的数据和标靶进行扫描，直至完成整个扫描区域的数据采集。在外业扫描时，每一个标靶对应一个 ID 号，需要注意同一标靶在不同测站中的 ID 号必须要一致，才能完成拼接。完成扫描后对各个测站数据进行点云拼接。

以 Cyclone 软件为例，完成拼接的点云数据可以通过拼接窗口查看拼接误差精度等信息，该方法的拼接精度较好，一般小于 1cm。如果需要将其统一到我们所需要的坐标体系下，就需要在满足拼接精度的前提下将拼接好的数据进行坐标转换，满足实际要求。

(2)点云拼接

基于点云的拼接方法要求在扫描目标对象时要有一定的区域重叠度，而且目标对象特征点要明显，否则无法完成数据的拼接。由于约束条件不足无法完成拼接的，需要再从有一定区域重叠关系的点云数据中寻找同名点，直至满足完成拼接所需要的约束条件，进而对点云进行拼接操作。此方法点云数据的拼接精度不高。

采用三维激光扫描仪采集数据时，要保证各测站测量范围之间有足够多的公共部分(大于 30%)，当点云数据通过初步的定位定向后，可以通过多站拼接实现多站间的点云拼接。公共部分的好坏会影响拼接的速度和精度。一般要求公共部分要清晰，具有一些比较有明显特征的曲面。一般公共部分可利用的点云数据越多，多站拼接的质量越好。

特殊情况下，可将标靶拼接与点云拼接结合使用。通常在外业放置一定数量的标靶，而在内业进行数据配准时当标靶数量不能满足解算要求时，就人工选取一些特征点，以满足配准参数结算的要求。这种方法在实际的点云配准中是很常用的，而且实践证明其精度也能达到要求。

(3)控制点拼接

为了提高拼接精度，三维激光扫描系统可以与全站仪或 GPS 技术联合使用，通过使用全站仪或 GPS 测量扫描区域的公共控制点的大地坐标，然后用三维激光扫描仪对扫描区域内的所有公共控制点进行精确扫描。其拼接过程与标靶拼接步骤基本相同，只是需要将以坐标形式存在的控制点添加进去，以该控制点为基站直接将扫描的多测站的点云数据与其拼接，即可将扫描的所有点云数据转换成工程实际需要的坐标系。使用全站仪获取控制点的三维坐标数据，其精度相对较高。因此，数据拼接的结果精度也相对较高，其误差一般在 4mm 以内(张庆圆，2011)。

目前已经有一些仪器支持以导线方式(假定坐标系、用户已有坐标系)进行扫描，在与设备配套的软件中会自动完成数据的拼接，例如徕卡、Trimble、FARO 等品牌的扫描仪，减少了数据拼接的工作量。

另外，有的学者提出基于特征点云的混合拼接，该方法要求扫描实体时要有一定的重合度，拼接精度主要依赖于拼接算法，可分为基于点信息的拼接算法、基于几何特征信息的拼接算法、动态拼接算法和基于影像的拼接算法等。

5.2.3 数据拼接实例

本例的扫描对象是江苏省连云港市海清寺大门前的万年宝鼎，分成近(距古鼎得到大约 2m)、中(距古鼎大约 10m)、远(距古鼎大约 30m)三种距离，对古鼎进行全方位的扫描。其中近、中距离设置 6 个测站，每个测站相互之间以及与古鼎构成的夹角为 60°；远距离设置 4 个测站。根据公共点获取方案原则，相邻两个测站之间至少要有 3 个公共点，结合实际标靶的通视性，设置了 5 个公共点，每次需要测量 4 个公共点。以徕卡 C10 进行野外扫描获取点云数据。拼接前要做好原始数据的准备，利用 U 盘将扫描仪输出的工程文件复制到安装有 Cyclone 软件的图形工作站上，并做好数据备份工作。

以球形标靶为公共点进行数据拼接的主要过程如下：

①新建数据库。点击“Servers”→右击“abc(unShared)”→“Databases”→输入数据库的名称和路径，如“E：a \ hqstd”。

②导入点云数据。右击“hqstd”数据库，再将外业测量的“hqstd”点云数据导入到 Cyclone 软件中。查看每一个测站的点云数据，以检查数据导入的正确性与完整性。

③创建拼接。右击“hqstd”数据库→单击“Scanworld”→单击“Add Scanworld”→选择“Station-001”和“Station-002”两个测站，如图 5-1 所示。

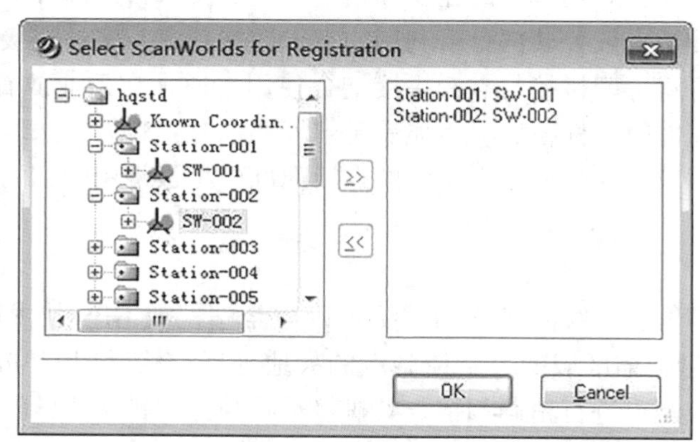

图 5-1　创建两个测站拼接

④添加约束条件。单击“Constraint”→“Auto-Add Constraints”，添加自动拼接的约束条件→“Registration”→“Register”。

⑤误差检验。如果拼接的误差小于 6mm，则这两站的拼接就是合格的，冻结拼接数据并可以查看。

⑥以拼接后的数据为基础，依次与新的测站数据进行拼接，重复第③至第⑤步，完成宝鼎所有测站扫描数据的拼接，完整的拼接效果如图 5-2 所示。

目前，软件支持多个站点数据的一次拼接，约束条件和误差检验方式与两站之间的处理步骤相同，可以一步得到所有站点扫描拼接的结果，同时选择 5 个站点数据的操作，如图 5-3 所示。

图 5-2 宝鼎点云拼接效果图

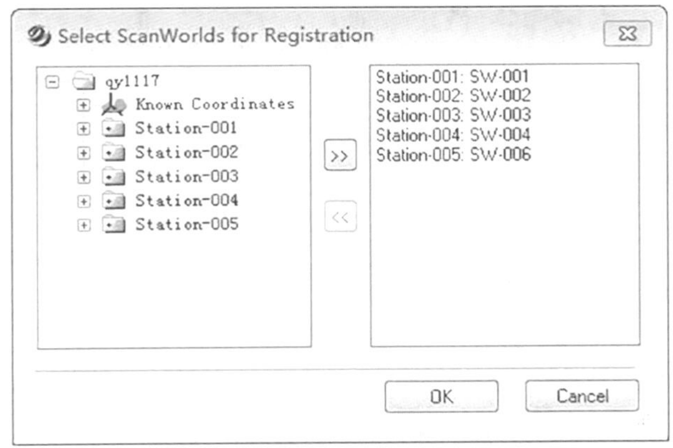

图 5-3 创建 5 个测站拼接

5.3 数据滤波

5.3.1 噪声产生原因与处理方法

地面三维激光扫描数据处理的一个基本操作是数据滤波，对于获取的点云数据，由于各方面原因，不可避免地会存在噪声点。产生噪声点的原因主要如下：

①由被扫描对象表面因素产生的误差，例如受不同的粗糙程度、表面材质、波纹、颜色对比度等反射特性引起的误差。当被摄物体的表面较黑或者入射激光的反射光信号较弱

等光照环境较差的情况下，也很容易产生噪声。

②偶然噪声，即在扫描实施过程中由于一些偶然的因素造成的点云数据错误，如在扫描建筑物时，有车辆或行人在仪器与扫描对象间经过，这样得到的数据就是“坏点”，应该删除或者过滤掉。

③由测量系统本身引起的误差，比如扫描设备的精度、CCD 摄像机的分辨率、振动等。对于目前常见的非接触式三维激光扫描设备，受到物体本身性质的影响更大。

由于以上因素，如不对点云数据进行去噪处理，这些噪声点将会影响特征点提取的精度及三维模型的重建质量，其结果将导致重构曲面、曲线不光滑，从而降低了模型重构的精度。通过对原始扫描数据进行分析发现，若不对点云进行去噪处理，构建的实体形状与原研究对象大相径庭。因而在三维模型重建之前，需对点云数据进行去噪处理。

在处理由随机误差产生的噪声点时，要充分考虑点云数据的分布特征，根据分布特征采用不同的噪声点处理方法。目前点云数据的分布特征主要有：①扫描线式点云数据，按某一特定方向分布的点云数据，如图 5-4(a)所示；②阵列式点云数据，按某种顺序排列的有序点云数据，如图 5-4(b)所示；③格网式(三角化)点云数据，数据呈三角网互连的有序点云数据，如图 5-4(c)所示；④散乱式点云数据，数据分布无章可循，完全散乱，如图 5-4(d)所示。

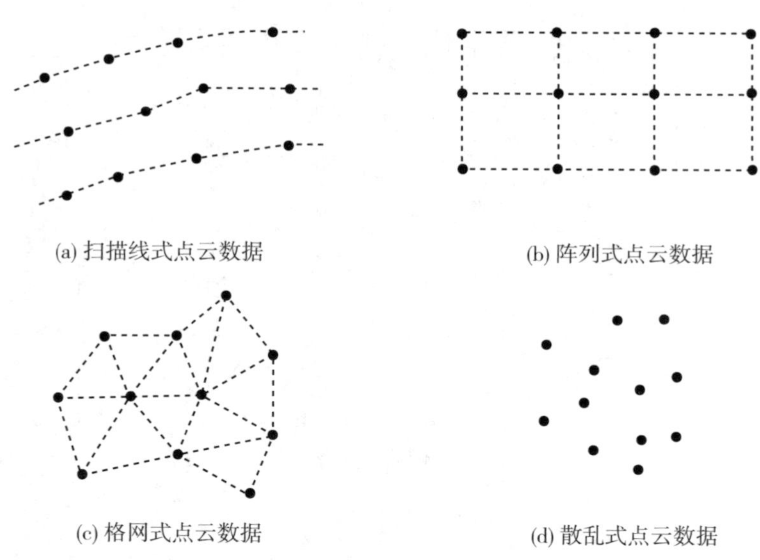

图 5-4　不同点云数据的表达形式

第一种数据属于部分有序数据，第二种和第三种数据属于有序数据，这三种形式的数据点之间存在拓扑关系，去噪压缩相对简单，采用平滑滤波的方法就可以进行去噪处理。常用的滤波方法有高斯滤波、中值滤波、平均滤波。

对于散乱点云数据，由于数据点之间没有建立拓扑关系，散乱点云数据的去噪处理还没有一种快速、有效的方法。目前对散乱点云数据滤波的研究主要分两类：一类是将散乱点云数据转换成网格模型，然后运用网格模型的滤波方法进行滤波处理；另一类是直接对点云数据进行滤波操作。常见的散乱点云数据滤波方法有双边滤波算法、拉普拉斯(Laplace)滤波、二次 Laplace 方法、平均曲率流、鲁棒滤波算法点云去噪处理。

根据噪声点的空间分布情况，可将噪声点大致分为以下四类：

①飘移点，即那些明显远离点云主体，飘浮于点云上方的稀疏、散乱点。

②孤立点，即那些远离点云中心区，小而密集的点云。

③冗余点，即那些超出预定扫描区域的多余扫描点。

④混杂点，即那些和正确点云混淆在一起的噪声点。

对于第①、②、③类噪声，通常可采用现有的点云处理软件通过可视化交互方式直接删除，而第④类噪声必须借助点云去噪算法才能剔除。

5.3.2 去噪处理实例

目前扫描仪厂家自带的软件和专业的点云数据处理软件一般都有一定的去噪声的功能，能够处理噪声中的飘移点、孤立点、冗余点。例如，FARO SCENE 软件采用各种过滤器对点云数据进行去噪，主要包括异常值过滤、深色扫描点过滤、离群点过滤、基于距离过滤点。此外，利用软件提供的多边形、矩形选择器等多种方式手动选择噪声点，并将其删除。以 Cyclone 软件为例简要说明操作过程如下：

在 Cyclone 软件的工具栏中选择合适的“Polygonal Fence Mode”按钮框(图 5-5)，然后选择需要去除的噪声点，选取完成后，按住 Shift+I 键删除选择图形以内的噪声点(图 5-6)，经过多次选择要去除的噪声点进行删除。也可以选择要保留的区域，按住 Shift+O 键删除选择图形以外的噪声点，最后得到需要的点云图，如图 5-7 所示。

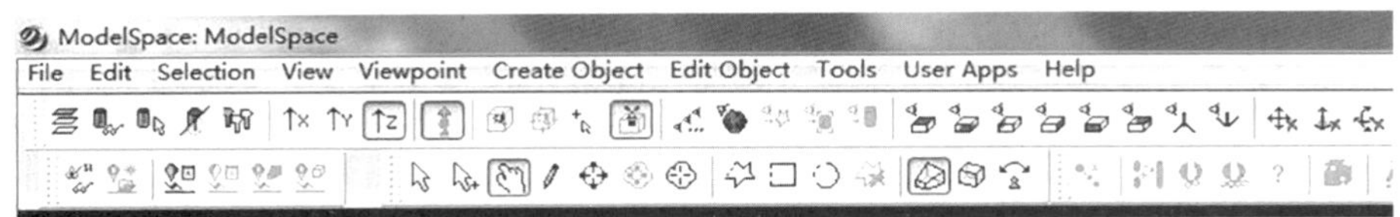

图 5-5　去噪选择工具

图 5-6　选择噪声点

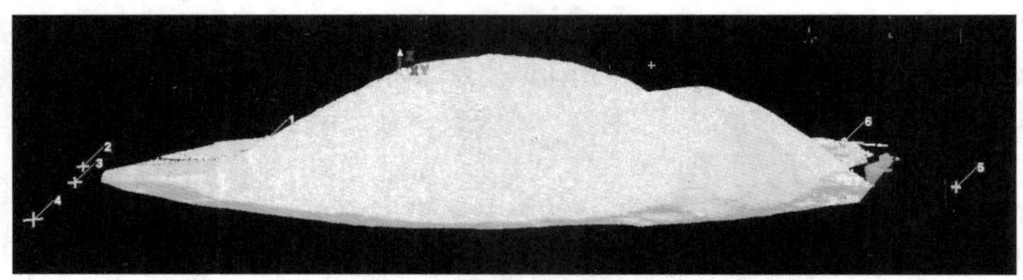

图 5-7　去噪后的点云图

5.4　数据缩减

5.4.1　数据缩减方法

三维激光扫描仪可在短时间内获取大量的点云数据，目标物要求的扫描分辨率越高、体积越大，获得的点云数据量就越大。大量的数据在存储、操作、显示、输出等方面都会占用大量的系统资源，使得处理速度缓慢，运行效率低下，故需要对点云数据进行缩减。

数据缩减是对密集的点云数据进行缩减，从而实现点云数据量的减小，通过数据缩减，可以极大地提高点云数据的处理效率。通常有两种方法可进行数据缩减：

①在数据获取时对点云数据进行简化，根据目标物的形状以及分辨率的要求，设置不同的采样间隔来简化数据，同时使得相邻测站没有太多的重叠，这种方法效果明显，但会大大降低分辨率。

②在正常采集数据的基础上，利用一些算法来进行缩减。常用的数据缩减算法有基于 Delaunay 三角化的数据缩减算法(主要方法有包络网格法、顶点聚类法、区域合并法、边折叠法、小波分解法)，基于八叉树的数据缩减算法，点云数据的直接缩减算法。

点云数据优化一般分两种：去除冗余和抽稀简化。冗余数据是指多站数据配准后虽然得到了完整的点云模型，但是也会生成大量重叠区域的数据。这种重叠区域的数据会占用大量的资源，降低操作和储存的效率，还会影响建模的效率和质量。某些非重要站的点云可能会出现点云过密的情况，则采用抽稀简化。抽稀简化的方法很多，简单的如设置点间距，复杂的如利用曲率和网格来解决。

《规程》中指出降噪与抽稀应符合下列规定：①点云数据中存在脱离扫描目标物的异常点、孤立点时，应采用滤波或人机交互进行降噪处理；②点云数据抽稀应不影响目标物特征识别与提取，且抽稀后点间距应满足相应的要求。

点云压缩主要是根据点云表征对象的几何特征，去除冗余点，保留生成对象形面的主要特征，以此提高点云存储和处理效率。理想的点云压缩方法应做到能用尽量少的点来表示尽量多的信息，目标是在给定的压缩误差范围内找到具有最小采样率的点云，使由压缩后点云构成的几何模型表面与原始点云生成的模型表面之间的误差最小，同时追求更快的处理速度。针对不同排列方式的点云数据，许多学者提出了不同的压缩方法，常见的方法如下：

①对于线式点云数据，可以采用曲率累加值重采样、均匀弦长重采样、弦高差重采样等方法。

②对于阵列式点云数据，可以采用倍率缩减、等间距缩减、弦高差缩减等压缩方法。

③对于格网式点云数据，可采用等密度法，最小包围区域等方法。

④对于散乱式点云数据，可采用包围盒法、均匀网格法、分片法、曲率采样、聚类法等方法。

点云压缩有多个准则可以遵循，包括压缩率准则、数量准则、点云密度准则、距离准则、法向量准则、曲率准则等。其中法向量和曲率准则可以使简化后的数据集在曲面曲率较小的区域用较少的点表示整个形面，而在曲率较大或尖锐棱边处保留较多的点，其他准则无法满足这种要求。

5.4.2 点云统一化举例

在 Cyclone 处理软件中，一般是去噪操作完成后，依据对点云精度的要求，对扫描对象进行统一化处理。

单击软件菜单“Tools”→“Unify Clouds”项，在弹出的对话框中设置点云间隔，例如采用 5mm 间隔，之后单击“Unify”即可实现数据的统一化(图 5-8)。软件还定性地设置了 4 个选择项目，分别是低、中、高、最高的点云减少。经过统一化处理后，扫描对象的点云数量会下降，文件的字节数也会减少。

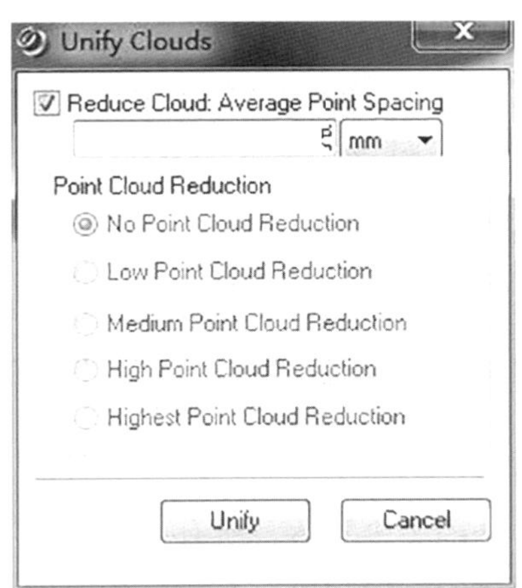

图 5-8 点云数据统一化

经过点云统一化后文件字节数与显示效果会发生变化，以满足不同的应用需求。点云间隔分别设置 5cm、10cm 和 20cm 的统一化显示效果，如图 5-9 所示。

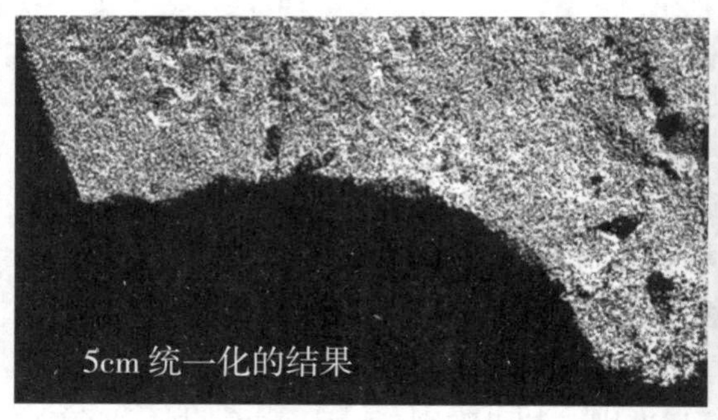

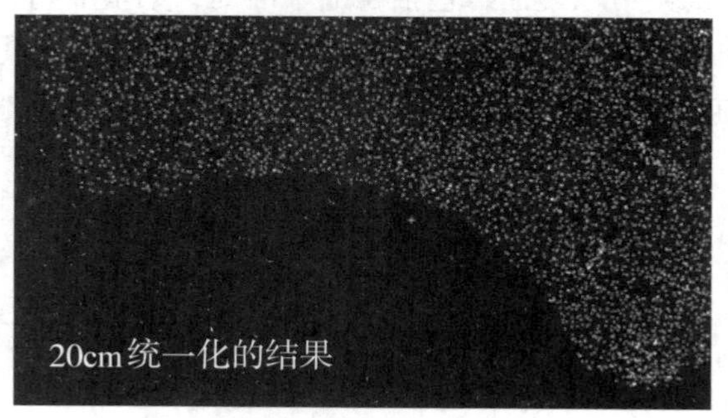

图 5-9　不同采样率的统一化结果

5.5　数据分割与数据分类

对于比较复杂的扫描对象，如果直接利用所有点云数据建模，其过程是十分困难的，所以对于复杂对象建模之前需要将点云数据分割，分别建模完成后再组合，也就是建模过程中“先分割后拼接”的思想，整个过程是把复杂数据简单化，把庞大数据细分化。在三维激光扫描点云数据中进行数据分割可以更好地进行关键地物提取、分析和识别，分割的准确性直接影响后续任务的有效性，具有十分重要的意义。

点云数据分割应该遵守以下准则：①分块区域的特征单一且同一区域内没有法矢量及曲率的突变；②分割的公共边尽量便于后续的拼接；③分块的个数尽量少，可减少后续的拼接复杂度；④分割后的每一块要易于重建几何模型。

虽然人们对点云数据的分割进行了大量的研究，也提出了很多种针对各种具体应用的分割算法。但目前尚无通用的分割理论和适合所有点云数据的通用分割算法；即使给定一个实际图像分割问题，要选择适用的分割算法也还没有统一的标准。

数据分割的主要方法有三种：第一种是基于边的分割方法。此分割方法需要先寻找出特征线，寻找特征线要先找到特征点，目前最常用的提取特征点的方法为基于曲率和法矢量的提取方法，通常认为曲率或者法矢量突变的点为特征点。提取出特征线之后，再对特征线围成的区域进行分割。第二种是基于面的分割方法。此方法是一个不断迭代的过程，找到具有相同曲面性质的点，将属于同一基本几何特征的点集分割到同一区域，再确定这些点所属的曲面，最后由相邻的曲面决定曲面间的边界。第三种是基于聚类的分割方法。此方法就是将相似的几何特征参数数据点分类，可以根据高斯曲率和平均曲率来求出其几何特征再聚类，最后根据所属类来分割。另外，学者还提出基于反射值的分割方法、区域膨胀策略的三维扫描表面数据区域分割算法。

目前，三维激光扫描系统软件的数据分割主要是通过手动完成的，根据需要把点云数据分割成不同的子集，以进行曲面拟合等操作。自动分割最常用的是针对平面，采用区域增长算法分割点云数据。还有一种是针对模型库中的组件进行自动分割，完成曲面拟合。

在逆向工程中，根据点云数据获取方式和数据处理目的的不同，对点云数据分类的方式也有较大的差异。逆向工程中通常使用平面、球面、圆柱面、圆锥面、规则扫描面和一般的自由曲面等这几种几何面的划分形式。把三维激光扫描数据划分为不同的类型，并根据这些类型对点云数据进行分割，采用组件库中已有的模型，通过曲面拟合，可以建立目标物的表面模型，这在逆向工程建模中被广泛采用，同时也常被应用于建筑物建模的圆柱、圆锥等规则的几何形体中。

目前的数据分割技术，以典型的算法为基础进行粗略分割，辅以人工手动参与，将最终的结果用于后续的点云数据成果制作中。

三维点云的精细分类是从杂乱无序的点云中识别与提取出人工和自然地物要素的过程，是数字地面模型生成、复杂场景三维重建等后续应用的基础。然而，不同平台激光点云分类关注的主题有所不同。机载激光点云分类主要关注大范围地面、建筑物顶面、植被、道路等目标，车载激光点云分类关注道路及两侧道路设施、植被、建筑物立面等目标，而地面站激光点云分类则侧重于特定目标区域的精细化解译(杨必胜等，2017)。

5.6 点云数据漫游及发布

5.6.1 点云文件输出

目前点云数据处理软件都支持多种格式的文件输入与输出，以保证文件与其他软件的兼容性。

以 Cyclone 软件为例，在扫描对象的点云数据处理之后，可以根据后期处理选择数据文件的输出文件类型进行数据的输出。操作方法：单击“File”→“Export”项，然后选择数据文件的保存路径及保存类型，例如，选择“Text-XYZ Format(* . xyz)”类型，以便在相关软件中进行建模等处理。

另外，还可以将点云数据保存为图片格式的文件，以供使用。以 Cyclone 软件为例，可以将目前点云数据状态输出成为图片格式的文件。操作方法：单击“File”→“Export”项，在 top 与 ortho image 状态下，可以输出 * . tif 格式文件。单击“File”→“Snapshot”项，可以选择输出 * . tif、 * . bmp、 * . jpg、 * . png 格式文件。

5.6.2　点云数据漫游制作

为了全面动态地展示扫描对象的三维效果，多数点云数据处理软件都有点云数据漫游制作的功能。点云数据漫游是通过在适当的角度插入相机以便全景查看扫描目标，以达到视频浏览点云模型的效果。

以 Cyclone8.0 软件为例，借助相机进行点云数据漫游，用多个相机组成一条路径，使视角在相机的位置上移动，从而达到点云漫游的效果。点云数据漫游的主要步骤介绍如下：

①插入相机。在菜单命令下点击“Create Object”→“Insert”→“Camera”，可以选择合适位置插入第一个相机，如图 5-10 所示。

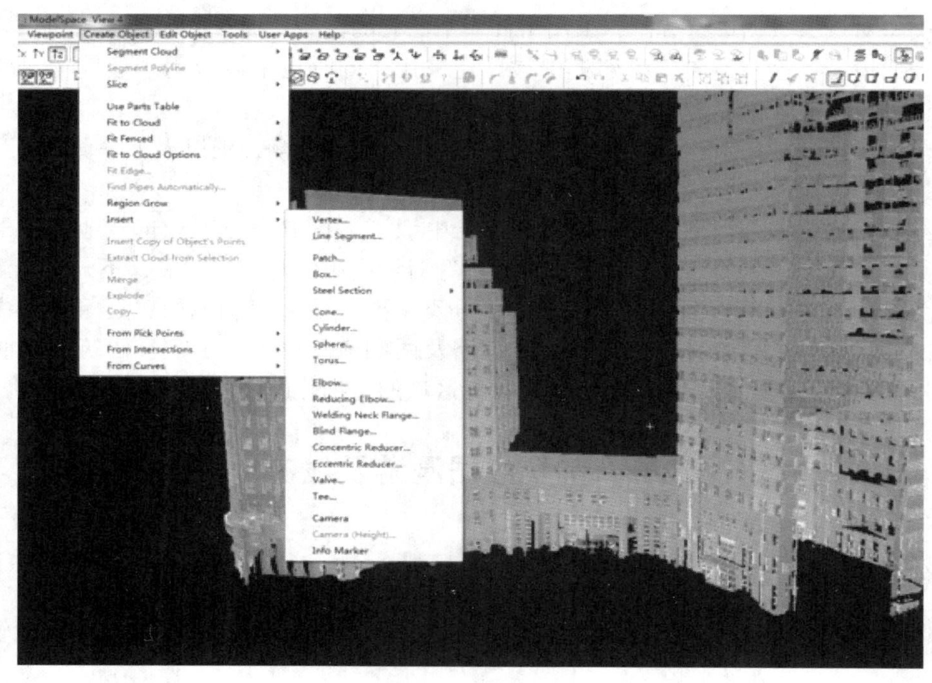

图 5-10　插入相机

②按照第①步的操作，选择合适的路径和角度，能够全面地展示目标建筑物点云数据的特点，插入 75 个相机形成一条完整的路径。之后通过加选▣的方式，按预期设计漫游路径的前进方向和浏览建筑物点云数据的角度，有序地选择插入相机，以确保选择顺序正确。

③从相机生成路径，点击菜单命令“Tools”—“Animation”—“Create Path”，完成对蓝色线漫游路径的生成，如图 5-11 所示。

④设置路径。点击菜单命令“Tools”→“Animation”→“Set Path”。

⑤漫游参数设置。点击菜单命令“Tools”→“Animation”→“Animation Editor”，对漫游

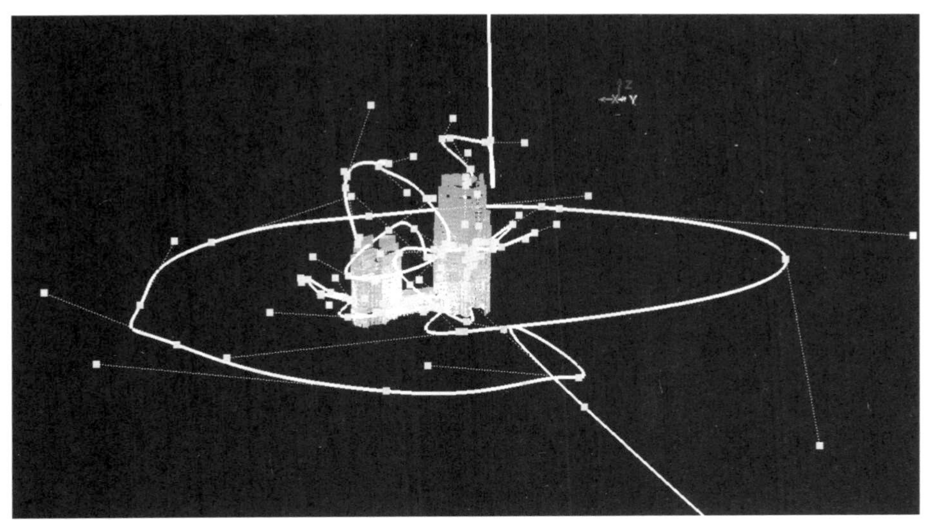

图 5-11 漫游路径生成

进行相关设置，软件中默认每 15 栅格为 1 秒，为了全面地展示点云数据，设置 1800 栅格，设置完成后点击“OK”，如图 5-12 所示。

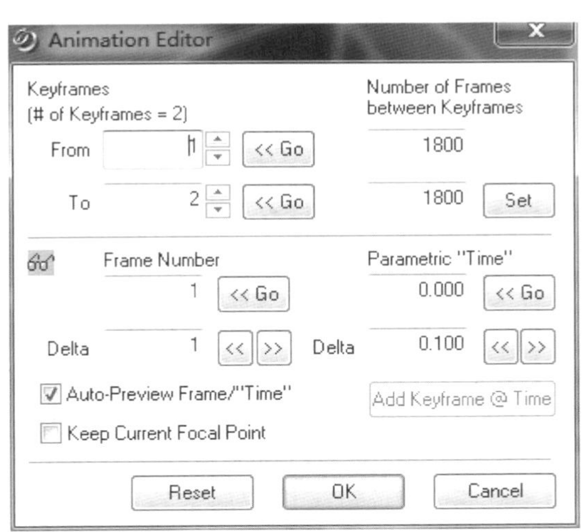

图 5-12 点云漫游参数设置

⑥隐藏相机和路径。点击菜单命令“View”→“Set Object Visibility”，将“Spline，Spline Loop”和“Camera”后面方框中的勾号去掉，如图 5-13 所示。

⑦点云漫游输出操作。点击菜单命令“Tools”→“Animation”→“Animation…”，在弹出的对话框中选择漫游文件的保存路径“G：\ zc \ 1118”，最后点击“Animate”，完成漫游文件的输出，如图 5-14 所示。

图 5-13　相机和路径隐藏

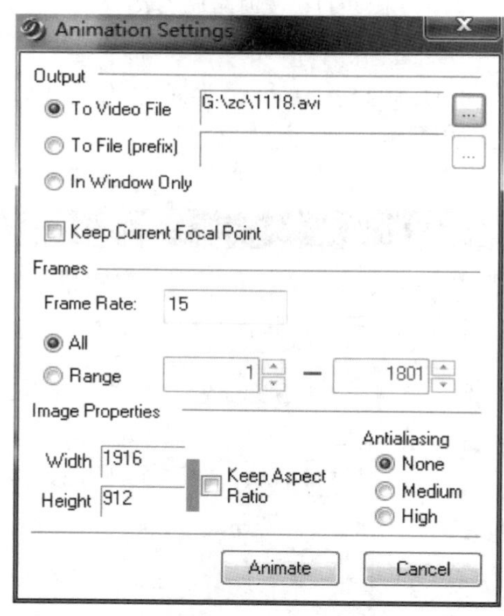

图 5-14　完成漫游输出

⑧检查修改。将输出的视频在相关播放软件中观看，检查播放的效果。如果有需要修改的地方，可在 Cyclone 软件中做适当修改，有必要的话，甚至重新制作。

5.6.3　点云数据的网络发布

经过预处理后的点云数据，可依据需要发布在互联网上，以满足不同用户的需要。

例如，使用 Leica Cyclone TruView 插件可以将获取的点云数据发布到网上(图 5-15)。在 TruView 中用户可以提取出真实的三维坐标以及量测距离，结果可以显示在点云图像上。

图 5-15 发布在网上的点云数据

思 考 题

1. 点云数据处理软件的作用是什么？目前有几种类型？
2.《规程》中规定的数据预处理流程包括哪些内容？
3. 点云数据预处理准备工作包括哪些内容？
4. 什么是坐标配准？常见的配准算法有哪些？
5. 在点云数据中产生噪声点的原因主要有哪些？
6. 点云数据的分布特征主要有哪些？噪声点大致分为几种类型？
7. 为什么要进行点云数据缩减，方法有几种？点云数据优化方法一般分为哪几种？
8. 以 Cyclone 软件为例，文件输出有哪些类型？

第 6 章　三维模型构建

利用点云数据对扫描实体进行三维建模是三维激光扫描技术的重要应用方面，目前普遍采用多种相关建模软件完成。本章在介绍三维建模的概念和应用、常用三维建模软件、三维建模方法的基础上，比较详细地阐述了规则体和不规则体建模的主要过程。

6.1　三维建模概述

6.1.1　概念

模型是用来表示实际的或抽象的实体或对象，数据模型是一组实体以及它们之间关系的一般性描述，是真实世界的一个抽象。数据结构是数据模型的表示，是建立在数据模型基础上的，是数据模型的细化。三维建模指的是对三维物体建立适合于计算机处理和表示的数学模型，它是在计算机环境下对其进行处理、操作和分析其性质的基础，同时也是在计算机中建立表达客观世界虚拟现实的关键技术。三维建模技术的核心是根据研究对象的三维空间信息构造其立体模型，并利用相关建模软件或编程语言生成该模型的立体图形显示。

6.1.2　三维建模应用概述

虚拟三维模型提供了物体、场景、环境的逼真表达方式，原来人们根据设计图纸运用 AutoCAD、3ds Max、MAYA 等直接进行正向建模得到物体的三维模型，实现技术简单，且获取的设备信息具有较高的精度，但由于对操作人员素质要求较高，同时还要手动输入大量数据并进行实地纹理采集，工作量非常大，制作周期长，更重要的是模型没有精度可言，无法以真实的数字基础还原物体，不能逼真地再现现实世界，这类软件已经不能满足人们对复杂曲面物体的建模需要。利用航空摄影测量影像能得到地面高程信息、纹理数据以及拓扑信息，对有明显轮廓的人工地物能提供较高的三维重建精度，但对于大量的复杂物体(如复杂房屋、桥梁、工厂设备等)，由于其结构的复杂性，还没有一个较好的解决方案。

三维激光扫描技术因其在测量中能将各种物体表面的点云数据快速、准确地扫描并记录到计算机中，且在记录位置信息的同时也能记录物体表面反射率，使重构的三维实体更加生动，因此被经常用于建筑物测量维护与仿真，位移监控和外观结构三维建模，设计与维护分析和景观三维测量与工程建设相关的众多领域。

目前如何对三维激光扫描仪获取到的点云数据进行处理建模，从而实现实际应用需求，已经成为各项行业研究的热点问题，这些行业主要包括智慧城市建设、文物保护领域、复杂工业设施的测量以及三维人体模型建模等。

在发达国家三维激光扫描技术已成熟地应用于机载激光测高、车载激光实景扫描和建模、城市三维建模、三维地图、产品设计生产等方面。1997 年，加拿大 El-Hakim 等将激光扫描仪和 CCD 相机固定在小车上，形成一个数据采集和配准系统，并在此基础上进一步研究并实现了室内场景三维建模系统。2002 年，I. Stamos 和 P. K. Allen 等研制出了完整的三维激光建模系统，这个系统在获取建筑物三维数据的同时还能获得建筑物的深度图像和彩色图像，以此来重构建筑物三维模型。2003 年夏季结束的斯坦福大学实验室“数字米开朗基罗计划”，是在计算机里重建雕塑的三维表面来恢复其原貌的三维激光建模项目。2006 年希腊的 Vassilios Pagounis 等建立了可用于道路安全分析和交通事故模拟的三维模型。2015 年，Emmanuel Moisan 等联合使用激光扫描技术和声呐技术来获取数据，以此建立了运河隧道完整的数字模型。

三维激光扫描技术在国内起步虽然较晚，但是在各方面的应用中也已取得不错的成就。智能交通、城市规划、减灾防灾、工程建设、仿形加工、模具快速制造、三维动画、艺术品制作、人体器官复制、三维地图、地形测量与数字化再现等方面都得到了应用，也形成了成熟的解决方案。

2006 年，北京建设数字科技有限责任公司采集了乐山大佛的三维数据，并建立了乐山大佛三维立体模型。2009 年，北京则泰集团公司与中国石油兰州石化公司合作的“数字化工厂”项目将基于点云数据构建的三维模型加载到三维 GIS 系统，实现了工厂三维可视化及与业务相结合的各项功能。2010 年，北京建筑工程学院与故宫博物院合作的“故宫古建筑数字化测绘”项目采集了完整的太和殿三维模型数据，构建了太和殿的现状彩色立体模型。2012 年，长安大学对黄河小浪底枢纽工程进行了出水大坝和控制中心大楼的三维模型重建。2013 年山东科技大学利用三维激光扫描技术对矿井进行了实体三维建模工作，获得了巷道以及井下各种生产设备的三维模型。2014 年，浙江华东测绘地理信息有限公司采集了杭州通玄观造像的点云数据，并且构建了完整的三维模型。2015 年，北京浩宇天地测绘科技发展有限公司对北京孔庙和国子监博物馆碑刻进行了数字化保护和虚拟修复，在点云数据的基础上，建立了可量测的三维模型，同时精准绘制了部分碑刻的线划图。2017 年，中国矿业大学利用三维激光扫描技术完成了瓮城古城墙的数据采集和三维建模，实现了古城墙的数字化再现。

目前，三维激光扫描数据的获取技术已日趋成熟，但是点云数据预处理、实体物体数字模型重建等技术不够成熟，还有很大的发展空间，目前存在的主要问题有：

①如何从庞大的点云数据中自动提取特征点，是三维建模过程中的一个关键问题；

②实现复杂扫描对象的模型建模还有大量的工作要做；

③三维建模过程中，数据量过大会引起整体三维显示速度过慢，因此建模优化问题还需要继续研究和探索。

6.2　三维建模软件简介

目前能够实现三维点云数据处理的主要有两种类型的软件：一种是扫描仪随机自带的软件，既可以用来获取数据，也可以对数据进行一般的处理，如 Leica 的 Cyclone，RIEGL 扫描仪附带的软件 Riscan Pro，以及 Trimble RealWorks、HD 3LS SCENE、Si-scan 等软件。第二种是专业数据处理软件，主要用于点云数据的处理和建模等方面，多为第三方厂商提供，如 Imageware、PolyWorks、Geomagic、PointCab、JRC 3D Reconstructor、3D Reshaper、3ds Max、SketchUp 等软件。

6.2.1　随机自带软件

1. Riscan Pro

Riscan Pro 是奥地利 RIEGL 地面三维激光扫描系统的配套软件。它具有强大的扫描仪工作控制和数据配准功能，能够将模型导出为通用文件格式，同时还能删除多余的点云数据，进行三角化建模。软件的主要特点如下：

①自动提取、匹配反射片进行场景拼接、自动计算扫描仪与数码相机坐标系之间的转换关系；

②可导入全站仪、GPS 等外部测量设备的测量数据，提高测量精度，易于进行各种坐标系转换；

③对点云数据进行三角化建模、纹理映射及对模型进行渲染。

在实际建模过程中，由于 Riscan Pro 软件对点云及三角化后的网格模型的编辑能力有限，一般需要结合其他的建模软件共同建模。

2. Cyclone

Cyclone 软件是与徕卡三维扫描系统配套的专业数据处理平台，针对徕卡三维激光扫描仪的功能特点量身打造的三维数据后处理软件，使用该软件用户可在工程测量、制图，以及各种改建工程中处理海量点云数据，目前最高版本为 9.2。根据不同的用途，Cyclone 软件可分为多个功能模块，包括 Register、Register 360、Basic、Model、Importer、Survey。基于 AutoCAD 的插件有 CloudWorx、Publisher、Cyclone Ⅱ TOPO、TruView。

Leica Cyclone 三维数据处理软件的主要特点如下：

①可输出二维或三维图、线划图、点云图、三维模型；

②根据点云自动生成平面、曲面、圆柱、弯管、实现三维管道设计；

③自动构网和生成等高线以及依据切片厚度生成点云切面。

3. RealWorks

Trimble RealWorks 是美国天宝公司开发的点云数据处理软件。RealWorks 软件不仅支持天宝 GX、FX、VX、TX5、TX8 等全系列三维激光扫描仪，同时也支持其他品牌的激光点云数据的导入，能够对点云数据进行预处理，完成点云数据的配准、消噪、重采样等过程，并能创建出多边形模型。

4. HD 3LS SCENE

HD 3LS SCENE 海达三维激光点云处理软件提供了多测站自动拼接、点云分类提取、3D 地形模型生成、地物提取测量等多种三维激光点云专业处理与分析功能，同时支持处理车载、机载、船载、便携式各类三维激光扫描系统采集的海量点云数据，软件提供的功能可广泛应用于地形测绘、矿山体方测量、变形监测等领域。

6.2.2 专业建模软件

1. Geomagic Wrap

Geomagic Wrap 是 Geomagic 公司带来的 3D 模型数据转换应用工具，软件的主要功能有：

①点云的处理(如采样、去除坏点和冗余点、分割等)；

②多边形模型的创建和编辑及子网格模型的生成；

③对网格的参数化和 Bezier 或 NURBS 曲面拟合。

Geomagic Wrap 软件在众多工业领域，如汽车、航空、医疗设备等使用广泛。

2. 3ds Max

3ds Max 是著名软件开发商 Autodesk 开发的基于 PC 的三维渲染制作软件。它的前身是基于 DOS PC 系统的 3D Studio 软件，目前最高版本是 2019。3ds Max 凭借其图像处理的优异表现，被用于电脑游戏的动画制作，后来被用于制作电影特效。3ds Max 软件的主要特点有：

①三维数据处理功能强大，扩展性很好；

②模型功能强大，动画制作方面有较大的优势，插件丰富；

③操作简单，容易上手，制作的模型效果非常逼真。

3ds Max 软件的主要应用领域有虚拟现实、场景动画设置、三维模型建立、材质设计、路径设置和创建摄像机等。

3. SketchUp

SketchUp 软件是@ Last Software 公司设计的三维建模工具，@ Last Software 公司于 2000 年成立，公司规模较小，却以 SketchUp 而闻名业界，后被 Google 公司在 2006 年 3 月收购。在这之后，Google 公司在原有的基础上，加大研发力度，增加了更多的组建功能，同时结合 Google 自身强大的 3D 模型资源库，从而形成了一个完善的共享平台。2012 年 4 月，Google 将其 SketchUp 3D 建模平台出售给 TrimbleNavigation，目前最高版本是 2018。

SketchUp 软件有着丰富的组件资源，能让设计者更加直观地进行框架构思，操作风格简洁，命令简单易懂，是一款不错的三维建模软件，在建筑领域有着广泛运用。

6.3 三维建模方法及主要流程

根据三维模型表示方式的不同，对点云数据进行三维模型重建有两种方法：一种是三维表面模型重建，主要是构造网格(三角形网格等)逼近物体表面；另一种是几何模型重建，常见于 CAD 中的轮廓模型。

基于三维激光扫描获取的点云数据进行三维建模主要是对点云数据进行一系列后续处

理完成的。后续处理过程主要包括点云数据的预处理、数据的配准、点云滤波、模型的构建、纹理映射等。不同的系统所使用的技术和方法不尽相同，但是主要步骤大致相同，简要介绍如下：

①点云数据获取。在第 3 章中已经有阐述。

②点云数据预处理。在第 5 章中已经有阐述。

③模型的构建。模型的构建就是根据点云数据来提取扫描对象的模型。

④模型的编辑。经过模型的构建之后，往往还需要对三维模型进行诸如补漏洞、修正拓扑错误、简化、平滑、压缩等后处理。

⑤纹理映射。纹理映射就是模拟景物表面纹理细节，用图像来替代物体模型中的细节，提高模拟逼真度和系统显示速度。

⑥成果输出。成果的类型有很多，包括原始点云数据、数字影像数据、三维点云模型、彩色点云模型、三角网模型、深度图像模型、漫游视频等(郑少开等，2017)。

6.4　规则体建模应用实例

规则体建模是指对规则模型(基于长度、宽度、高度、半径、直径、角度等特征参数构建的三维模型)进行建模。一些学者利用不同软件进行了相关研究与应用。

6.4.1　基于 Cyclone 软件建模实例

6.4.1.1　概述

扫描对象选择淮海工学院苍梧校区内的毓秀花园物管楼，点云数据获取设备采用的是瑞士徕卡 ScanStation C10 三维激光扫描仪，建模软件为 Cyclone 和 3ds Max。拼接去噪后的物管楼点云如附录彩图 6-1 所示，物管楼的外部结构如图 6-2 所示。

图 6-2　物管楼外部结构图

6.4.1.2 建模技术流程

1. 整体轮廓建模

由于物管楼的房屋不是很规则的形状，它的前后部分都是曲面，而左侧是由倾斜的长方体和平面组成，所以建模时将房屋点云数据分割为两部分(主楼和附属楼)分别进行构造。其他各个部分也都经过点云分割处理单独建模。

(1)主楼

主楼前后是由曲面组成，左右则是平面，在建模时采用先曲线构面，然后挤压生成体的方法。主楼建模后的模型如图6-3所示。

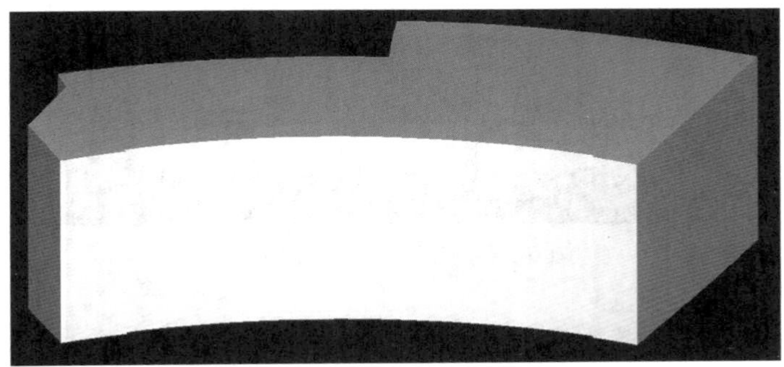

图6-3 主楼立体模型图

(2)附属楼

因为附属楼上部是由倾斜的平面和长方体组成，而下部是圆柱体，所以采取由上到下的顺序进行建模。具体建模内容包括创平面、生成长方体、拟合圆柱体以及进行旋转处理，最终建模效果如图6-4所示。

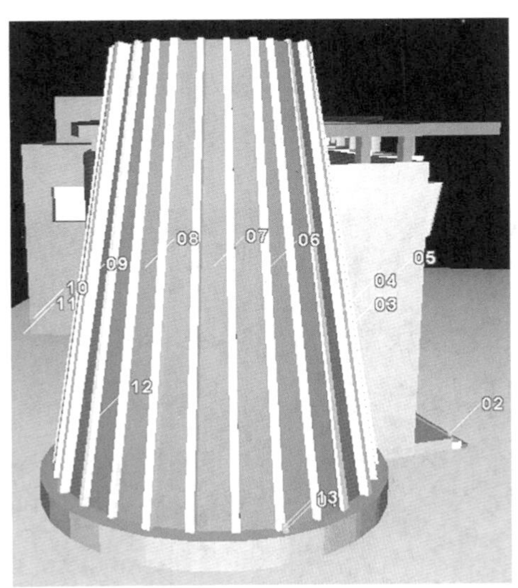

图6-4 附属楼的立体模型

2. 局部细节建模

完成整体建模后，还需要对局部的一些细节进行精细建模。比如主楼上的门窗需要进行抠除处理，楼前的玻璃檐、二楼的栏杆、斜坡处的扶手等都需要进行模型创建。门窗创建完成的立体模型如图 6-5 所示。

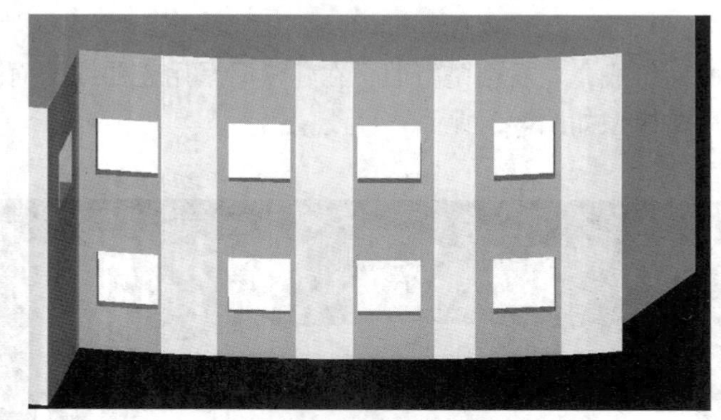

图 6-5　抠除窗户后的立体模型

由于楼前的玻璃檐是由一块块的玻璃按照一定的弧度、倾角组成的，采用先绘制出玻璃之间的线段，然后再利用相邻的两条线段生成面的方法实现。效果如图 6-6 所示。

图 6-6　玻璃檐的立体模型

物管楼的最终建模效果如附录彩图 6-7 所示。

3. 内部建模

利用三维激光扫描仪的穿透特性还可以获取屋内的点云数据。内部建模和外部建模方法一样，这里就不再做详细阐述。内部模型建模完成后的效果如图 6-8 所示。

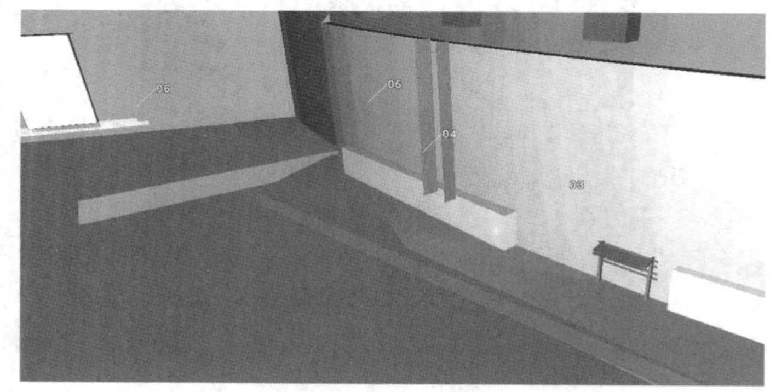

图 6-8　内部模型

将做好的模型导出为 .dxf 格式文件，然后导入 Geomagic 软件，输出为 .3ds 格式。

4. 模型渲染

为了使三维模型更加生动和真实，就需要对模型进行渲染。本项目采用的软件是 3ds Max，渲染器插件为 V-Ray for 3ds Max。导入模型后将模型分离，给建筑物各部分指定材质，完成贴图，图 6-9 所示为棱柱的贴图效果。

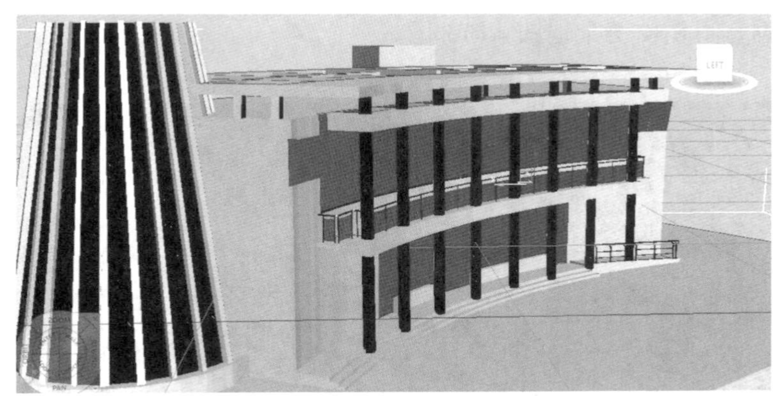

图 6-9　棱柱的贴图效果

接下来制作环境，添加光源，最终渲染效果如附录彩图 6-10 所示。

5. 漫游制作

插入相机，利用线工具绘制一段曲线，如图 6-11 所示，设置漫游路径。将视角切换到摄像机镜头，然后播放动画即可预览动画效果，还可以将漫游输出。

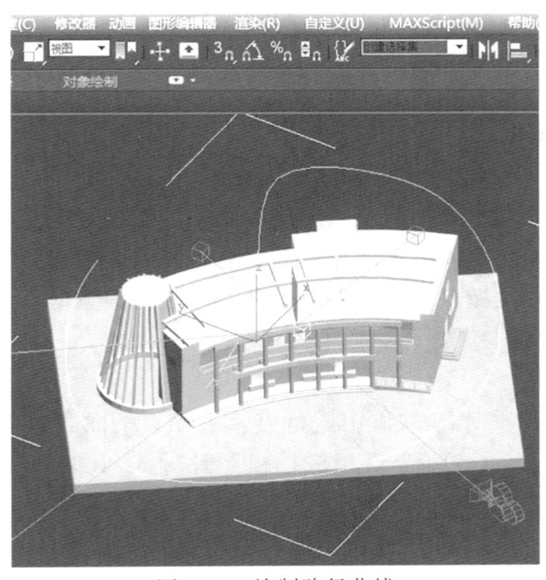

图 6-11　绘制路径曲线

6.4.2　基于 3ds Max 软件建模实例

6.4.2.1　项目概况

此次项目的采集对象是某地铁站。该地铁站长 330m 左右，宽 127m 左右，是换乘大站，分为上、中、下三层。本次项目的任务是采集某地铁站三维点云数据与影像数据，基于三维点云建立整个地铁站的三维模型数据，真实还原现场情况，为后期三维管理平台提供基础三维数据。图 6-12 为某地铁站局部图。

图 6-12　地铁站局部图

6.4.2.2　外业采集

本次项目采集用 FARO X330 三维激光扫描仪，分辨率采用 7mm@ 10m，单站扫描时间为 3 分 17 秒。投入工作人员三人，耗时 7 天完成。

首先整体踏勘现场，规划扫描与全景采集的路线。规划好扫描路线后，依次设站扫描与拍照。相邻两站之间需要保证一定的重叠度，对于复杂区域需要加密扫描。加密部分站点可任意设站，利用重叠区域点云进行拼接处理；当天扫描数据完成后需进行粗拼，以便检查是否有漏扫。

6.4.2.3　内业处理

将三维点云数据导入 SCENE 软件中进行点云去噪、平面布置、云际处理，生成高精度点云数据，如图 6-13 所示。将全景相机拍摄照片导入 NCTech. Immersive. Studio 软件，生成全景图片。

单反相机影像数据(图 6-14)经过软件处理后生成正摄影像，再按照对象对其进行分割，为模型贴图做准备。三维点云数据要在 SCENE 中经过多次去噪处理，过滤出噪声以及精度较差的点云，经过均匀化处理之后，再导入 3ds Max 建模软件中进行三维建模，点云数据及建模效果如图 6-15 和附录彩图 6-16 所示。

图 6-13 点云数据

图 6-14 全景影像

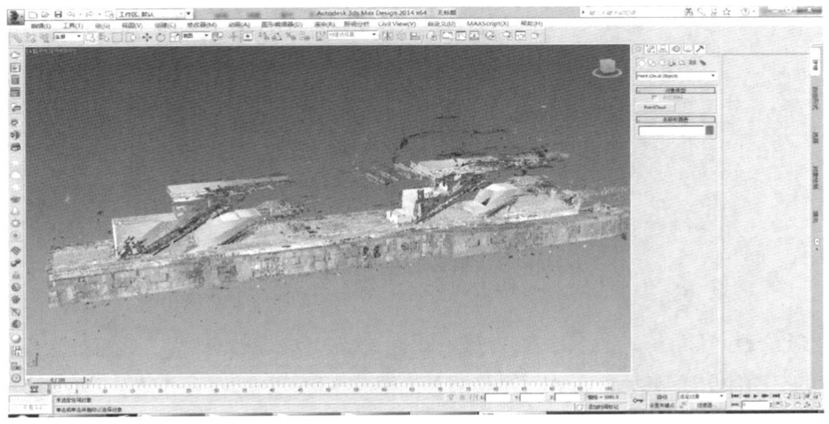

图 6-15 建模软件中的点云

6.5　不规则体建模应用实例

不规则体建模是指对不规则模型(基于不规则三角网方式构建的三维模型)进行建模。一些学者利用 Geomagic 软件对岩画、人体、雕像等建模进行了应用研究。

6.5.1　基于 Geomagic 软件建模实例

6.5.1.1　概述

本项目的扫描对象为淮海工学院苍梧校区内的“知行”雕刻石。拼接去噪后的雕刻石点云如附录彩图 6-17 所示。

6.5.1.2　建模技术流程

Geomagic 建模遵循点→多边形→造型这三个紧密联系的处理阶段，该软件可以快速高效地利用点云数据拟合出多边形网格，并自动转换成 NURBS 曲面，保证建模效率。建模主要过程如下：

1. 点处理阶段

点处理阶段的主要作用是将前面预处理之后的点云数据进行点云着色、去除非连接项、去除体外孤点等更为细致的处理，使点云数据更为整齐、有序、有效，最后将处理好的点云数据进行封装，进入多边形处理阶段。封装好的三角网模型如图 6-18 所示。

图 6-18　封装好的三角网模型

2. 多边形阶段

封装好的三角网模型表面有很多洞，还有很多相交叠置在一起的三角网，进入多边形处理阶段就是要对封装好的数据进一步处理，得到一个理想多边形模型，为精细曲面阶段的处理打下基础。多边形阶段的处理工作繁琐复杂，关键的几个环节包括：模型分割、创建流型、破洞填补以及网格修复。经过上述处理之后的效果如图 6-19 所示。

图 6-19 多边形处理后的效果图

3. 形状阶段

形状阶段是指通过基本的探测编辑轮廓线、曲率，创建曲面片，再对曲面片进行编辑，以此来创建一个理想的 NURBS 曲面，从而完成模型的逆向构造。形状阶段的主要处理过程是曲面片的构造和编辑以及自动曲面化。图 6-20 为自动曲面化设置及效果图。

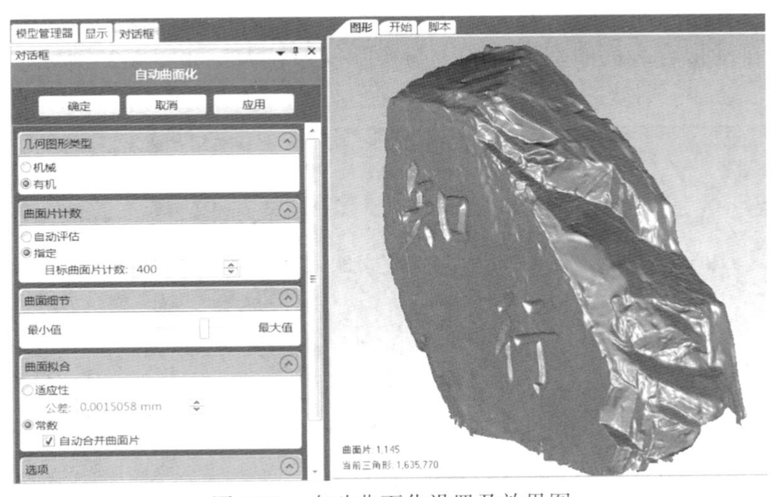

图 6-20 自动曲面化设置及效果图

4. 纹理映射及贴图

模型建好之后，为了使其更加生动，通常要进行纹理映射和贴图处理。纹理映射后的雕刻石的效果如附录彩图 6-21 所示。

5. 精度分析

在建模过程中采取了多种处理手段，它们都会对模型的精度造成影响，建好的模型与最初的点云数据之间必然存在着偏差，进行精度分析的依据就是建好的模型与点云数据之间的偏差值。在 Geomagic 中设置好偏差参数后可以得到偏差色谱图，如图 6-22 所示。

图 6-22　偏差色谱图

观察图形中的色谱图，可以得出结论：建好的模型总体上与点云数据偏差不大，平均偏差在-0.002mm 至 0.001mm 之间，在标准偏差值以内符合精度要求。最大偏差值为 0.088mm，超过了标准偏差值，造成这一结果的主要原因是雕刻石顶部没有点云的部分是通过破洞修补自动拟合表面曲率形成的，与实际偏差较大，如图 6-23 所示。

图 6-23　雕刻石顶部偏差较大部分

6.5.2 基于手持扫描仪的不规则体建模实例

6.5.2.1 项目概况

本次扫描是对上海豫园东门石狮进行三维扫描并建模。石狮大小为 54cm×90cm×127cm，通过三维扫描可以将石狮的三维空间信息以及表面纹理信息完整记录下来，为后期文物修复与展示提供丰富的三维数据。石狮外貌图如图 6-24 所示。

图 6-24 石狮外貌图

6.5.2.2 外业采集与内业处理

本次扫描采用形创手持三维激光扫描仪 GO! Scan 定位系统进行扫描。在石狮子的身上每隔 5cm 贴上一个控制点，手持扫描仪通过局部控制点做小范围数据拼接。

用手持扫描仪对狮子外形进行推扫，从而获取了狮子外形三维数据与纹理数据。实时处理软件会直接将扫描的点云数据转换为三角网格数据，并附带表面纹理信息。三角网模型如图 6-25 所示。

将三角网模型导入 Geomagic 软件，进行模型数据修补，模型数据修补完成后导入 3ds Max 软件，重新划分表面纹理坐标并映射纹理，模型编辑过程如图 6-26、图 6-27 所示，最终输出带真实纹理的三维模型，如图 6-28 所示。

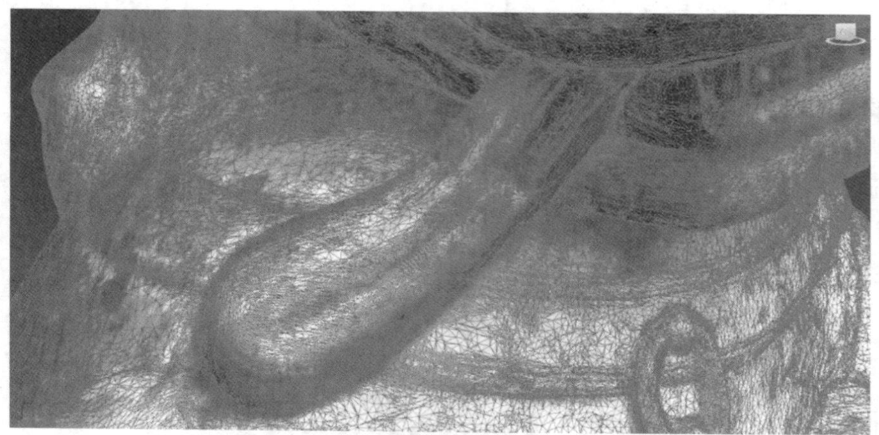

图 6-25　三角网模型

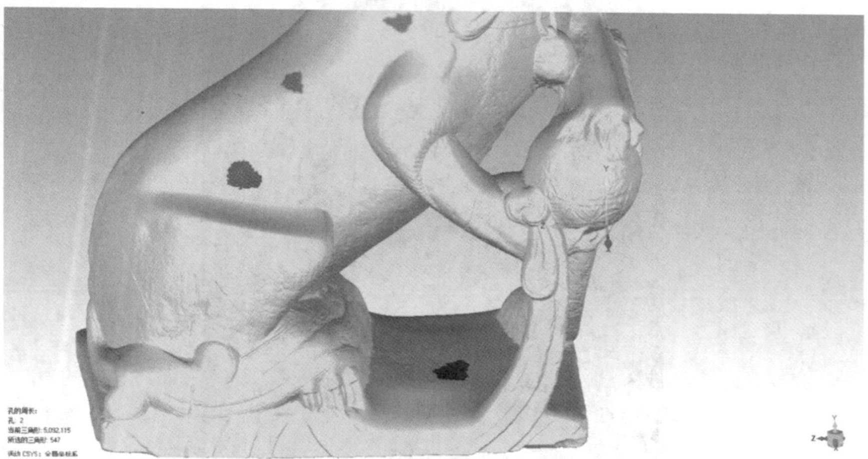

图 6-26　模型编辑

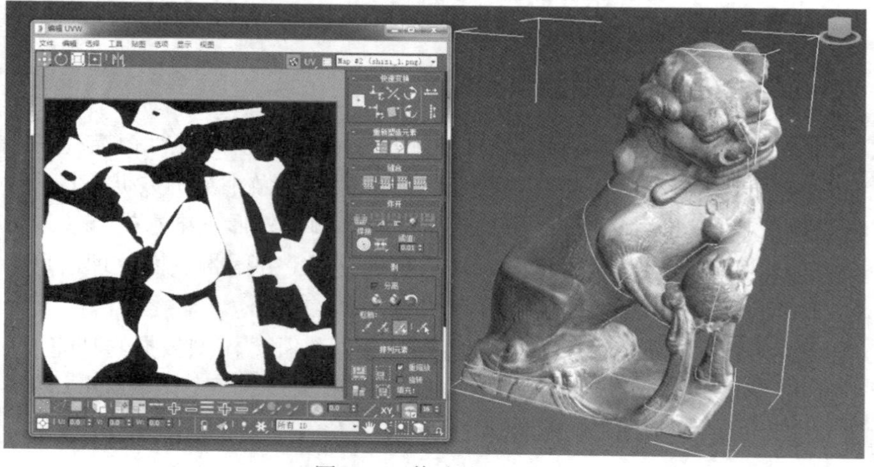

图 6-27　修改纹理坐标

图 6-28　纹理贴图完成效果图

思　考　题

1. 什么是三维建模？利用点云数据进行处理建模的结果可实际应用于哪些行业？
2. 什么是纹理映射？纹理映射的主要作用是什么？
3. 三维建模软件主要有哪些？
4. 目前三维建模中存在的主要问题有哪些？
5. 利用 Cyclone 软件建模的主要步骤有哪些？
6. 利用 Geomagic 软件建模的主要步骤有哪些？

第7章 地面三维激光扫描技术在测绘领域中的应用

随着地面三维激光扫描技术的快速发展，在传统测绘领域中的应用越来越多，许多学者已经取得了一定的研究成果。本章将简要介绍其在测绘领域中的应用，主要包括地形图测绘、地籍测绘、土方和体积测量、监理测量、变形监测、工程测量。

7.1 地形图与地籍测绘

7.1.1 地形图测绘应用研究概述

传统的地形图测绘是利用全站仪、GPS接收机等仪器进行特征点野外采集，内业根据有限的特征点进行地形图绘制。在自然条件相对复杂的地区，传统的地形图测绘技术测量效率较低，外业测量条件艰苦。三维激光扫描技术的最基本的应用之一就是地形图绘制。与传统的手段相比，它具有高效率、细节丰富、成果形式多样、智能化、兼容性强等优点。与传统的测量方式相比，将三维激光扫描技术应用在大比例尺测图中测量得更快更准确，能够减少工作人员的劳动强度。自三维激光扫描技术进入测绘地理信息领域，一些专家学者就在不断地进行地形图测绘方面的尝试，主要是用于困难区域快速地形图测绘，例如铁路快速地形图测绘，主要的应用目的是提高作业效率；油气田老旧站场改扩建地形图测绘，地面三维激光扫描技术体现出了精度高、测量精细、成果形式丰富等特点。另外，地面三维激光扫描技术和无人机激光扫描技术相结合用于城区1：500地形图测绘也开始进行技术探索，并取得了较好的效益。

尽管地面三维激光扫描技术在地形测绘方面取得了一定的应用成果，但是也存在一些不足，例如硬件设备昂贵、软件不成熟、地物特征点自动半自动化提取效率低等问题。数据采集方面也存在数据不完整性等问题，未来近景摄影测量与地面三维激光扫描技术相结合来解决数据部分缺失问题是一个发展趋势。

7.1.2 地籍测量应用研究概述

地籍测量是地籍调查的一部分工作内容，地籍调查包括土地权属调查和地籍测量。地籍测量是在权属调查的基础上运用测绘科学技术测定界址线的位置、形状、数量、质量，计算面积，绘制地籍图，为土地登记、核发证书提供依据，为地籍管理服务。传统的地籍测量借助全站仪、GPS进行特征点数据采集，劳动强度大、作业效率低。将三维激光扫描技术用于地籍测量，主要是通过三维激光移动测量系统快速完成测区房屋的三维点云数据采集，经过精度验证后，基于高精度的点云数据进行矢量地籍图生产的综合解决方案。主要工作流程包括外业踏勘、外业数据采集(点云数据采集)、精度验证/纠正、地籍内业成图、地籍外业调绘等步骤。该项技术在地籍测绘中的应用，不仅大大降低了劳动强度，提高了外业数据的采集效率，还革新了地籍测量的生产工艺。但是由于激光扫描设备的价格昂贵，地面三维激光扫描系统获取地籍测量数据还存在部分数据缺失问题，点云中地籍要素自动提取效率低，内业数据处理软件还有待改进等因素影响，该项技术在地籍测绘中的应用受到了较大的限制。

近年来，已经有多种平台激光扫描技术配合使用的成功项目案例。河北省地矿局第六地质大队在河北省某市某镇城区开展土地确权登记颁证工作中的地籍测绘部分进行了应用探索。项目选择了 SSW 车载移动测量系统和 3D 激光扫描仪。3D 激光扫描仪主要用于对 SSW 车载移动测量系统测量工作的补充与核查。在实际的地籍测量工作中，结合测区实际情况进行综合考虑，将二者结合起来，实现了优势互补(聂庆微，2018)。

7.1.3 地籍测绘应用案例

吉林大学的房延伟(2013)利用三维激光扫描技术进行了农村地籍测绘的实验研究。

1. 概述

项目选择河北省武安市冶陶建制镇城区作为研究区，测区能够反映我国北方地区农村居住特点，研究区处于半丘陵半平原地区，建造时间久、集中连片的宅基地主要集中在地势高低起伏区域，新农村建设的宅基地所处位置地势相对较平。项目以德国 Z+F 公司的 IMAGER5010 三维激光扫描仪作为数据获取的主要设备。激光扫描仪开展实际工作之前，已采用 GPS、RTK 结合全站仪进行了控制测量和导线测量，以便于后期的地籍测量和精度检查。

2. 主要技术流程

(1)站点设置准备

需要提前进行现场勘查或者在实际作业中进行站位设置的选择。和常规全站仪类似，设站相对灵活，可选择在通视效果较好的巷道口或者地势较高的平台。如果测区已有图根控制点，则站点一般设立在控制点上，再进行对中整平。由于三维激光扫描仪每站均采用独立坐标系，所以需要在作业行进路线上设置觇标，便于内业处理时站与站间数据的拼接。

(2)转扫测量

在仪器架站和站标设置完成之后，即可进行转扫操作，一般 3~5 分钟即可完成一站的扫描测量。扫描完成后，可在显示屏中实时查看点云数据，对于点云数据获取不理想区域，可调整局部扫描精度重新扫描。结合生产实际，作业过程以街巷测量为主，在房屋密集区，则在房顶或院落内部设站为辅的方式进行。为直接引入测区的坐标系统，先期测量中，直接对三维激光扫描仪外置 GPS 机。在后期的测量中，配合使用免棱镜全站仪，在距离已有控制点不远的范围内，均匀地对站标十字靶心进行点位坐标测量，以便于在后期数据拼接处理时，引入坐标系统。

(3)数据处理

对获取到的三维点云数据，后期在 Z+F LaserControl 软件中进行测站的拼接。每个觇标都不相同，软件可以自动识别站标的十字靶心，减少人为操作引起的误差传递。拼站的操纵是以选定的某一站作为参考站，也作为拼接的基准，之后加载相邻的设站数据，系统会根据不同标靶的十字心完成初步的识别拼接，在完成相邻站的拼接之后，可依次加载其他设站数据，最后查看拼接的整体效果，对个别可能存在拼接错误的站，采用手动方式，参考两站之间重叠区域共同特征点来完成，同时可查看系统的拼接误差。

软件的自动拼接报告中，拼站的精度都是毫米级别，能够满足整体测区拼站后的精度要求。同时，软件具有自动对点云数据进行剖面裁切的功能，方便地物特征线的提取。点云数据内业处理流程有多站点云数据的拼接、坐标系转换、地物提取、CASS 成图等步骤。具体的操作过程中，需要注意的是：拼接后的点云数据量比较大，受计算机处理速度的限制，可以进行分块处理。

为提高自动化提取地物特征线的效率，可以通过导出切片和剖面成像等功能，快速提取辅助特征线。在导出切片时，只导出那些位于所指定平面垂直上方和下方一定距离之间的点云数据，因此，对点云数据质量较好且没有遮挡的扫描区域，可以快速获取地物的平面图。

(4)精度对比

点云数据点位和实测线划图的对比结果：点云数据本身的数据精度较高，提取线划图之后的界址点精度可达到 2~5cm，个别有 5~10cm 的情况。原因在于内业人员对点云数据的主观判断上；其次，由于站与站之间通过拼接操作，存在误差传递的现象。

3. 研究结论

利用三维激光扫描仪，对测区进行了为期 6 天的生产实验，共测量面积约 0.5km^2，通过 3 台激光扫描仪，3 台免棱镜全站仪，GPS 接收机一台，同步开展工作。优点：测量精度高、工作效率强、设站灵活、便于操作。缺点：测区客观因素复杂，胡同多，树木遮挡严重，想要直接获取测区全覆盖的地籍要素，需增加设站次数；需配合房顶作业，从而增加了作业量；需多台仪器组合作业，这就会造成仪器成本过高。在对点云数据的处理上，自动化程度不高，仍以内业人员的主观判断为主，造成了点云数据精度的损失。

7.2　土方和体积测量

7.2.1　应用研究概述

传统的土方量计算以全站仪、水准测量、GPS RTK 等单点量测方法为主，在外业实测离散点的基础上，利用断面法、方格网法、等高线法、平均高程法、不规则三角网法和区域土方量平衡法建立土方量计算模型进行土方量计算。一方面，土方工程表面形状通常具有复杂性，数据采集较为困难，数据采集花费的时间比较长，外业工作人员比较辛苦。另一方面，采用单点量测得到的特征点具有稀疏性，难以全面描述土方工程表面的三维信息，致使通过单点量测获得的土方计算结果与实际土方量存在差异。三维激光扫描速度、精度及采集点密度高等优点使得它可以测量和监测土方填充的体积，如果基准面已知，通过测量新的地形表面，减去它的基准面，就可得到需要填充的土方量，在采矿或采石时，通过三维激光扫描仪可以获得矿的体积，而这种技术相对于传统的测量技术，速度快、精度高。

土方测量是项目施工中必须要做的工作，近年来地面三维激光扫描仪在这方面的工作取得了一定的应用研究成果，工程的覆盖范围包括机场施工土方计算、矿堆矿方量、滑坡体积、粮仓储存空间、船舶容积、油罐体等。从数据采集技术工艺到数据处理软件的采用、软件的编写等方面都有研究。

基本技术流程包括激光扫描数据获取、激光数据预处理、体积求算、精度分析等。

目前，多数地面三维激光扫描仪的后处理软件都具有土方量与体积计算的功能，限制其广泛应用的主要原因是仪器价格昂贵、获取扫描数据有时会存在一定困难等。随着技术问题的解决和三维激光扫描价格的下降，相信地面三维激光扫描技术在土方计算方面的推广应用前景广阔。

7.2.2 土堆体积测量应用案例

淮海工学院测绘与海洋信息学院的研究小组利用徕卡 C10 扫描仪获取点云数据，经过预处理后分别采用四种软件计算体积，进行全面分析对比。

1. 堆体点云数据野外获取与预处理

(1)堆体点云数据获取

堆体的选择对于实验的成败起着决定性的作用。选择基本要求：独立成型的堆体；堆体保持稳定，以便数据在 2~3 个小时内完成采集；堆体的组成颗粒大小要尽量小，避免出现大的缝隙。经过勘察，确定将淮海工学院苍梧校区内的建筑工地土堆作为研究对象。

根据现场踏勘得到土堆的形状、大小，采用球形标靶拼接的方式获取数据，三维激光扫描仪总共架设 5 站，如图 7-1 所示，数据采集结束后，将采集到的数据传输到 U 盘留作后处理。

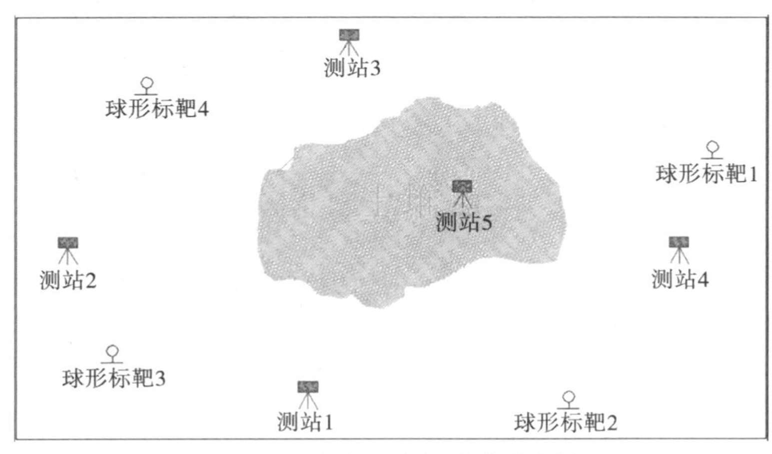

图 7-1 土方实验设站及标靶分布图

(2)点云数据预处理

Leica Cyclone 8. 0. 3 软件是徕卡三维激光扫描仪的配套软件，主要用于三维激光扫描仪获取点云数据的后期处理。数据导入完成后，对点云数据进行拼接、去噪和统一化等处理，得到预处理后的点云数据如图 7-2 所示。

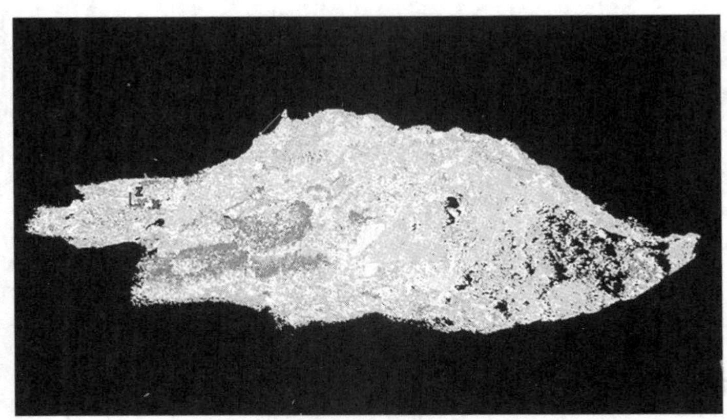

图 7-2　预处理后的点云数据

依次在点云图中沿土堆边缘均匀地选择 12 个特征点，并记录下这 12 个高程值，求其平均值作为基准面的参考值，经过计算，得出高程平均值为 - 0. 989m，因此设定 -0. 95m、-0. 90m、-0. 85m 三个值为计算体积的参考面高程。将预处理的点云数据以“Text-XYZ Format(* . xyz)”的格式导出，以备在 Surfer 和 Geomagic 软件中求算体积。

2. 土堆体积求算

(1)Cyclone 软件求算体积

选择点云数据并建立 TIN，查看建立 TIN 之后的点云图，如图 7-3 所示。设置不同的参考面进行体积计算，如图 7-4 所示。

图 7-3　TIN 点云图

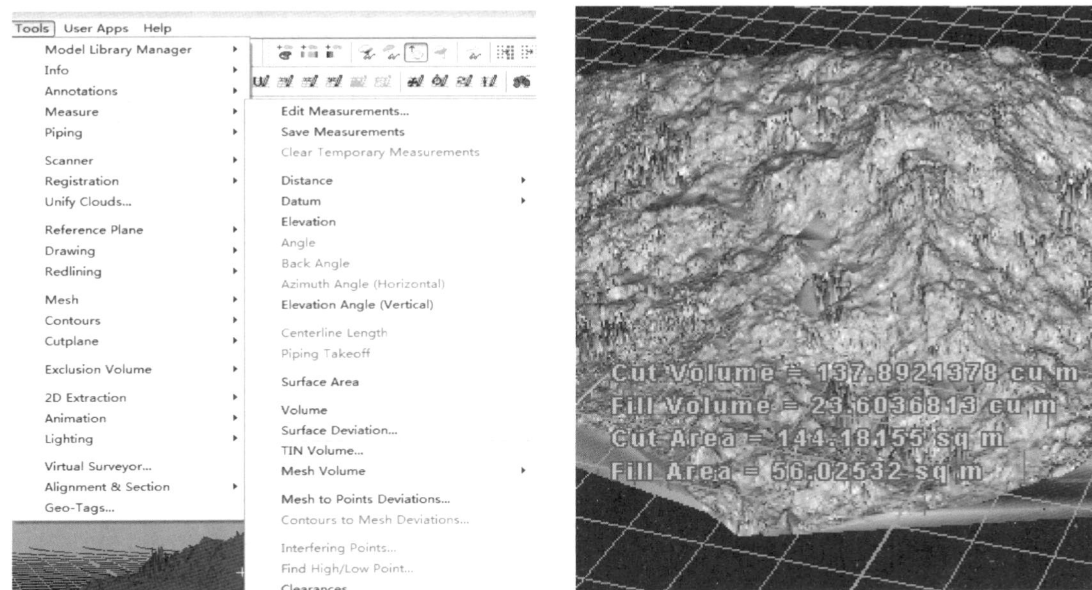

图 7-4　Cyclone 软件计算体积截图

(2)Geomagic 软件求算体积

将点云数据导入 Geomagic 软件中，经过点云数据着色，待去除的点即呈现为红色(图 7-5)，再去除非连接项和体外孤点。借助软件删除功能，删除体外孤点。

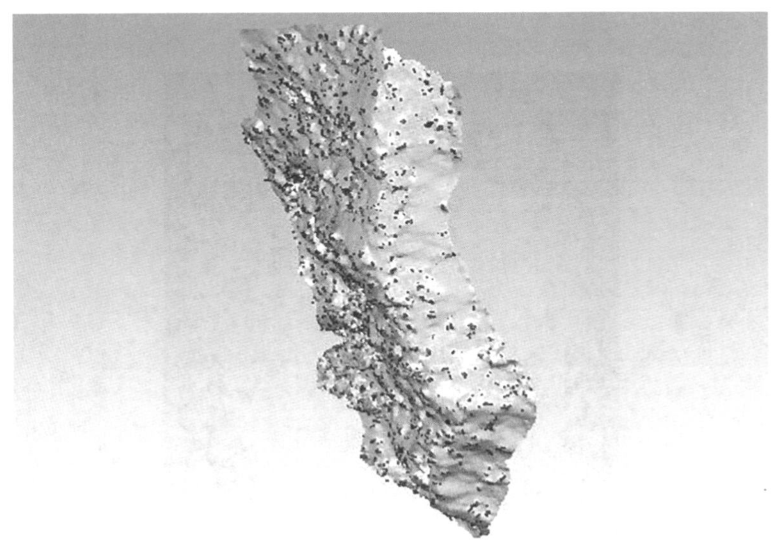

图 7-5　体外孤点

经过减少噪声、统一采样和封装，再对模型的空洞部分进行填补，如图 7-6 所示，并在此基础上进行体积计算。

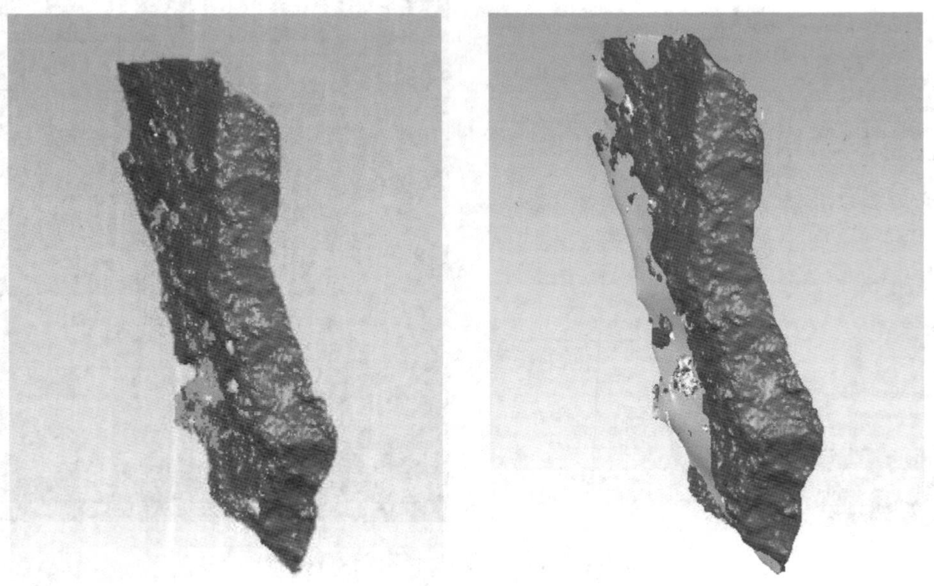

图 7-6　填补前后的模型

(3) CASS 软件计算体积

把经 Geomagic 处理后的点云数据通过格式转换，导入 CASS，建立 DTM，DTM 模型显示如图 7-7 所示。在 DTM 的基础上再进行三个不同参考面的体积计算。

图 7-7　DTM 模型

(4) HD_3LS_SCENE 软件计算体积

导入 XYZ 格式的点云数据，并进行内部格式转换，然后对点云进行投影，生成 TIN 模型，显示如图 7-8 所示，在 TIN 模型的基础上进行三个不同参考面的体积计算。

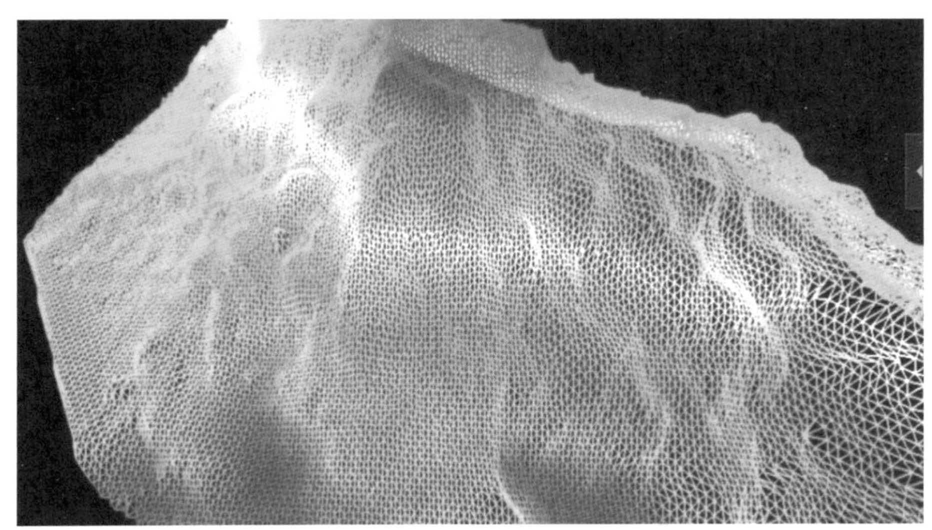

图 7-8 SCENE 软件 TIN 模型

3. 数据统计与分析

(1) 计算结果统计与处理

四种软件计算土堆体积的结果见表 7-1，其中 V_{CY}、V_{GE}、V_{CA}、V_{HD} 分别表示 Cyclone、Geomagic、CASS、HD_3LS_SCENE 四种软件计算的土堆体积，H_1、H_2、H_3 分别表示基准面高程为 -0.85m、-0.90m、-0.95m。在 CASS 中没有计算出抽稀间隔为 5cm 的土堆体积。

表 7-1 **体积计算结果统计表**

抽稀间隔	V_{CY}(m³)			V_{GE}(m³)			V_{CA}(m³)			V_{HD}(m³)		
	H_1	H_2	H_3	H_1	H_2	H_3	H_1	H_2	H_3	H_1	H_2	H_3
5cm	123.727	130.651	137.760	105.201	107.041	108.516	—	—	—	120.420	127.111	133.986
10cm	123.849	130.778	137.892	105.982.	107.947	108.868	121.458	127.599	134.406	120.626	127.341	134.234
20cm	123.801	130.730	137.845	106.142	108.486	110.568	123.570	130.497	137.599	121.108	127.108	134.704

平均体积统计在表 7-2 中，V'_{CY}、V'_{GE}、V'_{CA}、V'_{HD} 分别表示 Cyclone、Geomagic、CASS、HD_3LS_SCENE 四种软件所计算的三种不同抽稀间隔土堆的平均体积，V'_{CA} 表示 CASS 软件所计算的两种不同抽稀间隔土堆的平均体积。

表 7-2　　平均体积统计表

基准面高程	$V'_{CY}(m^3)$	$V'_{GE}(m^3)$	$V'_{CA}(m^3)$	$V'_{HD}(m^3)$
H_1	123.792	105.775	122.514	120.718
H_2	130.720	107.825	129.048	127.187
H_3	137.832	109.317	136.003	134.308

体积与平均体积之差统计在表 7-3 中，δV 表示四种软件所计算的体积与体积平均值之差(取绝对值)。

表 7-3　　体积与平均体积之差(绝对值)统计表

抽稀间隔	$\delta V_{CY}(m^3)$			$\delta V_{GE}(m^3)$			$\delta V_{CA}(m^3)$			$\delta V_{HD}(m^3)$		
	H_1	H_2	H_3	H_1	H_2	H_3	H_1	H_2	H_3	H_1	H_2	H_3
5cm	0.065	0.069	0.072	0.574	0.784	0.801	—	—	—	0.298	0.076	0.678
10cm	0.057	0.058	0.060	0.207	0.122	0.449	1.506	1.499	1.597	0.092	0.154	0.074
20cm	0.009	0.010	0.013	0.367	0.061	1.251	1.506	1.499	1.597	0.390	0.079	0.396

比值统计在表 7-4 中，$\delta V/V'$表示四种软件计算的体积与平均值之差与平均值的比值。

表 7-4　　比值统计表

抽稀间隔	$\delta V_{CY}/V'_{CY}(\%)$			$\delta V_{GE}/V'_{GE}(\%)$			$\delta V_{CA}/V'_{CA}(\%)$			$\delta V_{HD}/V'_{HD}(\%)$		
	H_1	H_2	H_3	H_1	H_2	H_3	H_1	H_2	H_3	H_1	H_2	H_3
5cm	0.053	0.053	0.052	0.543	0.727	0.732	—	—	—	0.247	0.060	0.505
10cm	0.046	0.044	0.044	0.196	0.113	0.411	1.229	1.162	1.174	0.076	0.121	0.055
20cm	0.007	0.008	0.009	0.347	0.057	1.144	1.229	1.162	1.174	0.323	0.062	0.295

(2)计算结果分析

计算时间是以抽稀间隔为 20cm，基准面高程为-0.95m 的数据的处理时间为例。表 7-5 从软件安装难易程度、软件操作难易程度、计算时间和计算精度四个方面对四种软件进行对比分析。

表 7-5 **软件性能对比**

软件名称	软件安装	软件操作	计算时间(min)	计算精度
Cyclone	难	很难	20	很高
Geomagic	较难	较难	15	较高
CASS	容易	容易	40	一般
HD_3LS_SCENE	很难	难	30	高

以下对四种软件的性能及计算结果分析做详细说明：

①Cyclone 软件。Cyclone 正版软件很难获取，操作界面和使用说明都是英文，所以对于之前没有接触过这个软件的人来说，需要在相关人员的指导下才能熟悉软件的操作。在计算体积时虽然步骤比较繁琐，但是计算的时间很短，而且计算精度很高。

②Geomagic 软件。Geomagic 软件比较容易获取，但是操作步骤比较繁琐，初次使用很难掌握。但运行速度快，计算时间短。Geomagic 软件是基于填补模型计算体积，这与另外三个基于建立三角网计算体积的软件不同，因此 Geomagic 软件的计算结果与其他软件相差较大。

③CASS 软件。CASS 软件容易获取，并且操作步骤也很简单。在计算过程中发现：CASS 软件在建立不同抽稀间隔数据的三角网时，软件运行时间随着数据量的增大而延长，其中处理抽稀间隔为 5cm 数据的时间长达十余个小时，最终无法计算出结果。CASS 软件计算时间最长，并且计算精度也不高。

④HD_3LS_SCENE 软件。HD_3LS_SCENE 正版软件花费较高，很难获取，试用期短暂。计算体积的操作步骤繁琐复杂，而且计算时间也比较长。从计算精度上看，HD_3LS_SCENE软件相对较高。

4. 研究结论

基于徕卡 C10 的土堆体积快速测量的方案是完全可行的，它还可以应用于工程领域的土方量和体积测量等方面，应用中可以根据需要选择不同的软件进行堆体的体积求算，不仅可以保证精度，还能提高工作效率。

7.3 监理测量

7.3.1 应用研究概述

从技术规范上讲，监理测量和施工测量没有太大区别，但两者的功能和目的决定了两者的区别。施工测量侧重于测量的技术职能，而监理测量则更侧重于测量的管理及评价职能。从监理测量的属性和目的来看，监理测量更要把握测量的效率和可靠性的统一。传统的监理测量采用和施工测量同样的技术手段进行抽样测量，利用统计学理论对测量成果进行评价，这样就会产生一个矛盾，即如果采样不足就会影响成果评价的可靠性，反之就会影响成果评价的效率。这种效率和可靠性的矛盾一直是监理测量的瓶颈。大多数监理单位为配合施工单位的施工进度往往强调效率，这也为施工安全和质量埋下了隐患。三维激光扫描技术的出现让监理测量看到了曙光，它的高效率和全面的特性能有效解决监理测量中的瓶颈问题。三维激光扫描是真实场景复制，资料具有客观可靠性，可作为施工单位整改的依据。这些特点正是三维激光扫描技术应用到监理测量领域内的基础。

基于地面激光点云的建/构筑物施工监测与质量检测技术作为具有很强实用价值的技术已经得到广泛应用，但是仅限于一些典型的建/构筑物变形监测案例的辅助手段或者是试验阶段，并没有成为核心技术；在监测特征的提取方面，大多数监测特征需要人工提取，耗时长且精度不易保证，现有自动提取特征算法限于特征及噪声数据干扰，往往不是所需特征；现有的成果数据的分析方法各异，普遍存在自动化程度低，分析成果形式多样的问题。

总体来说，当前基于地面激光点云的监测技术自动化程度低，数据处理耗时较长，缺乏成型的系统理论和规范标准的指引。在该技术领域发展中，需要进一步研究结合少量控制点的针对性快速自动配准算法，对配准算法的收敛速度、可靠性和稳定性作进一步的研究；研究对监测特征或特定监测目标的半自动或自动提取算法进行改进，并且结合先验知识充分挖掘点云中所包含的几何特征，以提高特征提取精度；针对一般成果分析方法，在保证精度要求的前提下，需要探索规范的流程及分析方法，并制定出相关标准、规范及工法，推动该技术在建/构筑物变形监测领域广泛应用并实现技术规范化。

7.3.2　监理测量应用实例

地面三维激光扫描技术在工程项目监理测量方面的应用研究开展得比较晚，取得的应用研究成果不多，主要集中在将三维激光扫描技术应用于异型建/构筑物检测方面，例如，鸟巢钢结构钢架的检测等。技术方面主要是通过计算标准模型与检测对象模型之间的差异，实现对目标体的检测。

主要技术流程包括：外业三维激光数据获取、三维激光扫描数据预处理、点云数据建模、设计模型与点云数据模型对比、形成报告等主要环节。

下面以崇礼冬奥会滑雪副场馆钢结构三维检测项目为例进行介绍，主要内容如下：

1. 项目概况

本项目是采集屋面钢结构部分，由于屋面钢结构是采用波浪形设计的异形结构，加上钢结构焊接完成，整体沉降之后与设计位置偏差较大。这就给屋面铺装带来了巨大困难。通过三维扫描对屋面钢结构进行扫描测绘，即可分析出屋面钢结构关键位置与设计位置的偏差值，从而调整屋面施工方案，大大节省了建筑材料的成本，提高了施工效率。

扫描采用无标靶拼接方式进行扫描。无标靶拼接方式的优势是外业测量速度快，自由架站无需考虑标靶遮挡问题，能够最大限度地保证被测物体数据的全面性。

2. 外业数据获取

外业数据采集采用的是 Z+F IMAGER 5010C 三维激光扫描仪，外业数据采集设站平面图如图 7-9 所示，采集完的数据存储于仪器自带的 USB 存储介质中(主机 64G 内存，带两个 32G 闪存)，将整个文件夹拷贝出来即可。

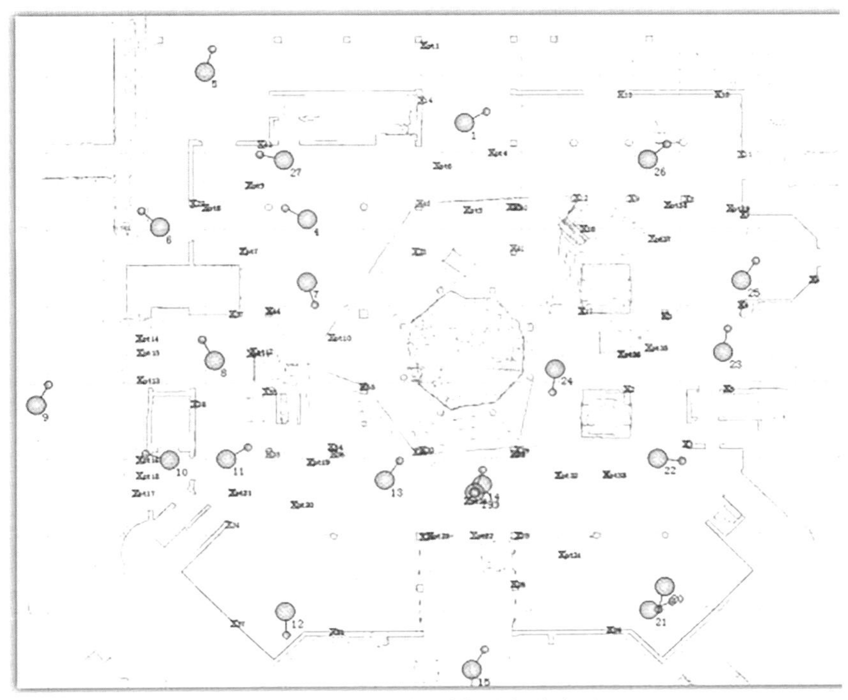

图 7-9 外业数据采集站点分布图

3. 数据处理

数据预处理可使用设备附带的 Z+F LaserControl 专业版软件。软件可以自动提取出各个扫描站之间的公共区域，并标记公共区域中的平面。依据公共区域的平面进行拼接，优点是精度高，缺点是计算量大。

点云数据拼接去噪完成之后即可导入偏差分析软件。CAD 设计模型(图 7-10)也可通过格式转化导入偏差分析软件。通过建筑物结构柱轴网将设计模型与点云进行匹配即可。

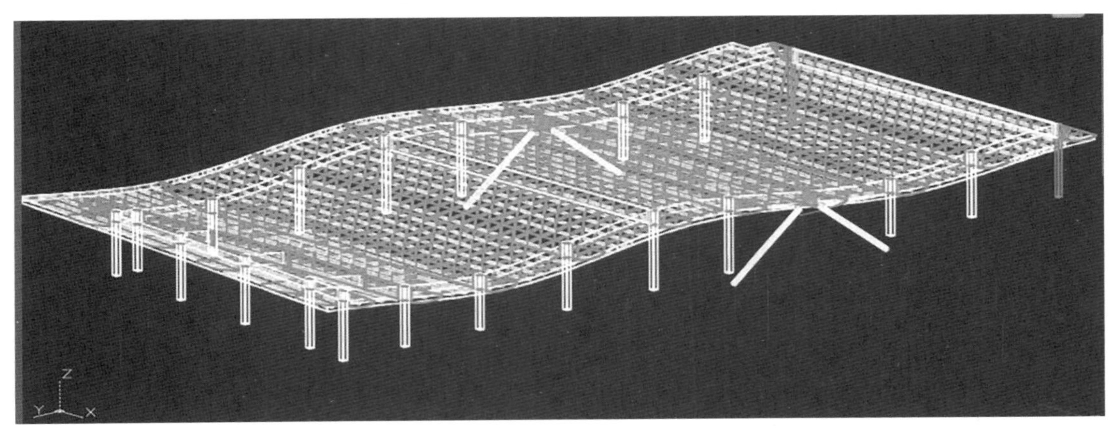

图 7-10 屋面钢结构设计模型

获取的三维信息可为设计施工提供必要的信息，同时在施工过程中也可检测施工情况与 BIM 设计模型的偏差。通过对比现场获取的三维数据与 BIM 设计模型，可以直观地显示施工的偏差信息，如附录彩图 7-11 所示。统计偏差位置并导出偏差表，如图 7-12 所示。通过查看偏差色谱图可快速判断出施工误差超限位置，从而为及时作出整改措施提供必要的依据。

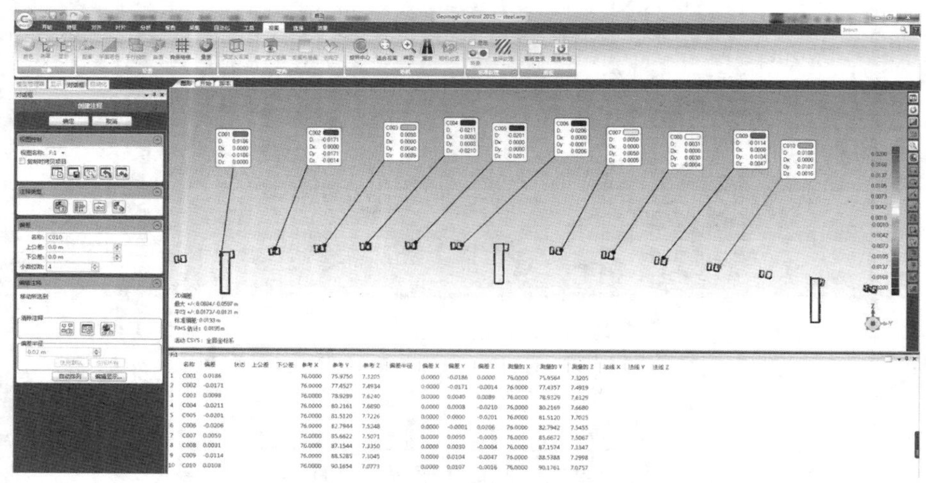

图 7-12　剖面偏差结构分析

此外，软件还能将各检测位置处最终结果生成报表形式，报表的格式按照自己的需要进行设置即可，导出的格式也是多种多样的，如 PDF、WORD、EXCEL 等。

将地面三维激光扫描技术引进到工程监理领域既拓宽了三维激光扫描技术的应用范畴，同时也为测量监理增加了新的工具和技术手段。利用三维激光扫描技术对施工现场的实景进行复制并网络共享可实现施工管理和监理的信息化。三维激光扫描技术克服了传统测量以点代替面，抽样代替总体的缺点，客观真实地再现了测量成果，极大地提高了这些成果的评价可靠性和应用价值。在提高生产精度、速度的同时，最大限度地保证了工程质量，节约了生产成本。随着应用的深入，三维激光扫描技术将是测量监理不可缺少的一种技术手段。

7.4　变形监测

7.4.1　应用研究概述

自然界中由于变形造成的灾害现象很普遍，如地震、滑坡、岩崩、地表沉陷、火山爆发、溃坝、桥梁与建筑物的倒塌等。传统的变形测量方式是在进行变形监测时，在变形体上布设监测点，而且点数有限，从这些点的两期测量的坐标之差获得变形数据，精度很高(一般可以到毫米级)。但从有限的点数所得到的信息也很有限，不足以完全体现整个变形体的实际情况。

而地面三维激光扫描仪可以以均匀的精度进行高密度的测量，测量的数据可以获得更多的信息。与基于全站仪或GPS的变形监测相比，其数据采集效率较高，而且采样点数要多得多，形成了一个基于三维数据点的离散三维模型数据场，这样能有效避免以往基于变形监测点数据的应力应变分析结果中所带有的局部性和片面性(即以点代替面的分析方法的局限性)；与基于近景摄影测量的变形监测相比，尽管它无法像近景摄影测量那样能形成基于光线的连续三维模型数据场，但它比近景摄影测量具有更高的工作效率，并且其后续数据处理也更为容易，能快速准确地生成监测对象的三维数据模型。

变形监测的最大特点是精度要求较高，因此，能否应用三维激光扫描技术进行变形监测主要取决于三维激光扫描仪的测量精度是否能够达到工程要求。此外，三维激光扫描设备昂贵、后处理软件不成熟以及缺乏相应的标准规范等因素也限制了其在变形监测领域的应用。但随着技术的进步，三维激光扫描技术的优势会使其在变形监测领域将有着广阔的应用前景。

将地面三维激光扫描技术应用于工程项目的变形监测方面，一些学者进行了应用研究，成果主要体现在以下四个方面：

①建筑物变形监测。应用研究的重点集中在异型建筑物变形方面，还有古建筑变形监测的研究(如北京市大钟寺工程、苏州虎丘塔)，都取得了较好的效果。

②桥梁变形监测。对于桥梁变形监测，已经从过去的技术可行性研究方面，逐步过渡到后处理方法的研究，例如对不同桥梁状态数据采集后的点云数据进行自动化对比，提取出变形区域。

③隧道变形监测。目前已有学者提出了基于激光扫描技术的隧道变形分析方法，例如断面分析法、基于点云根据曲线拟合的隧道面自动提取方法等，重点已经集中到了数据处理方法的效率方面，并取得了较好的效果。

④地表形变监测。代表性的应用研究集中在数据后处理方面，例如在点云数据基础上，生成DEM或直接进行对比，并对不同的方法带来的结果进行对比分析，探索更为有效的地表变形分析方法。

7.4.2 山体形变监测应用实例

地面三维激光扫描系统作为一种全新的测绘系统，它具有许多新的特性及功能。将三维激光扫描技术应用于变形监测时，最常用的方法一是将点云数据借助于计算机软件处理，用点、线、多边形、曲线、曲面等形式将立体模型描述出来，重建实体表面模型，然后对表面模型进行求差处理；二是用重采样(配准)后的地面三维激光扫描数据进行差分运算，然后比较变化。

徕卡测量系统贸易(北京)有限公司研究人员李超(2012)利用徕卡 ScanStation C10 三维激光扫描仪，以两次扫描点云数据为例，探讨利用徕卡滑坡变形监测软件及时预判滑坡量及监测其移动趋势的方法。主要内容如下：

1. 项目概述

2010年9月2日，济南南部山区黄土岭由于土质疏松并且受强降雨影响发生了小范围的山体形变，而紧邻黄土岭下方是一处小型水库。根据国土部门工作人员测算，万一山体发生坍塌，将有 $15\times10^4m^3$ 的土落入水库，而水库只有 $6\times10^4m^3$ 的库容量，水库里的水会马上溢出大坝，对下游的簸箕掌村构成威胁。

2. 形变山体点云数据获取

数据获取分别于 2010 年 9 月 2 日 9：00 和 9 月 3 日 16：00 在同一远离山体位置架设仪器，扫描形变山体相同区域，获得了此次研究的三维监测数据。由于此次山体滑坡范围较小，只有 30~40m，所以单站扫描即可获得全面的点云数据。如果形变区域较大，可以进行多站扫描，并利用徕卡提供的标靶对多站数据进行高精度拼接以获取形变区域完整点云数据。

3. 山体滑坡风险评估

利用扫描仪获取的形变山体点云数据，可以对灾害造成的最大影响进行粗略评估，为应急预案的提前制定提供数据参考，最大限度降低灾害造成的负面影响和对人员的伤害，并能有效地控制成本。针对此次山体滑坡，利用徕卡滑坡监测软件中土方计算功能，模拟并得出了此次形变最大的滑坡量为 $15\times10^4m^3$，根据下游蓄水池的储水量，如果发生滑坡，$4\times10^4m^3$ 的水将瞬间冲出大坝，威胁下游人员的人身和财产安全。

4. 山体形变监测

将两次扫描的点云数据分别命名为“Finall of scan_0910”和“Finall of scan_0940”，扫描点云如附录彩图 7-13 所示。点云既包含位置信息(x，y，z)，还包含了不同地物反射强度信息 Intensity 以及色彩信息 R、G、B。

数据导入变形监测软件后，根据色彩信息和反射率信息，分别利用自动和手动模式对山体表面植被及其他地物进行去噪处理，得到精确的地表数据，然后分别对地表点云进行三维建模，得到两次扫描的地表模型，分别命名为 Finall TIN-1、Finall TIN-2，地表模型如附录彩图 7-14 所示。

以两次扫描的位置信息作为模型比较的标准，将 Finall TIN-1 和 Finall TIN-2 导入徕卡滑坡监测软件中，利用参测数据对比命令对两表面模型进行自动对比，形变区域将会用不同颜色来显示不同的变形量，对比结果如附录彩图 7-15 所示。

监测软件不仅能够自动对形变区域进行对比，而且能够自动生成报表，对形变大小范围进行统计，两次数据对比结果报表见表 7-6。

表 7-6　**形变对比报告**

最小值	最大值	处于最小值与最大值间点数	整体百分比
-0.05	-0.045	38	0.07
-0.045	-0.04	30	0.055
-0.04	-0.035	35	0.064
-0.035	-0.03	29	0.053
-0.03	-0.025	20	0.037

续表

最小值	最大值	处于最小值与最大值间点数	整体百分比
-0.025	-0.02	13	0.024
-0.02	0.02	52186	96.04
0.02	0.025	20	0.037
0.025	0.03	37	0.068
0.03	0.035	47	0.086
0.035	0.041	61	0.112
0.041	0.046	61	0.112
0.046	0.051	67	0.123

根据两天两次的扫描监测以及彩色显示对比结果、报表数据统计，可以清楚得到山体形变的范围及形变的大小。从上述比较中可以得到黄土岭测量范围中绝大部分形变在 2cm 以内，占整体扫描数据的 96.04%，部分位置产生了大于 2cm 而小于 5cm 的区域位移。

现场地质工作人员根据实地土壤黏度、高差、水流等情况，并附加仪器误差等因素推算，对于未加固的黄土质山坡，2cm 以内的变化在安全范围以内，但需要每天连续的观测，直至山体达到稳定。针对大于 2cm 的形变，除去测量误差、去噪误差因素，可能是山体滑坡产生的变化，还要进行蓄水池排水、坡底加固、下游簸箕掌村人员的疏散；另外，考虑到近期雨水过多，还要在山坡一侧修建一条水渠。

5. 徕卡滑坡监测软件对山体形变监测趋势模拟

徕卡滑坡监测软件不仅能显示两次测量的对比结果，根据变形的趋势，监测软件还能对山体形变以后的趋势进行模拟，根据需要，设置几个参数即可实现，形变模拟效果如图 7-16 所示。

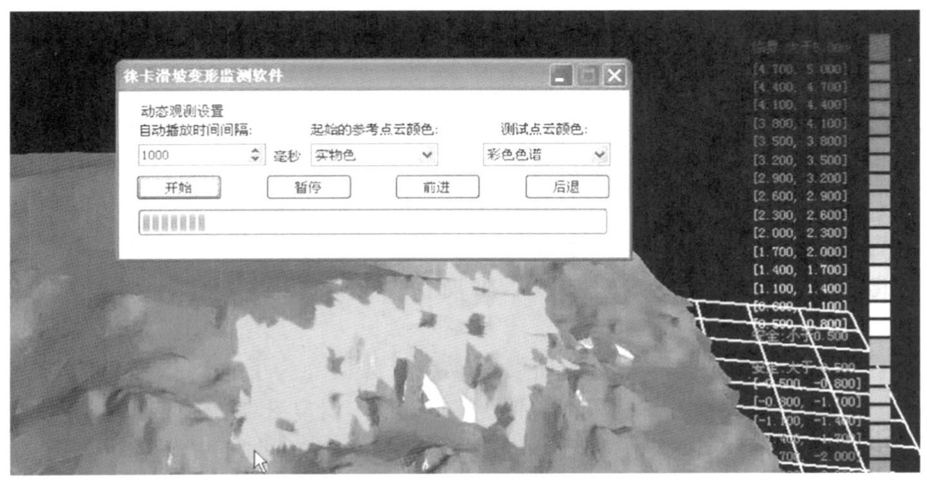

图 7-16 形变趋势模拟

7.5 工程测量

7.5.1 应用研究概述

工程测量包括在工程建设勘测、设计、施工和管理阶段所进行的各种测量工作，是直接为各项建设项目的勘测、设计、施工、安装、竣工、监测以及营运管理等一系列工程工序服务的。一些学者对地面三维激光扫描技术在工程测量方面的应用进行了研究，成果主要包括以下四个方面：

①隧道工程方面。包括地铁隧道断面测量、断面测量数据自动提取等，提高了隧道测量的效率。

②道路工程方面。主要是用于提高传统道路工程检测效率、路面坑槽多维度指标检测，以及结合车载移动测量进行道路工程的数据采集。

③竣工测量方面。主要是各类工程的三维竣工方面，有地铁竣工、城市建筑竣工、轨道交通竣工等，主要是技术流程和精度分析方面的应用，体现了激光扫描数据的细节丰富、高精度、三维等特性。

④输电线路方面。主要有输电线的安全分析、特高压输电线测绘，以及输电线三维可视化方面的研究，体现了三维激光扫描技术的三维、高效等特性。

由于仪器设备昂贵、后处理软件效率低等原因，目前工程测量方面应用的普及率还有待提高。

7.5.2 建筑物竣工测量应用案例

对于城市异型建筑的竣工测量，采用常规方法外业工作量较大，精度难达到要求。随着地面三维激光扫描仪的应用，一些学者进行了相关研究。淮海工学院测绘与海洋信息学院研究小组采用徕卡 C10 三维激光扫描仪，以连云港市金海置业广场为研究对象，对建筑物建筑面积竣工测量进行了试验研究。

1. 工程概况与点云数据获取

(1)工程概况

金海置业广场位于连云港市朝阳东路和运河路交叉口的西南角，是市区内具有异型结构的代表性建筑物之一，底部至顶部面积在减小，形状也在变化。它由 A 座、B 座以及 A、B 座连接部分构成。A 座共 27 层，由 13 种不同形状的楼层构成；B 座共 13 层，由 6 种不同形状的楼层构成；A、B 座连接部分共 3 层，由 3 种不同形状的楼层构成。建筑物总体构成如图 7-17 所示，连接部分如图 7-18 所示。

(2)扫描技术方案设计

本研究采用徕卡 C10 三维激光扫描仪获取点云数据。为了达到扫描目的与满足精度要求，结合金海置业广场周边视野环境和目标建筑物本身复杂结构的特点，项目组决定采用全站仪导线方式对目标建筑物进行多站扫描。扫描线路布设成闭合导线，导线点位分布在建筑物的周边，其中 A 座和 B 座建筑顶部构造比较复杂，因此在建筑物的 4 个拐角处选择合适的角度设站。闭合导线的布设略图如图 7-19 所示。

图 7-17 建筑物远景照

图 7-18 A 与 B 座连接部分近景照

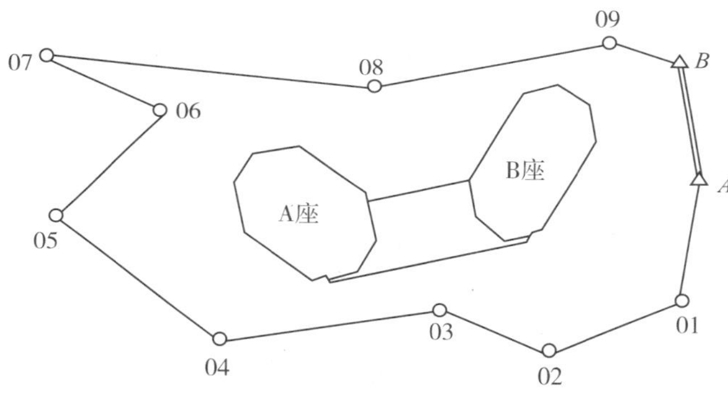

图 7-19 闭合导线的布设略图

(3)控制点布设

为了与验收单位的数据作对比，在相同坐标系下获取扫描数据。由连云港市勘察测绘院有限公司技术人员，采用南方公司的灵锐 S82T 接收机，在 JSCORS 系统支持下，采用 RTK 方式对 B 座建筑物东侧布设的控制点坐标进行测量，*A* 点平面坐标为 45674.293m，16767.051m，*B* 点平面坐标为 45623.468m，16763.060m。

(4)点云数据获取

依据导线设计略图，结合现场实际情况，在地面上做临时导线控制点标志。从 *A* 点开始架设扫描仪，按照导线方式逐站进行扫描。在扫描 20 层以下的建筑物时，选择"高分辨率"，扫描 20 层以上时，选择"超高分辨率"。

2. 建筑物面积提取

(1)点云数据预处理

本次使用仪器配套的随机数据处理软件 Cyclone 8.0.3。点云数据处理主要包括点云噪声处理和点云统一化处理。预处理后的点云如附录彩图 7-20 所示。

(2)目标建筑横切面提取

由于建筑物某些层的面积形状是相同的，所以只提取有代表性的建筑层计算面积。下面以 A 座第 18 层为例，横切面提取及面积计算的步骤：①提取层模型；②将特征层导入 CAD；③在 CAD 中绘制轮廓线。

由于目标建筑物很高且楼层越往上拐角越多，所以从地面使用仰角扫描楼层的中部和顶部时，必然会出现一些拐角被遮挡因而缺少点云数据的现象。为提高提取建筑物面积的精度，本研究采用构造线的方法，弥补层模型一些规则的地方，如直角处与对称处。导入 CAD 中的建筑物轮廓线有缺少数据的部分，根据对称性原则，通过构造线方法，可较好地还原建筑层的形状和特征(见图 7-21)。用构造线对粗略轮廓线的所有边都进行勾画，可得到层模型比较精细的轮廓线。再用多线段对轮廓线进行绘制(见图 7-22)，可得到最终的建筑物精细轮廓线。

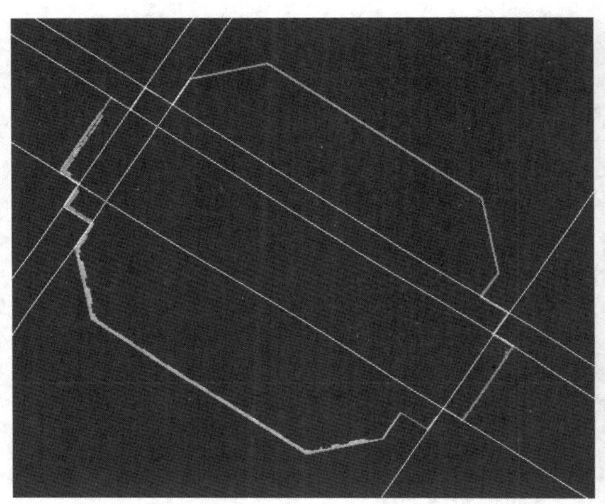

图 7-21　还原建筑层的形状和特征

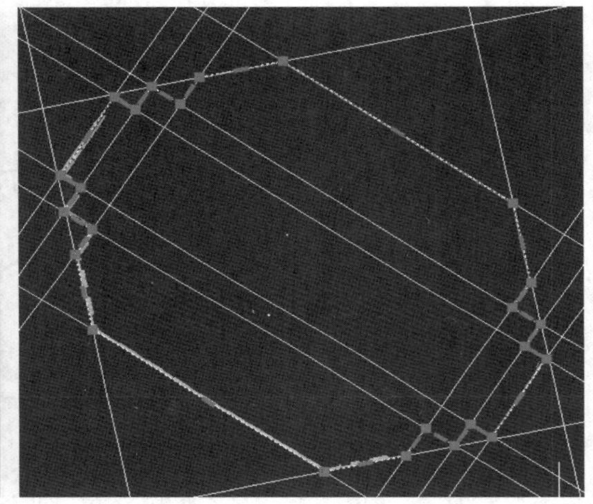

图 7-22　用多线段对轮廓线进行绘制

(3)建筑面积量测

利用 CAD 面积测量功能，可测得已绘制图形的面积。常规测量方法得到的 A 座第 18 层横截面图及其面积如图 7-23 所示。

3. 结果分析

(1)点位精度对比分析

为了与常规竣工测量观测数据对比，在建筑物底座随机选择了 20 个角点坐标，同时还用高精度全站仪测量这 20 个角点坐标，并进行比较，得到每个点的平面坐标差，经过分析发现，激光扫描法测量坐标精度中误差为 4. 2cm，满足了验收单位对竣工测量主要地物点和次要地物点点位中误差不应大于 5cm 和 7cm 的精度要求。

(2)B 座建筑面积对比分析

依据横切面提取建筑物不同楼层面积的方法，获取 B 座建筑有代表性楼层的面积，与常规测量方法的面积对比，经过分析发现，激光扫描法测量获取的建筑物面积与常规测

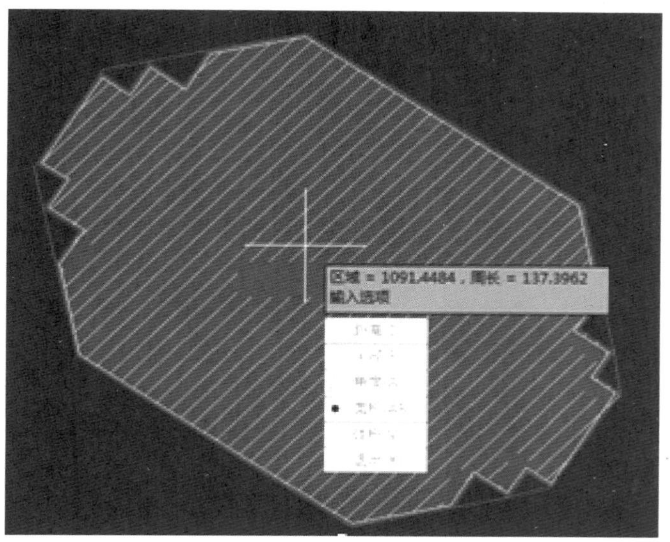

图 7-23 常规测量方法得到的 A 座第 18 层横截面积

量方法的面积较差较小，面积较差绝对值的平均值为 0.987m²，面积较差占总面积百分比远远满足了规范中对竣工测量面积误差小于 1%的要求。

(3) A 座与 B 座连接部分建筑面积对比分析

依据横切面提取建筑物不同楼层面积的方法，获取 A 座与 B 座连接部分有代表性楼层的建筑面积，与常规测量方法的面积对比得出：激光扫描法测量获取的 A、B 座连接部分建筑物面积与常规测量方法的面积较差较小，面积较差绝对值的平均值为 6.2963m²，面积较差占总面积百分比远远满足规范中对竣工测量面积误差小于 1%的要求。

(4) A 座建筑面积对比分析

依据横切面提取建筑物不同楼层面积的方法，获取 A 座有代表性楼层的建筑面积，与常规测量方法的面积对比可知：激光扫描法测量获取的第 4 层至第 19 层面积与实际计算面积较差较小，远远满足规范中对竣工测量面积误差小于 1%的要求。但是第 20 层至第 27 层面积与实际计算面积较差较大，不能满足规范中对竣工测量面积误差小于 1%的要求。出现这种结果的原因可能有两种：一种是 A 座建筑物 20 层以上的部分大多是玻璃幕墙，这种材质影响了激光点获取数据的准确性；另一种是由于建筑物周边地形限制，仪器至建筑物的距离比较近，扫描时仰角较大，对获取的点云数据的质量有一定影响。

4. 研究结论

通过试验研究证明，地面三维激光扫描技术应用于异型建筑物竣工测量中是可行的，体现出了它的优越性。但是对于反射率较低的建筑材料(例如玻璃幕墙)，点云数据的质量还不能满足提取建筑面积的规范要求，有待于进一步研究。由于仪器价格、技术规范等限制，此技术方法的广泛应用还需要时间。

思　考　题

1. 地面三维激光扫描技术在地形测绘方面的应用存在的主要问题有哪些？

2. 地面三维激光扫描技术在地籍测绘方面应用的优点与存在的主要问题有哪些？

3. 土方与体积测量主要应用于哪些方面？处理软件有哪些？

4. 利用 Cyclone 软件对钢结构进行检测的主要技术流程有哪些？

5. 近 3 年，学者在利用地面三维激光扫描仪进行建筑物变形监测与隧道变形监测方面有哪些典型应用案例？

6. 将地面三维激光扫描技术应用于工程测量的研究成果主要体现在哪些方面？

7. 近 3 年，学者在利用地面三维激光扫描仪进行建筑物竣工测量方面有哪些典型应用案例？

第8章 三维激光扫描技术在文物保护领域中的应用

以文物保护为目的的测绘工作要求准确反映文物建筑的现状，但传统的手工测绘难以准确、清晰地表现出文物建筑现状，三维激光扫描技术的出现为解决这一问题提供了可能。本章在简要介绍文物保护的意义、研究概述、数据成果形式与项目应用的基础上，重点介绍了三维激光扫描技术在文物三维建模、线划图绘制与变形监测方面的应用案例。

8.1 文物保护概述

8.1.1 文物保护的意义

中国是一个文明古国，地大物博，历史悠久，中华民族在漫长的历史进程中，创造出了各种璀璨夺目的文化产品，有代代传唱的诗词歌赋，有栩栩如生的花鸟虫鱼，还有千百年屹立不倒的庙宇楼塔，等等。目前，保存在地面上和地下的文物，不仅种类繁多，而且数量极其丰富，这些宝藏都是我国古代劳动人民的伟大创造和智慧结晶，是研究我国古代历史、文化艺术和科学技术发展的极其重要的实物资料，文物是国家不可再生的文化资源。但是，这些年代久远的历史文化遗产，随着时间的流逝，都经受着不同程度的破坏和损害。加强文物保护、管理和合理利用，对于传承文化，凝聚民族精神，增强民族自尊心和自豪感，具有重要意义，同时对于建立文物档案也有着重大意义。

三维激光扫描技术为文物保护提供了新的技术手段，通过三维激光扫描技术把文物的几何和纹理信息扫描下来，并以数字的形式存储或构建成三维模型，这对文物的保护、修复以及研究都有重要意义。目前，三维激光扫描技术在国内外的文物保护领域已经有了很多应用成功的案例。

8.1.2 文物保护应用研究概述

美国斯坦福大学利用三维激光扫描技术，于2003年夏天完成了“数字化米开朗基罗”项目。欧洲的四家公司、三所大学、两所博物馆联合实施Archatour项目，其主要目标是以三维数字技术改进考古、旅游领域中的多媒体系统，而三维激光扫描重建是其中的关键环节。英国自然历史博物馆利用三维激光扫描仪对文物进行扫描，将其立体色彩数字模型输入虚拟现实系统中，建立了虚拟博物馆，令参观者犹如进入了远古时代。号称“世界遗产的数字档案馆”的Cyark公司，目前能够提供70个国家1500家博物馆的数字收藏，还可以通过街景入口来漫游博物馆，2018年与谷歌公司合作后，还新加了VR功能，用户将能探索分布在全球 18 个国家的 25 个历史遗迹，可以拜访已在地震中受损的缅甸寺庙，踏足叙利亚的宫殿，参观墨西哥的玛雅遗迹。

自 2004 年以来，国内利用三维激光扫描技术应用于文物保护的数字化工程逐渐增多，代表性的工程有：

①故宫博物院数字化保护工程。从 2004 年 5 月开始，故宫博物院"古建筑数字化测量技术研究项目组"应用三维激光扫描技术先后对太和殿、太和门、神武门、慈宁宫和寿康宫院落等重要古代建筑进行了完整的三维数据采集，并在大量实践的基础上深入研究了处理三维数据的核心理论与方法。项目组系统总结了使用三维激光扫描仪获取测量数据点云，并将点云加工成三维模型、二维线条图和正射影像图，进而应用于古建筑整体变形监测、土木结构安全性分析、建筑构件尺寸测量和外观现状记录的方法与流程(王莫，2011)。

②云冈石窟保护工程。云冈石窟研究院在 2005 年采用三维激光扫描测绘技术制作了云冈石窟立面正射影像图，实现了洞窟内部的数字化虚拟漫游，获得了比例尺寸准确的壁面正射影像图。经过软件开发，展示了被立体镂空雕刻遮挡的画面。另外，还准确绘制了大型浮雕造像的等值线图。

③秦俑二号坑三维模型。宋德闻等(2006)利用徕卡 HDS3000 扫描仪获取秦俑二号坑点云数据，数据处理与建模采用 Cyclone 软件完成。为秦俑博物馆开展多视角、全方位景观和虚拟现实景观展示、文物管理、研究及保护等提供了资料信息保障。

④山海关长城测绘工程。曹力(2008)利用多重三维激光扫描技术(机载激光雷达、地面激光雷达、高分辨率全数码彩色相机等)对山海关城墙的高精度高程模型数据、正投影影像数据和侧面航摄影像纹理数据进行获取及处理，生成建筑物的三维和二维 AutoCAD 图、三维立体模型图及长城真实的三维景观图，并在此基础上可以进行长度、面积和体积的量算、任意断面图的生成等。

⑤文物保护管理系统。文物保护数据库综合系统主要由文物信息管理、文物保护工程信息管理、文物保护单位信息管理、三维浏览、GIS 功能、系统管理 6 部分组成。利用三维扫描技术建立二维、三维一体的文物时空信息云平台，然后与文物保护管理系统相挂接，形成一个集时空数据与智能管理为一体的综合平台，不仅可以解决传统方式所带来的问题，还可以进行科学的分析与处理，充分了解人类历史发展的轨迹、演变规律和历史内涵(薛晓轩，2014)。

围绕文物保护的技术问题，许多学者进行了研究，主要有以下研究成果：古建筑测绘(浙江省宁波市慈城清道观)与建立数据库、考古发掘现场的三维模型建立、石窟石刻文物保护测绘、大昭寺壁画病害分布调查、陕西省三原县城隍庙破损铁旗杆的修复、江苏省江阴市长径镇老街保护和整治规划、江苏省连云港市将军崖岩画三维模型重构和纹理映射、北京天安门广场华表模型重建、江苏省徐州市狮子山楚王陵墓道与龟山汉墓三维模型。

8.2 文物保护数据成果形式与项目应用

8.2.1 主要成果形式

地面三维激光扫描技术应用于文物保护领域的成果比较丰富，以徕卡三维激光扫描仪及后处理软件为例，其提交的成果形式主要有如下四种类型：

(1)原始点云数据

点云数据是实际物体的真实尺寸的复原，是目前最完整、最精细和最快捷的对物体现状进行档案保存的手段。点云数据不但包含了对象物体的空间尺寸信息和反射率信息，结合高分辨率的外置数码相机，可以逼真地保留对象物体的纹理色彩信息。结合其他测量仪器诸如全站仪与GPS，可以将整个扫描数据放置在一定的空间坐标系内。通过Cyclone软件，可以在点云中实现漫游、浏览和对物体尺寸、角度、面积、体积等的量测，直接将对象物体移到电脑中，利用点云在电脑中完成传统的数据测绘工作。

(2)线划图件

传统文物测绘尤其是建筑文物测绘的成果之一，是各种测绘图件，包括平面图、立面图和剖面图等。这些图件可以表示建筑物内部的结构或构造形式、分层情况，说明建筑物的长、宽、高的尺寸，门窗洞口的位置和形式，装饰的设计形式以及各部位的联系和材料等。利用点云数据，在AutoCAD中使用CloudWorx插件，可以方便地做出所需相应图件。

(3)点云数据的网络发布

利用徕卡Cyclone软件中的发布模块和TruView软件，扫描的点云可以发布在互联网上，让远端用户通过互联网犹如置身于真实的现场环境之中。点云不但可以网上浏览，还可以实现基于互联网的量测、标注等。对于一些不宜长期向公众开放的文物景点，可以满足公众网上虚拟浏览的需求。

(4)文物三维模型

徕卡三维激光扫描仪比较适用于古典建筑和佛像、雕塑、壁画等的扫描。扫描的数据可以利用Cyclone或其他第三方软件进行建模，构建Mesh格网模型，再通过纹理映射或是导入到其他三维软件中进行纹理贴图，最终得到文物的数字化模型。通过构建文物的三维立体模型，实现了文物资源的虚拟展示。

8.2.2 典型文物保护项目

自地面三维激光扫描技术进入中国，作为一项实用高效的测量手段和技术，立刻得到了国内广大测绘科技人员和文物保护工作者的关注和青睐，他们利用扫描仪先后完成了多项大型文物保护工程，主要项目见表8-1。

表 8-1　　　　　　　　　　**大型文物保护工程项目**

序号	年份	项目名称	实施单位
1	2005	故宫数字化保护工程	北京建筑工程学院
2	2005	山西西溪二仙庙三维扫描工程	清华大学古文化保护研究所
3	2006	西安秦兵马俑二号坑遗址数字化工程	西安四维航测遥感中心
4	2006	乐山大佛数字化记录保护工程	乐山大佛管理委员会
5	2006	承德普乐寺场景数字化工程	北京建设数码
6	2007	麦积山洞窟保护性扫描研究	CAD Center
7	2008	敦煌数字化研究工程	敦煌研究院
8	2008	昆明市的金马碧鸡坊、筇竹寺清代罗汉雕塑、太和宫金殿和昆明市博物馆内的地藏寺经幢等文物数字化工程	昆明市测绘研究院
9	2009	北京历代帝王庙数字化保护	北京则泰集团公司
10	2009	花山岩画保护工程	中国文化遗产研究院
11	2010	连云港将军崖岩画数字化保护	北京则泰集团公司
12	2010	故宫古建筑数字化测绘	北京建筑工程学院与故宫博物院合作
13	2011	洛阳孟津唐墓	洛阳市文物考古研究院
14	2011	白马寺齐云塔三维激光扫描重建工作	河南理工大学与河南省遥感测绘院合作
15	2012	山西省长治市黎城县金代砖石墓建模	山西省考古研究所
16	2013	洛阳孟津唐墓数据采集与处理	洛阳市文物考古研究院
17	2013	徐州龟山汉墓三维重建	长安大学
18	2014	山西省平顺县王曲村天台庵保护修缮工程	山西省古建筑保护研究所
19	2014	山西省新绛县福胜寺塑像修复	中国文化遗产研究院
20	2014	四行仓库修缮工程	华建集团
21	2015	广东省博物馆文化数字化保护项目	—
22	2016	桂林市靖江王府文物保护（二期）工程	成都市屹华建筑工程公司等
23	2017	拉萨市维龙德庆区楚布寺文物保护工程	—
24	2018	天安门城楼及城台修缮项目	—
25	2018	五台山南山寺修缮保护工程	山西长治鑫通古建工程有限公司

8.3 文物三维建模应用案例

北京则泰集团公司与辽宁工程技术大学合作，采用徕卡 ScanStation2 扫描仪对将军崖岩画保护进行了应用研究。

8.3.1 项目概述

将军崖岩画，位于江苏省连云港市海州区锦屏镇桃花村锦屏山南麓的后小山西端，据考证属于汉人先民最早的石刻遗迹，由石器敲凿磨制而成，线条宽而浅，粗率劲直，作风原始，是唯一反映农业部落原始崇拜内容的岩画，如图 8-1 所示。因为其雕刻的时间早于文字的发明，所以虽已被发现三十余年，但将军崖岩画仍有许多谜团未被破解，著名考古学家苏秉琦先生称之为我国最早的一部天书。

图 8-1　将军崖岩画

然而，受天气环境与岩质条件等因素影响，近年来岩画画面发生粒状、片状脱落，空鼓、开裂及化学风化、生物风化、物理风化等现象，致使许多地方画面模糊、刻痕变浅。据称，出土以后岩画发生的变化比出土前几千年的变化都大。因此，如何将岩画保存下来是一个亟待解决的问题。

传统的岩画测绘全部依靠手工测量，所得的成果大多是以二维纸质图纸为表达形式。但是，对于类似岩画石刻这种结构复杂、数据量大的人文景观，数据不仅不直观，也不翔实。三维激光扫描技术的出现为岩画的测量保存提供了全新的解决方案。

8.3.2 数据获取与预处理

(1)现场勘察和规划

在进行扫描工作之前，先要对现场进行充分了解，可以利用现有的地形资料或照片，进行大致规划。然后亲临现场踏勘，根据所采用的三维激光扫描仪的硬件性能和特点确定扫描的整体规划，主要包括：①扫描站点设置。首先要分清测绘工作内容的主次，然后要有整体规划和重点地选定扫描仪设站位置。一方面要保证重点区域的扫描质量，另一方面还要保证整体扫描的完整性及站点之间的拼接。②扫描标靶设置。标靶布设要尽可能地提高标靶在多个扫描站点的重复利用率，并考虑对整个测场控制的有效性，尽量做到站点之间通过标靶进行约束来提高整体拼接精度。③扫描分辨率设置。扫描分辨率的设置主要根据扫描对象的特点及后期数据处理的需要进行设定，对于将军崖岩画的主岩画区，为了更精细地表达，设置分辨率为 1mm。

(2)数据获取

数据获取部分包括扫描仪对整体场景扫描、岩画区的扫描、标靶扫描和扫描仪内置相机的拍照。对于纹理质量有较高要求的重点岩画区，采用专业单反相机拍照。

(3)草图记录

每一站点数据获取完成，都要详细绘制草图，并标注站点、标靶位置，记录扫描参数及数据文件的对应关系。这是后续数据处理的重要依据。

(4)数据预处理

数据预处理采用 Leica 公司开发的三维激光扫描软件 Cyclone 系统，该软件尤其在扫描数据管理、多站数据配准方面提供了非常完善的功能，可以帮助提高扫描数据后处理的精度。数据预处理主要包括以下两个环节：

①多站数据配准。岩画大多位于山上或者洞穴中，由于地形的限制，通常无法用单站点云数据覆盖整个被测物体，需要从不同的位置和角度对其进行扫描，最后得到多站独立的点云数据。点云数据的配准就是将所有独立坐标的数据转换到一个基准坐标系下的过程，这样也就得到了被测物体的完整点云数据，过程如下：首先，在 Cyclone 数据库里建立一个配准站(registration)，添加需要配准的站点；其次，将自动拟合的同名集合约束添加到配准条件中，不同站间的配准需要 3 对以上的同名约束，同名约束越多，精度也就越高；再次，配准后将结果中误差超限的约束按误差从大到小依次删除，直到约束条件满足精度的要求为止；最后，达到精度要求后创建配准站，即可生成完整的点云模型。点云配准整体效果如附录彩图 8-2 所示。

②点云数据优化。点云数据优化一般分两种，即去除冗余和抽稀简化。冗余数据是指多站数据配准后虽然得到了完整的点云模型，但是也会生成大量重叠区域的数据。这种重叠区域的数据会占用大量的资源，降低操作和储存的效率，还会影响建模的效率和质量。某些非重要站的点云可能会出现点云过密的情况，则采用抽稀简化。对于冗余的点云数据，在实际操作中，可以把一个重点扫描区域设置为基准站，用其他站的数据与基准站作比较。为了避免不同站数据出现裂缝和分层，对点云重叠区域中基准站周围的点云进行重采样，之后用一个或少量的点云代替重叠区域的点云即可实现。抽稀简化的方法很多，简单的如设置点间距，复杂的如利用曲率和网格等。

8.3.3　岩画的三维重构

采用 Geomagic Studio 进行岩画的三维重构，主要步骤如下：

①点云数据的导出和加载。用 Cyclone 将点云数据用 .xyz 格式导出后即可使用 Geomagic 软件进行处理。

②滤除噪声点。为了获取岩画表面的细节部分，需要较大点云的密度，这样也会产生一些噪声。因为岩画表面并非均匀平滑，所以不能单纯地通过弧度来判别噪声，必须辅助以手动剔除噪声。

③数据精简。数据精简不仅可以去除冗余点云，还可以使数据均匀化，避免因为点云稀疏而造成的模型表面破损。通过设置一个采样百分比就可以使点云数据均匀减少。

④数据补缺。由于被测物体可能出现破损、被遮挡等情况，会使部分数据缺失，因而需对数据进行补缺。使用补洞命令进行少量数据点的修补，也可以使用添加点云来增加点云数据。

⑤模型表面处理。由点云直接生成的三维模型表面往往会有大量的三角面片，使用“网格医生”命令对其进行光滑化处理。岩画模型如附录彩图 8-3 所示。

将军崖岩画属于石刻类型的岩画，由于环境等各方面的限制，最好的保护办法就是将岩画所在的区域制作成 DEM 模型，三维激光扫描技术因其具有高效和高精度的特点恰好解决了这个难题。

8.4 文物线划图绘制应用案例

8.4.1 北京历代帝王庙

北京则泰集团公司采用徕卡 HDS6000 扫描仪对北京历代帝王庙保护进行了应用研究，主要内容如下：

1. 项目概述

北京历代帝王庙位于西城区阜成门内大街路北，是明清两代祭祀三皇五帝、历代帝王和功臣名将的场所，整座庙宇庄严肃穆，主体红墙黄瓦，显现出皇家的气派与尊贵，是我国作为多民族国家发展进程一脉相承、连绵不断的历史见证，具有重要的历史文化价值。为了在计算机中真实再现这一历史古迹，使它得到永久保存，也为日后的修缮工作提供翔实准确的数据，有必要对它进行三维激光扫描。为了精确表达北京历代帝王庙的每一个细节，获得精准尺寸，选用徕卡 HDS6000 三维激光扫描仪进行扫描，使用 Cyclone 5.8.1 软件进行数据处理。

2. 外业数据采集

徕卡 HDS6000 三维激光扫描仪 360°×310°宽广的扫描视场角以及更远的扫描距离大大减少了扫描所需的设站数和标靶数。仅用了两个小时就完成了多站数据的扫描，扫描现场如图 8-4 所示，附录彩图 8-5 为一个测站的扫描数据。

3. 内业数据处理和利用

使用 Cyclone 5.8.1 软件，可以将相邻测站间的点云进行严格拼接，本次测量外部使用标靶拼接，内部使用点云拼接，最后利用点云将内外整体拼接起来。

基于高精度的点云数据可方便地进行测量，并在 CAD 中完成二维线划图，如附录彩图 8-6 与附录彩图 8-7 所示。

图 8-4　扫描现场

8.4.2　海神庙石牌坊

上海奥研信息科技有限公司采用手持三维激光扫描仪对浙江省海宁市海神庙进行了数字化扫描，主要内容简介如下：

1. 项目概述

海神庙俗称庙宫，在海宁市盐官镇东。清雍正八年(1730)三月浙江总督李卫奉敕建造海神庙，规模宏阔，建筑布局严谨。主要建筑分布在三条轴线上，主轴线依次有庆成桥、仪门、大门、正殿、御碑亭、寝殿，仪门前广场两侧分别建有一座汉白玉牌坊。本次项目是对海宁市海神庙两个石牌坊、两只石狮子、三个安国寺经幢、两个惠力寺经幢等"四有"资料进行编制(三维点云、三维建模、图纸测绘、视频展示)。通过本次项目可以将被测物体全部的三维信息完整记录，为后期文物修复与展示提供了丰富的数据。

2. 外业数据采集

本次扫描采用形创手持三维激光扫描仪 HandyScan、GO! Scan 和 Maxshot 进行扫描。根据手持扫描仪的特点，搭建贴合物体的脚手架，在保证扫描距离的前提下，尽量减少对被测物体的遮挡。对整个被测物体布设全局和局部控制点。手持扫描仪通过局部控制点进行小范围数据拼接。利用 Maxshot 整体定位，获取整个物体的全局控制点。整个项目耗时 20 天完成采集任务，数据采集现场情况如图 8-8 所示。

3. 内业数据处理

将采集的数据导入扫描仪 Vxelements 软件中完成整体拼接，输出高精度模型数据，如图 8-9 所示。将模型数据导出为 .obj 格式，转存到 JRC 3D Reconstructor 中即可计算模型法线图，法线图可以清晰地反映出物体表面的刻痕，以法线图为基础底图，在 AutoCAD 软件中绘制线划图，如附录彩图 8-10 所示。

图 8-8 数据采集现场

图 8-9 牌坊三维模型

8.5 文物变形监测应用案例

8.5.1 项目概述

当今世界都很注重人类文化遗产的传承和保护，古墓葬也是人类重要文化遗产之一。位于吉林省集安市东北约 4km 龙山脚下的将军墓，因其造形颇似古埃及法老的陵墓，因此被誉为“东方金字塔”，推算为公元四世纪末五世纪初高句丽王朝第二十代王长寿王之陵。整座陵墓呈方坛阶梯式，高 13.1m，墓顶面积 $270m^2$，墓底面积 $997m^2$，全部用精琢的花岗岩砌成。坟阶 7 层，每层由石条铺砌而成，每块条石重达几吨。将军墓葬群不但具有悠久的历史，而且它还具有独特的风格和历史意义。但是在历经岁月沧桑的过程中，由于人为和自然力的破环，一些地方位移错位现象比较严重，而且由于信息化建设比较落后，不能及时发现并解决这些问题，因此如何运用高科技手段来保护和监测这些文物的任务迫在眉睫。在对将军墓葬群的保护、监测、预测等过程中，运用数字化技术、数字采集和处理进行三维建模，再建立数据库，通过数学模型的分析方式，对监测对象的整体倾斜、沉降、局部变形、位移等，给出量化的描述和监测分析，从技术层面上加强了对古墓葬保护的力度。

8.5.2　作业方案与成果

作业方案主要是利用全站仪、经纬仪、水准仪、三维激光扫描仪等现代测量手段，以及 CAD 成图、三维虚拟等技术，对将军墓葬群进行三维变形监测分析，并实现对文物变形分析成果的真实、直观展示。

工程的实施进一步加强了将军墓葬群的保护，免受自然与人为因素带来的消极影响，促进了区域的文物保护工作。北京图创盛景科技有限公司自行研发的文物变形监测系统可对监测数据进行快速应对管理，对监测数据进行变形分析，分析其结果和趋势，生成三维剖面图(图 8-11)，建立模型，图表结合，预测变形趋势(附录彩图 8-12)，为古墓的保护提供可靠的数据。

图 8-11　集安将军墓纵剖面图

在遗产及文物保护、文物发掘领域，三维激光扫描仪提供了全新的工具和方法采集、记录更详细的相关信息，从而得到高精度的点云信息，结合彩色信息，可以得到尺寸精准、色彩表达逼真的立体模型，可供后期复制、研究、信息检索。

思 考 题

1. 三维激光扫描技术应用于文物保护的意义主要体现在哪些方面？国内代表性工程有哪些？

2. 近3年(查最新文献)学者在利用三维激光扫描技术进行文物保护方面取得了哪些应用研究成果？

3. 文物保护数据的主要成果形式有哪些类型？

4. 采用 Geomagic Studio 对将军崖岩画进行三维重构的主要步骤有哪些？

5. 利用点云数据在 CAD 软件中可以制作出哪些类型的二维线划图？

6. 文物变形监测的对象主要有哪些？

第9章　地面三维激光扫描技术在其他领域中的应用

随着地面三维激光扫描技术的不断发展，应用领域也在不断扩大，目前已涉及很多行业。本章简要介绍地面三维激光扫描技术在地质、矿业、林业、水利等领域中的应用研究成果。

9.1　地质领域中的应用

9.1.1　地质应用研究概述

在地质研究领域，三维激光扫描技术与传统测量手段相比，具有测量简单、便捷；测量结果精确，采集信息全面，数据后处理简单，可直接基于三维结果信息进行计算和分析，非接触，大场景测量，效率更高，减小测量工作对环境的依赖和局限的优势。地面三维激光扫描技术为地质研究提供了一种新的工具和手段。近年来，国内多家高校、科研单位、施工单位已经尝试着将三维激光扫描技术与地质调查、滑坡监测、地质灾害研究等相结合，探讨该技术在相关领域的实际应用，并积累了丰富的经验，目前在地质领域主要的应用方向有以下四个方面：

1. 边坡安全监测

边坡破坏的预测以及边坡破坏后的状况把握及二次灾害的防治等都需要及时、准确地掌握边坡体的三维信息，三维激光扫描仪可以用于边坡体灾害发生前后的地形变化测绘，二次破坏的预测以及边坡破坏前兆的把握和危险性评估。

通过三维激光扫描仪获取地形数据后，可以利用软件快速构建DEM以及TIN网数据。徕卡Cyclone数据后处理软件就提供了便捷的数字高程模型建立功能，并可实现坐标转换，将数据快速地转换到WGS-84坐标系或者地方坐标系。转换后的数据可以进行如下分析：①平面图的重合比较；②等高线的重合比较；③断面图的重合比较；④断面图的差分比较；⑤直接基于三维DEM分析变化部位及位移量。

三维激光扫描仪在边坡三维形状获取、加固方案设计、边坡灾害对策及安全监测等方面都具有其独到的方便性及先进性。测量设站灵活方便，测量效率高，获取的数据可以直接进行处理，得到基础信息或分析结果。

2. 地质露头研究

三维激光扫描仪可以为地质露头层序地层相关的研究提供准确的数据，通过扫描可以获取露头的三维模型，为地质灾害预防、地震研究、矿藏探测等提供基础资料。

集成了内置相机的三维激光扫描仪可以同时获取高清晰的影像数据，为后期的分析和研究提供了更翔实的信息，通过软件快速构建彩色点云模型以及彩色的 Mesh 模型，并可以直接在三维空间实现点、线、面、体等信息的完整提取，数据可以通过 DXF 格式导出到其他后续绘图软件中。

在地质露头研究中，三维激光扫描仪发挥了非接触、高精度、高分辨率测量的优势，从而大大减少了野外数据采集的时间，并能够获取更完整的信息。

3. 地质裂缝研究

通过挖掘地质探槽，可以更准确地掌握地质裂缝的信息。地质探槽反映了地层状况，地质裂缝的三维形状。通过三维激光扫描技术，可以记录和获取整个探槽的完整三维信息。

①通过三维激光扫描仪扫描和拍照获取高密度空间点云数据和高清晰的照片，扫描仪内置相机的照片可以直接映射到点云上，形成彩色点云数据。彩色点云数据可以直接进行量测，并可以通过虚拟测绘功能将特征数据导出到其他软件做进一步分析和计算。

②基于点云数据，通过 Geomagic 软件可制作出高精度三角网模型，映射纹理照片，最终得到彩色三角网模型用于浏览和分析。

4. 地质滑坡与灾害治理

滑坡监测的技术和方法正在从传统的单一监测模式向点、线、面立体交叉的空间模式发展。具体来讲，可以概括为两种：一种是滑坡监测的传统方法，主要指全站仪测量方法、摄影测量方法及 GPS 监测系统等；另一种是基于新技术和新仪器的滑坡监测新方法，如合成孔径雷达干涉测量(InSAR)技术、三维激光扫描技术。

地面三维激光扫描仪是一种集成多种高新技术的新型测绘仪器，已逐渐被应用于变形监测之中，为滑坡监测提供了可供选择的新方案。在滑坡发生后，如何在第一时间获得现场数据无疑是人们最关心的。传统的测量方式耗时耗力，还不便于救援工作的展开。地面三维激光扫描技术在地质灾害监测中具有快速测量、非接触测量、高度一体化和全景扫描的优势。

国内学者在地质应用的研究比较早并且比较深入，取得的主要应用研究成果如下：

中国矿业大学利用真三维地质建模软件 GOCAD 强大的地质建模功能，配合便携式 X 射线荧光光谱仪，对研究区进行三维地质建模及可视化研究，并对元素数据进行分析与解译，为三维激光扫描技术应用于大型矿山提供了依据和参考(邱俊玲，2012)。

2013 年 5 月至 2014 年 8 月，王炎城(2015)等使用徕卡 ScanStation 2 三维激光扫描技术对广东省五华县崩岗滑坡进行了 6 次观测，分析结果表明：三维激光扫描技术能实时动态地显示滑坡变化及滑坡量，在实时动态监测中具有广泛的应用前景。

胡磊等(2017)在贵州威宁县滑坡点监测及四川省绵竹市小岗剑滑坡点监测中，采用 HS1200 三维激光扫描仪远距离获取数据，生成了地表模型并提取出研究区地表分类数据，本项目完全满足使用需求，为当地各级部门提供了真实可靠的灾情数据。

9.1.2 万工滑坡应用实例

2008 年至 2012 年间，四川雅安地区发生了多起滑坡事件：2009 年 8 月 6 日的猴子岩崩塌、2010年7月27日的万工滑坡、2011年2月的桂贤红岩子滑坡等每一次的灾害都不仅造成了人员伤亡、财产损失，还给人们的生活带来了不便。以万工滑坡(黄姗等，2012)为例进行说明：

(1)滑坡数据获取

本项目采用徕卡HDS8800三维激光扫描仪，这是一款非接触性测量，专门对矿山、地质、地形进行测量的仪器，由激光发射器发出激光打到物体表面，反射回来后，再根据角度，可以测得该点的X、Y、Z、R、G、B和反射率7个值。扫描仪的扫描范围为2000m，能够方便快捷地完成项目的扫描工作。在采集数据的过程中，仪器内置的全景数码相机同步拍摄了彩色照片，在Cyclone软件中将彩色照片的信息赋予点云，点云数据就会将真实的环境反映出来。万工滑坡现场如图9-1所示，万工滑坡点云数据如附录彩图9-2所示。

图9-1　万工滑坡现场

(2)数据处理

要对滑坡地形进行研究，需将三维激光扫描仪获取的点云数据利用Cyclone软件进行数据拼接、坐标变换、去噪处理。去噪处理将树木、房屋等地物去除，显示出了滑坡真实的地貌形态，用这个数据做后续分析研究。

①Mesh模型制作。在Cyclone软件中用去噪后的数据构建TIN生成Mesh模型(附录彩图9-3)，基于Mesh制作该滑坡的剖面图如图9-4所示，通过设置间隔距离将滑坡各处的剖面图都制作出来，进而利用不同的剖面对滑坡的走向等进行分析研究。

②二维地形图制作。将去噪处理后的点云数据导入南方CASS中制作二维地形图，通过构建三角网来绘制等高线。每个高程点、每条等高线的具体属性值在CASS中都能显示，这些属性值是真实的地理坐标，根据这些值分析得出的结果完全反映了滑坡当前的

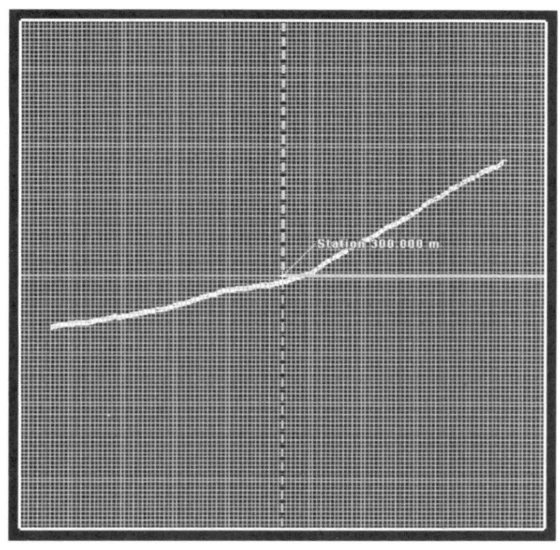

图 9-4　万工剖面图

状态。

利用 CASS 软件可以制作万工滑坡的平面图(附录彩图 9-5)、截面图(附录彩图 9-6)，每幅图从不同角度显示了滑坡的当前状态。这样，在分析研究时不仅能够从整体上把握滑坡的大致趋势，还能够从细节入手针对具体问题具体分析。深入的研究将为这类地质灾害积累宝贵的资料，为后续地质灾害的预防提供依据。

9.2　矿业领域中的应用

9.2.1　矿业应用研究概述

针对地面三维激光扫描仪在矿业领域中的应用，近几年一些学者进行了相关应用研究，并取得了一定的研究成果，按照应用方向分类简述如下：

1. 露天矿三维模型重建与测量

利用三维激光扫描仪对测区进行扫描，建立的三维模型可应用于等高线、断面线、坡顶线、坡底线等的提取，产量核算，分析岩层、煤矿层高度等方面。丰富的点云数据不但为测量提供了有效的保证，更为矿山数字化、采矿设计、爆破提供了有效的三维实景。应用全数字三维激光扫描技术来开展露天矿山测量工作，明显优于传统的矿山测量技术。三维激光扫描技术是目前露天矿山地质测量中最有效、最快捷、最经济、最安全的技术手段。

有学者做了相关研究，主要有：以哈尔乌素露天煤矿为研究对象，介绍了徕卡三维激光扫描仪 HDS8800 在露天矿业方面数据获取与处理流程，利用软件对数据进行快速建模，生成 DEM，并获得露天矿三维模型(段奇三，2011)。以两次大规模滑坡的中煤平朔公司东露天矿边坡为研究背景，采用 RIEGL VZ400 三维激光扫描仪获取露天矿边坡点云数据。

完成了长约 2 km 的露天矿边坡三维模型重建工作。研究结果表明：三维激光扫描结果符合工程实际特征，三维激光扫描技术是一种快速建立矿山边坡数字模型的有效手段(李健等，2012)。

2. 井架变形监测

井架是采矿、石油钻探等设备的重要组成部分，在日常使用过程中，由于矿石、钻具等多次提升，基础不均匀下沉以及外力作用等因素，导致井架变形，其发展后果将可能造成安全事故。为了安全生产，必须随时掌握井架变形情况，以便及时采取措施。对比较高的井架进行变形监测时，常用的变形监测方法是：在井架周围地质基础比较稳固的地方埋设基准点，在井架可能产生较大变形的部位布设观测点，在基准点安置测量仪器对观测点进行观测。三维激光扫描测量技术适合于大面积或者表面复杂的物体测量及其物体局部细节测量，计算目标表面、体积、断面、截面、等值线等，为测绘人员突破传统测量技术提供了一种全新的数据获取手段。

应用 Trimble GX200 地面三维激光扫描仪对山东某矿井架进行了多次井架点云数据采集，结果显示：相对于传统测量方法，三维激光扫描仪获取大量点云数据能较好地分析井架整体的变形，为矿山井架安全测量提供一种高效、高精度的应用方法(黄晓阳等，2012)。韩腾腾等采用美国 GX200 三维激光扫描仪后视定向的方法，对井架进行两期实际扫描，获得了点云数据，再利用相关软件对数据进行了处理，构建了监测面平面拟合方程分析变形状态，通过对两期观测结果的分析，可直观地看出井架的变形状态，三维激光扫描技术的出现引领了新的技术发展方向(韩腾腾，2017)。

3. 开采沉陷监测

对于矿山开采引起的地表沉陷研究，传统方法存在如下缺陷：受地表条件限制，布站难；测点维护困难，观测过程中测点缺失严重；观测工作量大，获取数据量少。

在这方面已经有学者进行了研究，并取得了一些成果，主要有：采用三维激光扫描仪对开采引起的地表沉陷进行观测，得到整个区域的下沉值，通过设置部分固定测点，获得水平移动值，得到整个监测区域的移动变形情况，根据三维激光扫描技术的特点分析其在矿区沉陷监测中的应用可行性，结果显示，使用三维激光扫描技术进行矿区沉陷监测完全能够在保证效率的同时满足精度的要求(张舒等，2008)。以重庆市某采煤沉陷区为研究对象，通过对研究区两个时期三维激光扫描数据的采集，以及对两期监测数据处理和对比分析，获取了监测区点变形量值、剖面线变形趋势、地表整体变形等监测成果。与单点变形监测相比，三维激光扫描技术弥补了其缺乏线性变形及整体变形特征的不足，该技术应用于地面沉陷矿区的地表变形监测具有一定的可行性和应用价值(李强等，2014)。

4. 地下采空区变形监测

对于地下采空区变形，传统的岩体内部变形监测主要采用多点位移计、钻孔倾斜仪等手段，空区(含巷道)变形监测主要采用顶板沉降仪、收敛计、伸长仪以及水准仪、经纬仪等测量学方法和手段。传统的变形监测方法存在以点观测，观测数据量少，无法或难以监测无人空区，人工观测效率低、劳动强度大而且时效性差，不能定量地观测空区垮落等缺点。三维激光扫描系统采集数据的密度高、速度快，受环境和时间的影响相对较小，具有强大的数字空间模型信息获取等优点，应用前景广泛。

陈凯等(2012)开发了地下采空区三维激光扫描变形监测系统，该系统可以实现在井上远程监控，通过发送指令可以实时控制三维激光扫描仪进行扫描，扫描的空区点云数据通过通信系统传给远程的监控系统。通过 VTK 搭建的三维可视化环境，可以实现对三维点云数据的平移、旋转、缩放、颜色设置、线框模式显示、三维重建、体积计算等。

地面三维激光扫描技术还可以应用于土地复垦、煤矸石山难及区域测绘、滑坡体监测、数字矿山等生产或研究活动。

9.2.2 露天矿应用实例

1. 数据采集及数据处理

哈尔乌素露天矿项目中采用徕卡 HDS8800 扫描仪采集数据，数据采集及数据处理流程如下：

(1)外业采集数据

徕卡 HDS8800 可以结合 GPS 作业，GPS 获取测站及后视点坐标之后，HDS8800 控制器及时地将大地坐标系纳入扫描数据，可以提高工作效率，避免控制点的重复测量。同时，该设备具有 2000m 测程，以及全景扫描视场角度，可以在测站的位置上获取最大的数据。

(2)点云数据拼接

徕卡 HDS8800 的标配软件是 I-Site Studio，软件可以提供坐标拼接、点云拼接等功能。如果在扫描数据的同时，结合 GPS 测量点位，那么扫描的数据直接在大地坐标系中。哈尔乌素露天煤矿原始点云数据如附录彩图 9-7 所示。

(3)点云数据建模，生成 DEM

在拼接好的点云数据的基础上，利用软件进行噪音数据剔除。软件提供了多种噪音过滤器，包括距离过滤、角度过滤、面过滤、离散点过滤、边缘过滤等。剔除噪音的数据经过抽稀处理后，利用软件对数据进行快速建模，生成 DEM，可获得露天矿三维模型，如附录彩图 9-8 所示。

2. 三维模型在矿业中的应用

(1)等高线、断面线、坡顶线、坡底线等的提取

在三维模型生成之后，可以提取断面线(附录彩图 9-9)、等高线(附录彩图 9-10)，以及露天矿中开采台阶的边帮坡顶、坡底线(附录彩图 9-11)，同时可以在三维模型中任意获取台阶坡面角、台阶高度、台阶宽度，方便采矿专业的设计。在三维模型中可以任意计算开采量，用于设计产量和核算产量。

(2)产量核算

在霍林河露天矿中，采用 HDS8800 对电铲的工作量进行核算，方法如下：将 HDS8800 架设在电铲工作台阶之上的台阶，当电铲开采之后装入运煤车之前对运煤车进行扫描，即首先对空车进行扫描(图 9-12)，然后电铲装车之后再次扫描(图 9-13)，每次扫描时间不到半分钟。然后利用点云数据迅速建模，两次不规则曲面的差值为装载数，如附录彩图 9-14 所示。

软件在计算方量的同时也提供了比重值的设置，如果能够将矿石的比重值输入软件，就可以计算出开采矿石的重量。

图 9-12　空车模型

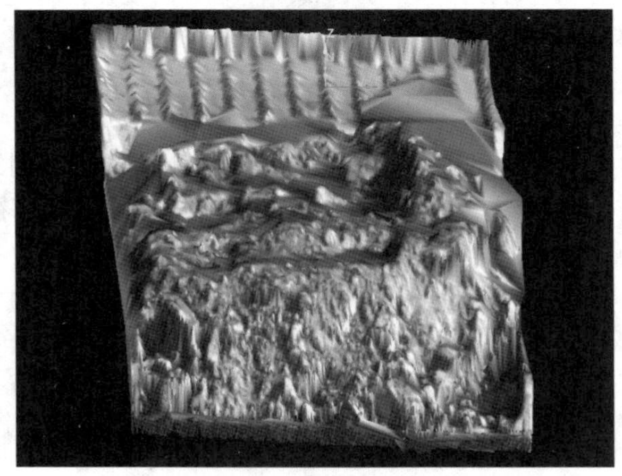

图 9-13　装载后模型

(3)分析岩层与煤矿层高度

在黑岱沟煤矿中，利用 HDS8800 对开采面精细扫描，采样密度为 10mm/100m。在点云数据的基础上，将 HDS8800 内置 7000 万像素相机拍的照片附加在点云数据或者三维模型上，则可以清晰地分辨岩层，同时基于数据获取各层的标高及差值，方便采矿人员的设计，如图 9-15 所示。

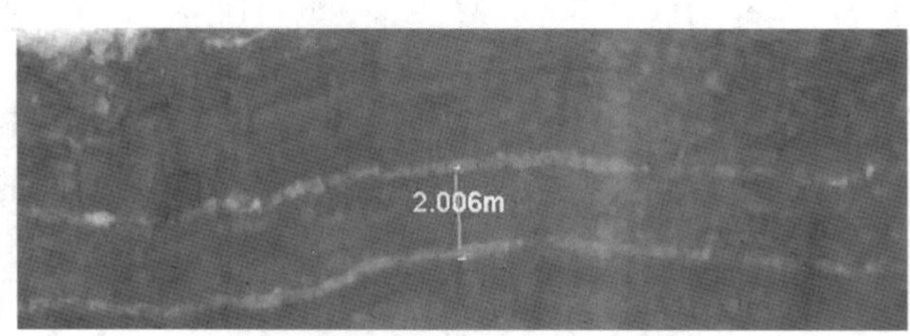

图 9-15　叠加照片的三维数据

在附加彩色信息的点云数据或模型的基础上，利用软件获取各层面的走势图，如附录彩图 9-16 所示。

利用徕卡 HDS8800 针对露天矿的外业数据采集，360 度获取空间点云数据，能够提高外业数据的采集效率，提升内业数据处理精度。同时，丰富的数据不仅为测量提供了有效保证，也为矿山数字化、采矿设计、爆破等提供了有效的三维实景，如此精确的三维模型可以满足不同专业人士的不同需求。

9.3 林业领域中的应用

9.3.1 林业应用研究概述

随着三维激光扫描技术的出现，其在林业方面也得到了广泛应用。相关林业调查、植被分析软件，可以利用三维点云数据来快速保存被调查植被的各方面信息，可方便提取植物树冠、胸径等数据，方便进行林业数据的分析和保存。此外，相比传统采集手段来说，通过软件自动化、大批量、高效率地获取所需要的数值，既快又准，而且不用砍伐树木就可获取植被关键参数，保证了生态的可持续发展，将林业调查对环境的伤害程度降到最低。

目前，国外许多林业科研工作者就三维激光扫描技术在林业中的应用进行了深入探讨。研究内容主要集中在测树因子获取、林分结构研究以及单木三维重建等方面，并获得了一定的成果。与国外相比，地面三维激光扫描仪技术在我国林业领域的应用相对较少，目前仅局限于基本测树因子获取和单木三维重建两个方面。近年研究成果有：

甘肃省小陇山林区首次将三维激光扫描技术引入林业调查，通过三维激光扫描仪获取单株立木空间点云数据，利用软件建立了立木三维模型。从三维模型上就可直接量测立木树高、胸径、冠幅和计算立木材积，利用获取的材积可进一步建立立木材积方程和编制立木材积表。通过与伐倒木实测数据对比，采用该系统获取的测树因子和立木材积均满足林业调查的精度要求(邓向瑞等，2005)。

福州大学提出了一种基于地面三维激光雷达的单树枝干几何建模方法，能够很好地应用于模拟的单树点云和实测的单树点云的几何建模，而且重建的树木枝干几何模型精度较高、还原度较高，从重建的树木几何模型中提取的树木几何参数与真实值或者实测值的误差较小，可满足精准林业调查的需求(庄崚国，2018)。

9.3.2 林木测量应用实例

传统方法获取林分因子是通过皮尺或者钢尺量测树干的周长，利用林分速测镜量取树木的高度及任意位置处的直径，这样的方法不仅外业测量速度慢，增加了工作人员的劳动强度，而且在进行树木高度测量时受外界环境影响很大。最重要的是，测量数据的精度并不高，影响了整体林业蓄积量调查的精度。地面三维激光扫描技术作为一种高新技术，在森林资源调查、林分结构研究、单木三维建模等方面有着巨大的应用潜力。

徕卡测量系统贸易公司与南京林业大学研究人员共同合作，利用徕卡 C10 扫描仪对南京林业大学试验林进行扫描，利用徕卡 Cyclone 软件对数据进行提取、整理、计算(李超等，2011)。主要技术过程如下：

(1)扫描前的准备工作

对要进行扫描的试验林进行踏勘，确定进行扫描的测站位置、所需的测站数、扫描的路线以及标靶安放的位置。

(2)扫描过程

利用徕卡 C10 进行机载控制，直接对试验林的点云数据进行获取。操作过程中采用中等扫描密度(100m 处点间距为 1cm×1cm)进行扫描，并利用扫描仪内置数码相机进行拍照，为室内研究提供更多可能用到的数据。

(3)数据预处理

采用徕卡提供的 Cyclone 软件进行内业数据的拼接及信息的提取。将 4 站数据合为一体会得到试验林的完整数据。此次研究不仅要求精度较高，而且要求速度要快，所以选择了标靶拼接这种模式。

(4)研究数据的提取

对拼接完成的数据进行去噪处理，提取需要进行研究的区域。

1)胸径、树高提取方法

从树林扫描数据中任意分割提取有限株单独树木，首先进行人工去噪处理，然后就可以利用 Cyclone 软件对单株树木进行胸径、树高以及树冠投影到地面的面积等进行计算提取。提取过程如下：

①分割出一部分点云，保证点云里必须包含至少一株完整的树木。

②进行人工去噪处理。因为点云显示是空间的，所以在 Cyclone 中可以进行任意角度的旋转查看，通过不断的变换视角，进行点云去噪，可以方便准确地得到所需要的单株树木的点云数据。

③胸径的提取。胸径是指在树木(林业上称之为样木)的 1.3m 处量其直径，称之为胸径。根据定义，可以通过点云，查看树干与地面接触的位置，从而确定一个最为合适的基准点来确定胸径的位置。以基准点所在水平面为基准建立水平参考面，如图 9-17 所示。

在 Z 轴正方向按照 1.3m 的间距对水平参考面进行偏移，就得到了胸径的位置所在。以水平参考面为基准作厚度为 0.1cm 的切片，根据点云作最佳拟合，得到胸径的值 = 0.180×2 = 0.36m。

④树高的提取。在 Modelspace 窗口中的视图模式中选择“正射视图”，在主视图中找到树木的最高点，以最高点为基准建立参考平面。利用 Cyclone 提供的量测功能就可以得到基准点到最高点所在参考面的高度，如图 9-18 所示。

图 9-17 水平参考面的建立

图 9-18 树高量测结果

2)树林中单株树木位置信息的提取

此次测量没有将坐标系统引入到已知大地坐标系统中去，所以此次得出单株树木的位置坐标也只是在测量时使用的假定坐标系统中，但这都不会对计算过程产生影响。

先确定进行单株树木位置信息提取的区域，对所选取区域点云进行去噪处理，得到一个比较完整的点云。再根据点云确定一个最接近地面的水平参考面，如果要求的误差范围较大，可以对整个区域的树木确定一个水平参考，如果要求的精度高，就需要对单株树木确定参考面的位置。以前种情况为例，根据点云可以找到一个最切合四株树木的参考面位置，如附录彩图 9-19 所示。

以水平参考面为基准做厚度为 0. 1cm 的切片，得到了 4 株树木参考面处的切片点云，根据点云作最佳拟合，得到 4 个圆，找到每个圆圈的圆心位置并创建圆心点，并标记每个圆心的平面坐标，如图 9-20 所示。

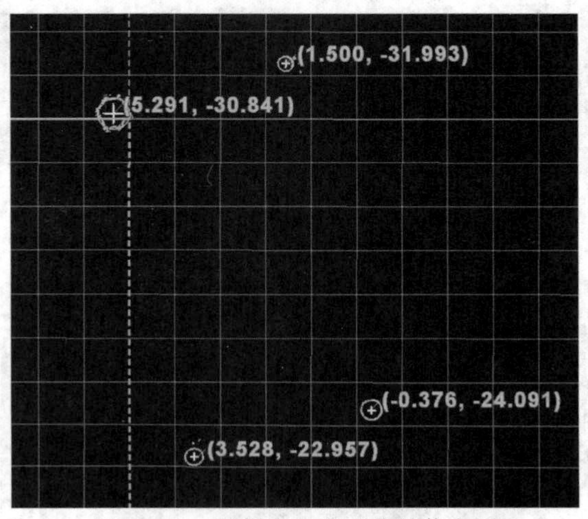

图 9-20　4 株树木的平面位置信息图

综上所述，利用三维激光扫描仪进行林业的调查，在外业扫描工作中节省了大量的人力、物力，减少了外业作业时间，减轻了劳动强度。在内业工作中，可以根据真实的三维坐标对单株树木进行胸径、树高以及位置信息的提取，大量点云数据保证了数据的全面性，以及成果的准确性。

9.4　水利工程领域中的应用

水利工程按目的或服务对象可分为：防治洪水灾害的防洪工程；防治旱、涝、渍灾为农业生产服务的农田水利工程，或称灌溉和排水工程；将水能转化为电能的水力发电工程；改善和创建航运条件的航道和港口工程；为工业和生活用水服务，处理和排除污水和雨水的城镇供水和排水工程；防治水土流失和水质污染，维护生态平衡的水土保持工程和环境水利工程；保护和增进渔业生产的渔业水利工程；围海造田，满足工农业生产或交通运输需要的海涂围垦工程等。

9. 4. 1　水利工程应用研究概述

三维激光扫描技术在水利工程建设的斜坡稳定性研究、高陡边坡地质调查、水利枢纽的地形地貌三维数据采集，输水、送电线路的选择、虚拟技术的逆向建模、交通、医疗、古建筑修复和保护工程、变形观测、森林和农业等众多领域中得到了广泛应用。地面三维激光扫描技术在水利工程中的应用主要体现在以下 4 个方面：

1. 水利水电工程地形测绘

地形测绘是水利水电工程规划和建设的基础工作，三维激光扫描仪这种无接触、高自动化、高精度的测量方式较传统测量方式有很大的优势，在地况较复杂的水利工程地形测绘中更是一条捷径。

贵州省水利水电勘测设计研究院的技术人员利用 RIEGL VZ-4000 三维激光扫描仪，为了验证其在地形测绘工作中的精度、过滤植被的能力、地物提取的精度和效率等，先后进行了 3 次试验(办公区、龙里窄冲水库坝区、花溪红岩水库坝区)。

通过实验发现，RIEGL VZ-4000 的扫描距离有很大幅度的增加，并且自带的数据处理软件对植被过滤的功能有所增强，在植被不是非常茂密的情况下，过滤效果可行。其劣势在于：①在地物提取方面，工作效率和精度还有待加强，需要借助第三方软件，并且数据后处理相对复杂，内业处理时间增加。②在植被非常茂密地区测量精度不高，因此目前还不能完全取代传统测量方式。但是这款三维激光扫描仪在植被不是非常茂密，受地形条件限制，观测距离比较远的工程中，具有比较可观的应用前景，能够大大缩短野外工作时间，提高工作效率，降低工程成本。

2. 水位库容和三维尺寸测量

水利工程在勘察、设计、施工、监测、抢险中进行地形等高线测绘和长度、面积、体积等三维尺寸测量时，传统的单点测量工作量大，周期长，特别是在针对陡崖、高边坡测量时危险性高。在我国一批建成于 20 世纪 50 至 80 年代的水利工程中，有很大一部分的工程图纸由于各种原因已经散失，需要对其重新测绘，以规范工程管理，并为后期的安全鉴定和除险加固提供详细的工程资料。针对上述问题，也可通过常规全站仪测量、数字投影测量等方法解决，这些技术方法的应用需要配合大量的外业测量工作和数据整理、影像畸变校正等复杂的内业工作。而三维激光扫描技术为解决上述问题提供了实用、快速、准确的技术解决方案。

广东省水利水电科学研究院的技术人员利用瑞士徕卡 ScanStation C10 三维激光扫描系统进行了多次应用。针对水库水位库容曲线和三维尺寸测量的应用，选择位于高州市东北部山区大坡镇格苍村境内的某水库，2013 年 8 月 14 日受台风“尤特”带来的强降雨影响，挡水拱坝左坝肩穿孔破坏，利用三维激光扫描技术，共设置了 10 个测站，获取到测区的原始点云数据。经过后处理，完成测量了该水库的水位库容曲线，挡水坝高以及详细溃口尺寸，另外，还对清远抽水蓄能电站计算库容方面进行了研究。

经过点云过滤与点云拼接处理后的数据，实为库区地形的高程点，通过构建 TIN 来建立库区的三维地表模型，并对模型进行必要的边界裁剪，得到库区三维地表模型如图 9-21 所示。利用 TIN 进行库容计算，按照水库不同水位(水位间隔为 0.1m)计算库容，整理成库容曲线。

计算库容时，结果与传统地形测量的计算结果相对比，误差均在 0.3%以内，证明了三维激光扫描技术在计算库容应用中具有可靠的精度。

广州中海达卫星导航技术股份有限公司乌鲁木齐分公司利用武汉海达数云技术有限公司生产的 HS1200 三维激光扫描仪，选择乌鲁木齐某水库为研究对象，外业共采集 6 站数据，用时约 1h 完成了整个采集过程。HD-SCENE 点云数据预处理，按照水库堤岸下沿为范围确定水域面积，在 CASS 软件中建立 DTM 模型并生成地形图。

3. 水利工程三维虚拟场景制作

通过海量数据库的建设，可以实现大批量海图的三维化，实现二、三维数据一体化存储管理、一体化发布、一体化查询显示、一体化分析。同时，也为政府各职能部门提供了科学高效的管理方法，为决策层提供决策所需要的基础数据，让管理更加直观、有效，从而提高了人力、物力的利用效率。

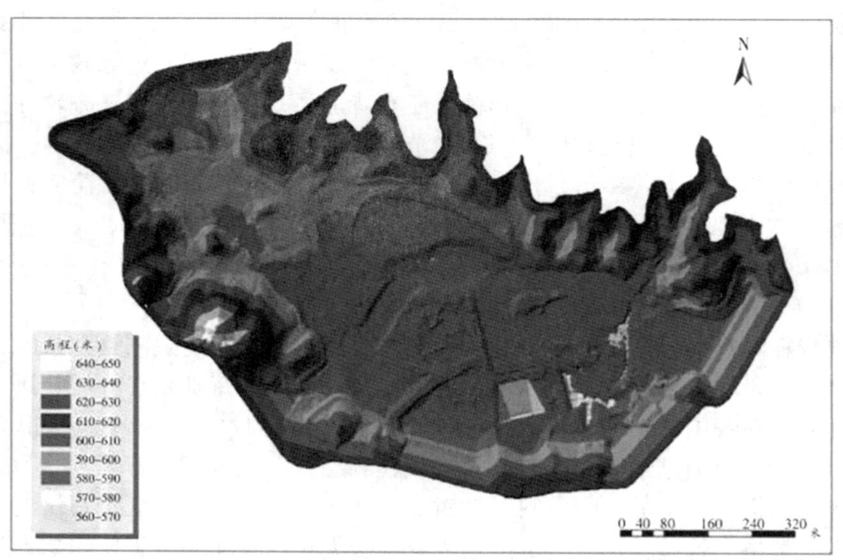

图 9-21　库区三维地表模型

广州海事测绘中心的技术人员利用国产软件 SuperMap GIS 的桌面软件 SuperMap Deskpro. Net 6R 作为平台，三维扫描设备使用的是 RIEGL VZ-1000 扫描仪，对扫描数据的处理使用 RIEGL 三维激光扫描仪配套软件 RiSCAN PRO。选择广东省清远市北江飞来峡河段为研究对象，河段长约 5km，两岸地势陡峭，山峰林立，水深在 0~20m 之间，房屋、道路、码头、航标等地物众多。三维虚拟场景图的制作效果如图 9-22 所示。

4. 河道测量

河道测量是进行河流开发整治和河道水文模拟的基础，传统的河道测量工作量大、效率较低，采样密度有限，其数据获取方式和处理模式已经不能完全满足河流信息化的需求。近年来，随着激光雷达的发展，三维激光扫描仪和移动测量系统也被应用到河道测量中，它能对物体进行三维扫描，从而快速获取目标的高密度三维坐标，同时三维激光扫描技术也是一种实时性、主动性、非接触、面测量的数据获取手段。

图 9-22 三维虚拟场景图

三维激光扫描系统进行陆地测量将是今后山区河道地形观测的方向之一，不仅可减轻外业测量强度，同时也可避免山区陡峭区域跑点带来的安全生产隐患。近年来，水文局还开展了大量的三维激光扫描系统测量试验研究工作，成功推进了船载三维激光扫描系统在地形测量中的实际应用，并取得了较好的成果。

另外，三维激光扫描技术还可应用于水利工程的变形监测，例如大坝、土石坝、面板堆石坝挤压边墙等，还可应用于水利工程的安装测量。

9.4.2 技术应用实践案例

河南理工大学与黄河勘测规划设计有限公司联合使用 RIEGL VZ-1000 扫描仪选择焦作新河迎宾路至世纪路段为试验区，河段长度为 0.85km。主要技术流程如下：

(1)数据获取及预处理

点云密度设置为 100m 处采样间隔为 10cm。根据试验区地形特征分别在河道两侧设站，相邻两测站之间至少有 3 个或 3 个以上标靶信息，共获取 5 站三维激光扫描数据，并对标靶信息进行精扫。利用 RISCAN PRO 软件对多站数据进行拼接处理，进一步通过滤波分类去除噪声。

(2)DEM 插值分析

针对河道扫描试验，选取 IDW、Kriging、RBF、SPD、TIN 这 5 种插值算法对试验数据进行插值对比分析，DEM 插值网格大小设置为 0.1m。选取误差小、生成 DEM 格网效果较优、计算效率较高的 IDW 算法。

(3)河道断面信息提取

采用基于 DEM 自动生成河道断面，可以快速有效地解决传统河床断面测量效率低的问题。依据河流中心线，从河道研究区起始点位置每隔 2m 的距离生成等距离垂直于河道主流线的断面，提取结果如图 9-23 所示。

导出的断面数据中包含每条断面线中特征点的坐标信息以及中心线的信息。选取其中一条断面线中所含有的特征点的信息进行分析，图 9-24 很直观地反映了水平方向上高程值的变化，从中也可以看出河道地表的阶地特征。

断面数据精度较高，能够满足在河道测量中水上地形测量的需求，获取数据可应用于河流动力学模拟，计算河床过水能力、流速分布和流量等，同时获取的植被等河道地物信息也可用于水文模拟参数的获取。试验表明：三维激光扫描技术在河道数据获取效率、精度、完整性等方面相较于传统测量方法具有一定的优势，该技术在河道测量应用中有着广泛的前景(于海洋等，2015)。

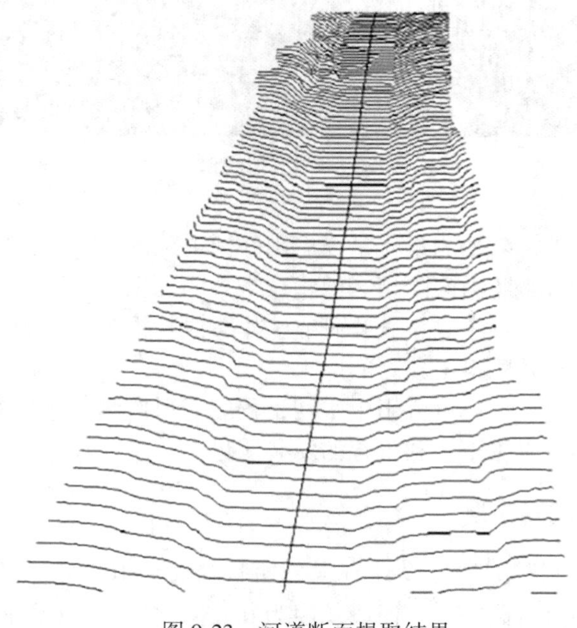

图 9-23　河道断面提取结果

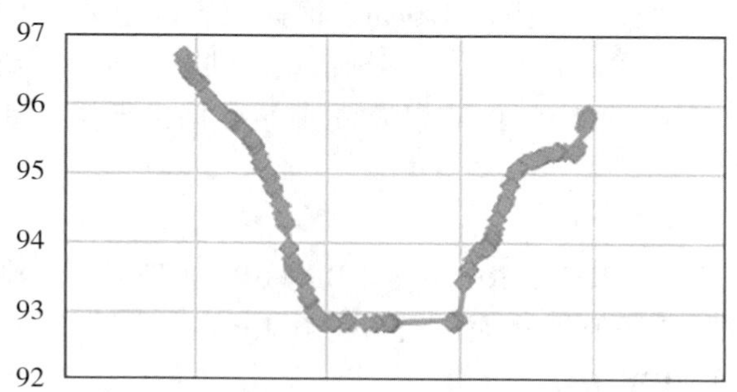

图 9-24　河道断面在水平方向上的高程值变化

思 考 题

1. 在地质研究领域中三维激光扫描技术主要有哪些应用方向?

2. 近 3 年,我国在利用地面三维激光扫描仪进行滑坡监测方面取得了哪些应用研究成果?

3. 三维模型在矿业中的应用主要有哪些内容?

4. 简述基于点云数据提取树高和胸径的一般过程。

5. 三维模型在水利工程中有哪些方面的应用?

6. 地面三维激光扫描仪还有哪些应用领域?前景如何?

第10章　移动激光测量技术与应用

近年来，车载移动测量系统在国内外均有较大的发展，很多测绘科研和生产部门对这种测绘技术进行了广泛的研究和试验，并取得了一定的研究成果。本章简要介绍了车载移动测量技术出现的背景、技术原理、数据获取与处理、工程应用及展望以及最新SLAM技术与应用。

10.1　车载LiDAR技术概述

10.1.1　技术出现的背景

空间信息获取的传统技术手段主要是实地测量、数字化纸质地图和摄影测量。随着现代城市数字化、信息化进程的加快及地理空间信息服务产业的快速发展，地理空间数据的要求越来越高。地理空间数据必须快速更新，才能具备实时性、完整性、准确性等实用特征。对地理空间数据的要求正朝着大信息量、高精度、可视化和可挖掘方向发展。为了满足日益增长的空间信息的需要，必须寻求新的高效廉价和更新速度快的空间数据获取技术和方式。近20年来，随着微电子技术、光电技术、自动控制技术、导航定位技术、遥感技术和计算机技术等学科的迅速发展，空间信息获取技术也得到了快速发展，这些技术相互交叉融合，形成许多全新的三维空间数据获取技术。

在这种情况下，各种采集目标地物三维信息的系统相继问世，移动测绘系统就是其中一种重要的三维数据采集和处理系统。移动测绘系统(Mobile Mapping System，MMS；也称为移动测量系统、移动测量车)是指在移动载体平台上集成多种传感器，通过多种传感器自动采集各种三维连续地理空间数据，并对这些数据进行处理、加工，以满足各种系统的需要。

而随着激光技术、激光测距技术的不断发展，产生了激光扫描测量技术，出现了激光扫描仪。与传统的点对点激光测距技术的距离测量不同，它通过调整激光扫描测量的方法，大面积高分辨率地快速获取被测对象表面的三维坐标数据，为快速建立物体的三维模型提供了一种全新的技术手段，把它和移动载体相结合就演变出车载三维激光移动测量与建模系统。

21世纪初，为了提高机载激光雷达(light detection and ranging，LiDAR)的测量精度和灵活性，根据机载LiDAR的测量原理，将测量平台换成汽车，研制了车载LiDAR系统。现在车载LiDAR还处于起步阶段，是测量领域中最具有发展潜力的技术之一，也是目前研究热点之一。

10.1.2 概念与特点

1. 概念

国家测绘地理信息行业标准《车载移动测量数据规范》(CH/T 6003—2016)和《车载移动测量技术规程》(CH/T 6004—2016)对车载移动测量系统给出了明确的定义，在行业标准发布之前，在公开发表的文献中有多种对于此项技术的定义，主要有车载三维激光移动测量与建模系统、车载三维(3D)激光扫描系统、车载激光扫描三维数字城市建模系统、车载激光扫描与全景成像城市测量系统、车载激光建模测量系统、车载激光雷达扫描系统、车载 LiDAR 系统、三维激光测量车、GPS/北斗双星制导高维实景采集系统、车载移动激光扫描测绘系统等。

对于车载移动测量系统，行业标准中给出的定义是：在车载平台上，集成控制系统、定位测姿系统及一种或多种其他测量传感器(激光扫描仪、数字相机、视频摄像机等)的综合测量系统。本书中使用“车载激光测量系统”(Vehicle-borne Laser Scanning Mapping System，后文简称 VLMS)的概念，意在介绍带有激光雷达系统的车载移动测量系统。

2. 特点

车载三维激光扫描技术不断发展并日益成熟，是测绘领域继 GPS 技术之后的一次技术革命。20 世纪 90 年代末，车载激光测量系统在国外研制成功。2008 年 7 月在北京召开的“第 21 届国际摄影测量与遥感大会”上，出现了 RIEGL、OPTECH 等公司的成熟车载激光测量产品。国内研制的产品也逐渐面世，并投入市场。

VLMS 作为测绘学科的领先产品，已经成为当前研究热点之一。广大科研工作者逐渐将此技术应用于工程实践，并做了相关的试验研究，也取得了一定的研究成果。在设备可到达的区域内，精度上可以满足工程的需要，具有一定的应用潜力。VLMS 在多个领域有着广泛的应用，主要有测量地形可视化、城市市政管理、道路状况、道路设施、电力设施、海事、军事、勘测等。从目前应用研究的形势来看，VLMS 基本涵盖了测绘的各个领域。

从目前应用研究成果情况来看，已经体现出 VLMS 的特点(或者优势)，总结研究经验，VLMS 与传统测量方法相比，特点归纳如下：

①数据采集自动化程度高，劳动强度低。系统基本实现数据采集自动化，外业采集的数据均由计算机控制，数据采集过程只需要 2 人左右的人工干预操作。系统大大减少了测量人员的工作量，降低了测量人员的劳动强度，同时也改善了工作环境。

②数据采集速度快。目前，现有的车载系统正常数据采集一般能达到 60km/h，并且一般系统都配置了两台扫描仪，保证系统能一次采集道路两旁的数据；而且采集数据时不影响道路的正常使用，无需封锁交通，数据采集非常方便。对于城市等大规模建筑物集中区，也可在很短时间内完成作业任务。只要是移动载体通过的地方，数据采集工作就可以完成。

③数据采集精度高。VLMS 采集的数据量大，数据密度高，完全能够反映城市道路两侧目标地物的立面特征。采集数据的精度可以控制在厘米级，测量精度远大于机载 LiDAR 和摄影测量采集数据的精度。相对精度和绝对精度都比较高，适合高精度模型的构建。

④数据采集全面。VLMS 不仅能够获取计划需要的数据，而且高密度的采样频率(一般在道路测量中点密度可以达到 300Pt/m^{2}以上)保证了获取数据的完整性和丰富性。如在道路维护测量中，不仅可以获取道路路面的点云，还可以获取路边设施数据、道路边坡数据等。

⑤主动性强，能全天候工作。由于 VLMS 的主要传感器为激光扫描仪，它是通过发射激光脉冲来测定目标地物上的某点到脉冲发射器的相对距离，从而不需要考虑光线的影响，而整个系统是以测量车作为平台，从而不用考虑外界各种天气等的变化。工作时抗干扰能力强，数据采集的工作效率得到有效提高。

⑥全数字特征，信息传输、加工、表达容易。由于各种原始数据以及处理得到的结果数据都是采用数字表示的，它的各方面处理都很容易。在配套软件的支持下，从采集完成至输出点云格式数据时间较短。

⑦应用范围广。VLMS 克服了机载 LiDAR 获取数据点云精度低、点云密度小和地面激光扫描仪扫描范围小、数据拼接麻烦的缺点，目前在公路维护测量、道路改扩建测量、海岸线测量、电力线测量、铁路测量、数字城管测量、数字城市构建等方面都有应用。

VLMS 在大规模城市场景的三维重建、建设与应用支撑中具有越来越明显的优势，能有效提升城市信息化建设及管理的水平。但是，VLMS 获取的数据具有海量特性，且带有噪声并存在遮挡，这给点云数据的存储、传输、管理、处理等也带来了巨大的挑战。

10.1.3　国内外技术发展概述

1. 国外技术发展概述

国外在这一领域的研究发展得比较快，特别是机载空间信息采集系统正逐步走向成熟，目前已有商业化的机载激光雷达扫描系统。国外一些高校和研究机构也开展了车载激光雷达扫描系统的研制，也有相应的车载系统推向市场，但相对来说要落后于机载系统。

移动道路测量系统源于美国、加拿大等发达国家。车载 LiDAR 采集系统源于 1997 年，加拿大的 El-Hakim 等人将激光传感器和图像采集设备集成到了一个小车上，形成了车载 LiDAR 采集系统的早期雏形。

第一个现代意义上的移动测图系统产生于 20 世纪 90 年代，美国俄亥俄州立大学制图中心开发了自动和快速采集直接数字影像的陆地测量系统 GPSVan，它是一个可以自动和快速采集直接数字影像的陆地测量系统，当时还没有将激光扫描设备集成在系统上。之后，加拿大卡尔加里大学和 GEOFIT 公司为高速公路测量而设计开发了 VISAT 系统；德国慕尼黑国防大学研制了基于车辆的动态测量系统 KISS，它主要应用于交通道路及其相关设施的测量；1999 年，日本东京大学空间信息科学中心 Zhao 和 Shibasaki 等人开发的车载激光扫描测量系统，能够快速有效地获取街区和城市等大面积的点云信息，主要应用于城市场景模型的快速重建。其他还有西班牙凯特罗那制图协会(ICC)开发的 GEOMOBIL 系统、美国田纳西州立大学推出的车载 LiDAR 系统等。

很多基于相似概念的商业系统也在开发之中。2008 年 7 月在北京召开的“第 21 届国际摄影测量与遥感大会”上，出现了 Optech、RIEGL 等公司的成熟的车载激光测量产品。之后，国外的 VLMS 产品逐渐进入中国市场，目前有加拿大 Optech 公司的三维激光测量车 Lynx Mobile Mapper(山猫移动测图系统)，奥地利 RIEGL 公司的 VMX 系列移动激光扫描系统与 MLS_VMY-250-MARINE 船载系统，瑞士徕卡公司的移动激光扫描系统 Leica Pegasus：Two，美国天宝公司的 Trimble MX 系列空间移动测绘系统，日本拓普康公司的 IP-S 系列移动测量系统，澳大利亚 Maptek 公司的 Maptek I-Site 系列车载扫描系统，英国 MDL 公司的 Dynascan 车载与船载式三维激光扫描系统。

其他类似的商业系统还包括 Lambda 公司的 GPSVision、NAVSYS 公司的 GI-Eye、Transmap 公司的 ON-SIGHT、Applanix 公司的 LANDMark、3D Laser Mapping 和 IGI 公司合资开发的 StreetMapper 360、诺基亚所属公司 NAVTEQ 的激光采集车、德国 SITECO 公司所生产的 Road Scanner 以及 Google 使用的街景采集车等，基本上这些系统的硬件集成方式都比较类似。

由于车载激光扫描系统尚处于初级发展阶段，国外商业系统和数据处理软件一般是捆绑销售。车载系统的数据格式都是自定义未公开的，使得相应的数据处理软件不具有通用性。而国外商用数据处理软件价格昂贵，技术环节保密，公开的参考文献也相对较少，严重制约了车载 LiDAR 系统的应用和发展。

2. 国内技术发展概述

我国紧密跟踪国际上 LiDAR 系统的发展，并结合国内不断增长的应用需求，于 20 世纪 90 年代中后期着手发展自己的车载 LiDAR 系统。一些高校、研究机构、企业启动研究计划，经过 10 多年的努力，已经取得了一定的研究成果，一些商业系统已经投入市场销售使用。

武汉大学测绘遥感信息工程国家重点实验室的李德仁院士在国家自然科学基金重点项目“3S 集成的理论与关键技术”的资助下，2005 年成功研制具有自主知识产权的高新科技产品 LD2000 系列移动道路测量系统。由于它具备精确、快速、信息丰富、使用方便等诸多优点，如今车载 MMS 已被公认为是最佳的导航电子地图测制、地图修测及道路实景三维 GIS 数据采集工具。基于 MMS 采集的可量测影像数据已被广泛应用于政府和企业信息化以及公众位置服务领域。之后，实验室相继研制了激光全系列产品，主要有全景激光移动测量系统、便携式立体测量系统、简易 MMS 设备、铁路 MMS 测量系统、P-MMS 测量系统、360 视频采集车。

武汉大学李清泉教授研制开发了主要用于堆积测量的地面激光扫描测量系统(2005 年)。山东科技大学基于国家信息领域 863 项目“近景目标三维测量技术”(2003AAA133040)，与武汉大学、同济大学、中国测绘科学研究院联合研制了车载式近景目标三维数据采集系统(Vehicle borne 3D surveying system，简称 3Dsurs 系统)。我国起步比较早的车载激光 LiDAR 是由首都师范大学三维信息获取与应用重点实验室、中国测绘科学研究院(刘先林院士)、青岛市光电工程技术研究院等依托 863 课题“车载多传感器集成关键技术研究”而联合研制的 SSW 车载激光建模测量系统。该系统的关键传感器实现了国产化，打破了国外对高精度移动测量的垄断，而且完全用于自主知识产权，是我国自主研发的第一套基于 LiDAR 技术的移动测量系统，2011 年通过国家测绘局技术鉴定，2012 年获得国家测绘科技进步一等奖，由北京四维远见信息技术有限公司负责销售。2012 年 9 月，由武汉大学和宁波市测绘设计研究院联合研发定制的车载三维激光采集系统(地理信息采集车)正式投入使用，“车载激光扫描与全景成像城市测量系统”获 2013 年中国测绘学会测绘科技进步一等奖。

由华东师范大学地理信息科学教育部重点实验室牵头，2008 年完成了“双星制导车载高维实景数据移动采集平台”(RSDAS)的建设。南京师范大学虚拟地理环境教育部重点实验室与武汉恒利科技有限公司合作研制开发了车载三维数据采集系统 3DRMS。广州中海达卫星导航技术股份有限公司研制了 iScan 一体化移动三维测量系统。北京数字政通科技股份有限公司自主研发了激光全景移动测量系统(数字政通-III 型)。北京北科天绘科技有限公司研制了 R-Angle 系列车载激光雷达。北京农业智能装备工程技术研究中心(2009 年)构建了一种面向土地精细平整的全地形车(All Terrain Vehicle，ATV)农田三维地形快速采集系统。

另外，相关研究还有：中科院深圳先进研究院在国家 863 计划的支持下也做了一系列相关的研究，研制生产了车载三维激光扫描系统。天津大学叶声华教授所在的精密测试技术及仪器国家重点实验室也对激光雷达做了深入研究并取得了显著成果。西北工业大学设计完成了一套用于城市三维空间信息采集建模的车载移动激光扫描测绘系统原理样机。南京大学、北京建筑大学测绘与城市空间信息学院、吉林省公路勘测设计院等科研单位也相继研发了车载激光三维数据或全景影像采集系统等。

国内学者针对系统组成部分的检校、数据预处理与简化、数据建模及可视化处理、系统应用领域拓展等方面开展了研究，并取得了一定的研究成果。

可以预见，国内外会有越来越多的地图服务、导航产品、数字城市等业务供应商加入到车载 LiDAR 技术行业领域中。

10.2　车载 LiDAR 系统的构成与工作原理

10.2.1　系统构成及原理

车载激光测量系统的构成，由于不同时期和设备品牌的差异，不同学者的描述不太一致，但是总体上分为硬件与软件两个组成部分。

(1)硬件组成部分

目前，主流的 VLMS 系统主要由定位传感器 POS、数据采集传感器和控制系统组成，其中定位传感器由差分 GNSS(DGNSS)系统(包括 GNSS 基站和动态 GNSS 接收机)、惯性导航装置(IMU)和里程计 DMI 组成，数据采集传感器由激光扫描仪、CCD 相机组成。控制系统由控制装置、测速仪、移动测量平台等组成，如图 10-1 所示。

各部分的主要功能如下：

①DGNSS 系统：后处理差分出每时刻动态 GNSS 接收机相位中心的坐标，为数码相机拍照提供时间信息。

②惯性导航装置(IMU)：实时获取 IMU 的空间姿态参数。

③里程计(DMI)：获取前进方向的载体位移量。

④激光扫描仪：用于测量地面点在扫描仪内置坐标系中的坐标，一般采用二维激光扫

图 10-1　车载激光测量系统的硬件构成

描仪，可安置多台扫描仪。

⑤CCD 相机：用于获取对应的彩色影像，为数据处理提供影像数据，可以用来给点云着色或者制作视频，也可以根据相片的内外方位元素和相对关系来解算物点坐标；数码相机可以是面阵 CCD 也可以是线阵 CCD。

⑥控制装置：主要包括控制设备、存储设备和显示设备。控制设备主要用来对各传感器进行启动、数据采集、参数设置和关闭等操作。存储设备用来记录相机、激光扫描仪、DGNSS、IMU 采集到的数据。显示设备显示系统各部件的工作情况。

⑦测速仪：实时测得系统速度。

⑧移动测量平台：搭载设备和人员，所有的数据获取设备都安置在车辆顶部的装备架上。

(2)软件组成部分

软件是车载激光测量系统的重要组成部分，也是系统应用的基础。一般分为数据采集处理软件和应用软件，数据采集处理软件一般与硬件捆绑销售，目前国外各车载系统的数据格式都是自定义未公开的，使得相应的数据处理软件不具有通用性。应用软件相对成熟，多以国外的软件产品为主，可独立销售。

车载 LiDAR 数据后处理技术的研究则较为滞后，尤其是车载 LiDAR 数据的滤波、分类及建筑物立面特征提取等工作仍然是依靠人工或人机交互进行的，作业效率较低。国外商用数据处理软件价格昂贵，技术环节保密，公开的参考文献也相对较少，严重制约了车载 LiDAR 系统的应用和发展。目前，国际上较为成熟的 LiDAR 数据处理商业软件如 TerraSolid 等在处理大数据量的车载激光数据时也存在相当大的困难和局限性。

北京四维远见信息技术有限公司销售的 SSW 车载激光建模测量系统软件包括数据预处理系列软件和应用软件，其中数据预处理软件配置包括组合导航软件 IE(含 GPS 差分及单点定位)；绝对坐标点云生成软件(激光与 POS 融合)；图像的畸变差改正、定位定姿、为点云赋 RGB 软件；数据应用软件主要是指 SWDY 点云工作站，其主要功能包括点云浏览显示、点云自动分类、提取，矢量化，构件化，数据转换等，其提取技术世界领先，摆脱了第三方软件，完全从底层开发，可提供定制化服务。

10.2.2　车载激光测量系统简介

1. 国外商业系统简介

(1)RIEGL 公司的移动激光扫描系统

奥地利 RIEGL 公司于 1998 年向市场成功推出了首台三维激光扫描仪，目前 RIEGL 公司的移动测量系统已经形成多产品系列，2010 年推出了 RIEGL VMX-250，2012 年推出了 RIEGL VMX-450 与 VMY-250-MARINE 船载三维激光扫描系统，2015 年 5 月推出了 VMQ-450，以下对 VMQ-450 作简要介绍：

VMQ-450，如图 10-2 所示，具有极高的扫描点密度和优秀的线扫描速度，比以往产品更轻便，更高效。VMQ-450 是一款高度集成的，具有超高性价比的单激光扫描仪测图系统，广泛适用于各种移动测图项目。系统集成了 RIEGL VQ-450 激光扫描仪和 IMU/GNSS 单元，以及配套操控系统。用户可选配最多 4 个数码相机，获取同步影像数据。

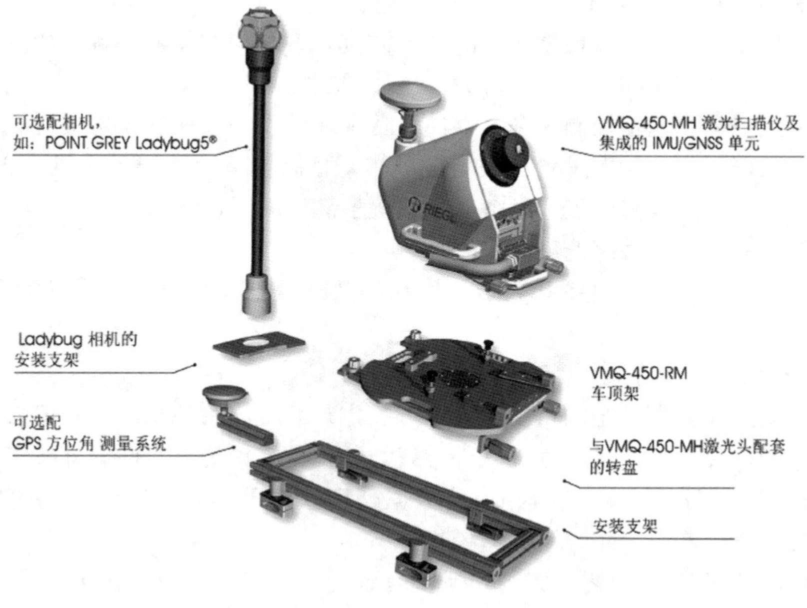

图 10-2　VMQ-450 硬件配置

系统的主要特性包括单程扫描便可获取 360 度垂直视场角的数据；能识别多重目标；相机接口可以搭载 4 台相机；支持多角度安装；工作流程无缝对接。

RIEGL VMX-450 特别适用于铁道测图任务。移动激光测图系统的安装支架便于使用吊车安装，通过配备的各种接口实现快捷安装，可形成 RIEGL VMX-450-RAIL 移动激光测量系统，如图 10-3 所示。与三维铁道数据处理软件无缝对接，对铁道走廊进行监控，实现专业的限界分析、碰撞探测等。对采集整个铁道走廊的三维数据，包括轨道上方的线缆、轨头和整个铁道运行环境都能完整获取。

通过软件接口与德国三维铁道数据处理软件 TECHNET-RAIL SiRailScan 对接，实现数据快速处理，自动提取铁道几何信息。软件 SiRailManager 提供了各种工具实现铁道数据的浏览与管理，可应用于铁道三维存档与数据管理。

图 10-3　VMX-450-RAIL 移动激光测量系统

(2) Optech 公司的山猫移动测量系统

总部位于加拿大多伦多市的 Optech 公司推出了机载激光 ALTM 和 SHOALS、地面激光 ILRIS-3D、CMS 和大气探测设备。

在 2007 年底推出的山猫移动测量系统 Lynx Mobile Mapper 于 2008 年 7 月在北京召开的"第 21 届国际摄影测量与遥感大会"展出。之后推出的 V200 型号提供了更快的激光测量速度，更高的解析力，更强的测距能力以及用户测量所涉及的可选配置方案。配套软件有 Lynx-Survey 与 Lynx-Process，是一套业内领先的软件解决方案，提供了完整的路线规划、项目执行、惯性导航数据处理、激光数据后处理与信息提取功能。

2013 年，Optech 公司推出了 Lynx SG1 移动激光雷达系统，是用于勘测和工程项目的最佳解决方案，它具有最高的准确度、精度和总体效益等优点。凭借每秒 120 万次的测距速度、360°无阻视场、500 线/秒业界领先的扫描速度和有保证的勘测级精度，Lynx SG1 提高了整个移动勘测界的行业标准。其同时集成多个数字相机，包括 Point Grey Ladybug。Lynx SG1 捆绑了 Optech LMS Pro 综合软件作业流程。同期，还推出 Lynx MG1 移动激光雷达系统，如图 10-4 所示，主要应用于移动测图方面。

图 10-4　Lynx MG1 移动激光雷达系统

(3)天宝公司的车载移动测绘系统

目前，天宝公司的产品由北京麦格天宝科技发展集团有限公司(简称麦格集团)销售，移动测绘系统主要有机载移动测绘系统 Harrier、Trimble 车载移动测绘系统 MX、Trimble 定位定姿系统 POS 等。

2011 年 9 月 27 日，Trimble 在德国纽伦堡举办的“第 17 届国际大地测量学和地球信息技术 INTERGEO 展览会”上发布了内业数据处理软件 Trident Analyst 4. 7 版本。产品覆盖了整个项目流程环节，包括从数据获取、数据处理到最终的信息提取，Trimble 的产品使项目的完成可不依赖任何第三方软件。这套软件与 Trimble MX1，MX3 和 MX8 移动测量系统配套提供。2013年12月16日天宝公司公布了Trident Software 6. 0的新功能。Trimble Trident 软件主要功能特点是：为移动测图采集的海量激光点云和影像数据集的可视化、漫游与处理而设计；专门用于进行信息的人工和自动提取；提供 eCognition 分析服务器，进行基于目标的特征提取。软件特色主要有自定义 GIS 数据库构建和维护、高自动化路标数据库构建和维护、高密度点云的智能信息提取、三维视图点云分类、与 GIS/CAD 的无缝集成。

2012 年 8 月 15 日至 17 日，Trimble MX8 车载移动激光扫描系统全国展览开始。系统集成了高精度激光雷达扫描与可定制化的数字成像系统，能够快速高效地采集高精度、高质量、完整的三维空间数据，如图 10-5 和图 10-6 所示。系统专为测量工程、地理空间制图和数字城市等项目而定制，用于道路、铁路、桥梁、市政公用设施以及其他基础设施的资产清查与管理、智能交通基础 GIS 数据建库、竣工建模、监测与滑坡分析等。Trimble MX8 车载移动测绘系统配备有两个高性能 360 度的激光雷达扫描仪，可采集道路沿线的精确三维空间地理点云信息，坚固的集成外罩内有多台高分辨率数码相机，用以获取高分辨率地理定位影像，无缝集成了高性能 POS LV 系统，获得可靠、精准的定位、定姿信息。

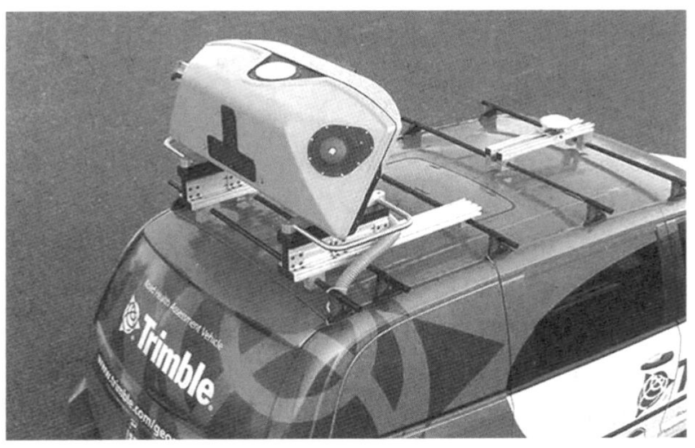

图 10-5　MX8 移动测绘系统外观

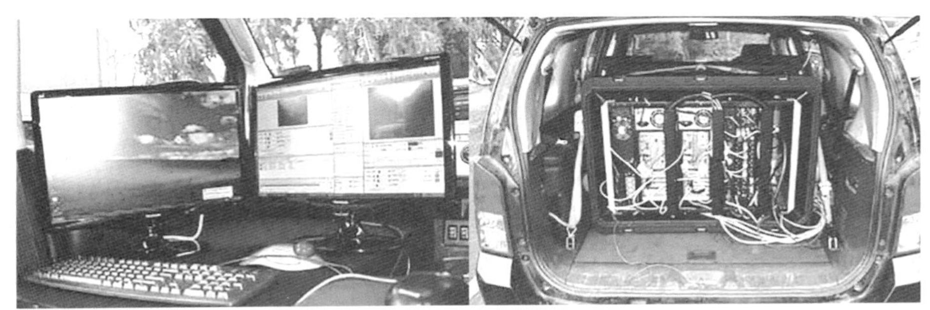

图 10-6　MX8 移动测绘系统内部

(4)徕卡公司的移动激光扫描系统

2015 年，徕卡公司推出了 Leica Pegasus：Two 移动激光扫描系统(图 10-7)，成为了真正意义上的移动测量引领者。它完美地将激光扫描仪和高清晰可量测相机融合在一起，并通过强大的后处理软件平台进行数据融合、数据信息提取、线化特征提取等一系列地理信息采集。系统可独立于运载工具，具有一套完整的硬件和软件的解决方案，同时具有各种可扩展的应用。

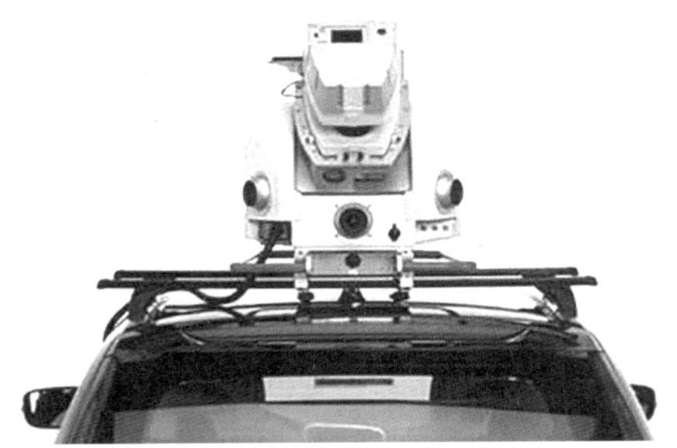

图 10-7　Leica Pegasus：Two 移动激光扫描系统

系统亮点主要体现在独立于车辆、全球顶级的相机和 GNSS 接收机、可选的激光扫描仪、快捷的实时监测相机和激光扫描仪的工作状态、最专业的软件平台、行业最优的测量精度。主要应用于包括道路勘察、三维城市、海岸线巡检、应急救援、铁路行业等。此外，系统还有以下特点：通过将半自动数据提取集成到标准 GIS 界面中，可以轻松捕获用于预算规划和维护进度安排的资产，测量用于生成预算报表的道路质量并维持户外广告的合规性。通过适当的控制点，可以在车辆行驶过程中为道路施工进行设计和测量。坐标转换到本地基准面是其标准功能，即使是大数据集也可轻松完成。能够对铁路进行快速精确的地理坐标参考制图，免打扰而且安全，等等。

(5)国外其他品牌移动测量系统

自 2009 年到今，日本 TOPCON 公司陆续推出 5 款移动测量系统。2009 年推出了 IP-S2 高速移动测量系统，2010 年推出了 IP-S2 Lite 移动 GIS 测图系统，2012 年推出了 IP-S2 Compact+ 3D 移动测绘系统，2013 年推出了 IP-S2 HD 高清移动制图系统。TOPCON 于 2015 年 3 月 30 日—4 月 2 日在美国休斯敦召开的 SPAR 会议上发布了最新 3D 移动测量系统 IP-S3。TOPCON 的移动测量系统逐渐向小型化方向发展。

另外，还有英国 MDL 公司 Dynascan 系列产品，主要有三个型号，分别是 M150/M500、S250、HD100。M150/M500 主要应用领域是采矿、河道及海岸线测量，DTM 建模，基础设施建设等。S250 的主要应用领域是城市特征目标提取、地形扫描、管线扫描、铁轨及轨道周边地貌扫描、高速公路扫描。HD100 主要应用领域是数字城市、文物保护、隧道扫描、建筑物建模及其他高清扫描。

2. 国内商业系统简介

(1)SSW 车载激光建模测量系统

SSW 车载激光建模测量系统是由中国测绘科学研究院、北京四维远见信息技术有限公司、首师大三维信息获取与应用教育部重点实验室，经过 6 年的时间开发、研制而成的，该系统获得了多项专利，于 2011 年 11 月通过了国家测绘地理信息局组织的鉴定。目前已实现批量生产并推广应用，是国内外水平较高的面向建模的测量型移动测量系统(SSW-Ⅳ)。

SSW 系统以各种工具车为载体，集成国产 360 度激光扫描仪、IMU 和 GPS、CCD 相机以及转台、里程计(DMI)等多种传感器。系统由控制单元、数据采集单元和数据处理软件构成，系统硬件整体构成如图 10-8 所示。

图 10-8　SSW-Ⅳ车载激光建模测量系统硬件整体

SSW 系统具备多平台搭载、作业方式多样、街景与测量兼顾以及安全灵活等特点；多平台包括商务车、越野车、皮卡车、船、三轮车等。作业方式可以推扫也可以转扫，可以室内也可以室外测量；自制全景相机扫描街景(分辨率近亿万像素)，高精度传感器可完成高精度测量(精度可达 2cm)。系统以城市全息三维精细建模为主要目的设计，同时兼顾街景采集；采集系统作业时自动升出车外，作业完毕收回车内，操作简单，便于存放运输。

另外，系统硬件还具有以下优势：关键器件全国产，便于维修；系统高度集成，可根据用户的需要订制硬件；无基站作业。

系统配套有自主知识产权的交互软件，可以完成全过程的数据处理，无需购买第三方软件。点云工作站 SWDY 具有极其强大的交互功能，是系统应用的关键，也是系统最显著特点之一以及开发人员不可或缺的助手，主要特点如下：①采用 JX-4G 全数字摄影测量工作站完全相同的硬件；②基于金字塔四叉树点云数据结构和 LOD 支持下的海量点云的导入和快速漫游：单眼、双眼立体，鼠标测图和手轮测图，背景移动与测标移动可选；③丰富的 2D/3D GIS 数据导入和导出；④有强大的人机交互工具对点云、第三方数据、系统提取的一级/二级模型进行浏览、检查、编辑、应用。

数据格式已形成企业标准。通过建立起分类码表，构建每一类实体的结构线数据格式和对实体进行管理的实体属性表的数据结构的标准，从而实现将 SSW 系统的成果交给后端专业 3D GIS 的生产商进行发布和应用。

(2) LD-2011 型全景激光移动测量系统

立得空间信息技术股份有限公司(以下简称：立得空间)在研制生产第一代(2007 年)车载 CCD 实景三维采集车系统(LD2000-RM，基本型移动道路测量系统)的基础上，2010 年研发了全景激光移动测量系统(LD-2011，见图 10-9)，系统将定位定姿系统 PPOI(含 GPS 和高精度惯导)、立体相机、全景相机、高端激光扫描仪等多种传感器集成在车载平台上，并沿道路采集实景影像、全景影像及激光点云数据，在内业环境中对采集得到的地理信息数据进行进一步加工，生成专题成果图，使其可以进行快速城市建模。

图 10-9　LD-2011 型全景激光移动测量系统外观

SSW 系统有配套的软件，主要包括外业软件和内业软件两个部分。外业软件安装在数据采集车上，具体包括全景影像采集软件、多源数据采集软件、视频数据采集软件、激光数据采集软件、空间数据采集软件、精度测试软件。内业软件用于数据处理和发布，按照数据生产处理过程，包括组合定位定姿处理软件、直接地理参考处理软件、多源数据测图处理软件和成果数据展示接口 API 等几个部分。系统最终提供的成果主要包括可测量实景影像、激光点云等，可以使用配备的数据处理软件 COMAPPER 进行测图与建库，输出各个行业的专题数据。

立得空间公司还研制了在各种交通工具上使用的设备，主要有便携式立体测量系统、简易 MMS 设备(图 10-10)、铁路 MMS 测量系统(图 10-11)、P-MMS 测量系统、360 视频采集车。系统可应用于 LBS 项目、城市三维建模项目、中低精度的普查类项目，可以在城市管理，公共安全，数字城市、应急、智能交通、智慧旅游等方面发挥重要作用。

2015 年 6 月，在北京国家会议中心举办的全球地理信息开发者大会(WGDC)上，公司展出了新一代移动测量系统——My Flash“闪电侠”系列 MMS，“闪电侠”系统可安装在汽车、火车、飞机、轮船等任何移动载体上，能够广泛应用于海陆空三栖条件下的各类测量场景。

图 10-10　简易 MMS 设备

图 10-11　铁路 MMS 测量系统

(3)iScan 一体化移动三维测量系统系列产品

2012 年 4 月，武汉海达数云技术有限公司正式成立，是广州中海达卫星导航技术股份有限公司(以下简称“中海达”)控股子公司。移动测量系统产品涉及机载、车载、水上、便捷式等，对地面移动类型的产品做简要介绍如下：

2013 年，公司推出 iScan 产品，该系统(图 10-12)将三维激光扫描设备(SCANNER)、卫星定位模块(GNSS)、惯性测量装置(IMU)、里程计(DMI)、360°全景相机、总成控制模块和高性能板卡计算机高度集成封装在刚性平台之中，这样便于系统安装于汽车、船舶或其他移动载体上。在载体移动过程中，系统可快速获取高精度定位定姿数据、高密度三维点云和高清连续全景影像数据。系统性能优势主要体现在一体化、免标定、高精度、高可靠、高智能、易运输、易安装。主要技术参数包括测程为 500m、扫描仪频率为 36~

108kHz、扫描角分辨率为0.01°、全景分辨率为大于5000万像素、测量精度为±10cm，它还可以根据客户的具体需求选用其他合适的传感器。

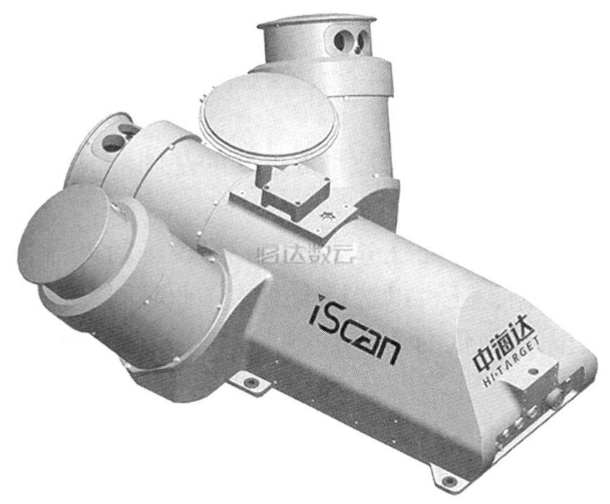

图10-12 iScan一体化移动三维测量系统

iScan系统有自主研发的配套软件，包括一体化三维移动测量系统操控软件、点云融合处理软件、三维点云建模软件、全景激光GIS建库软件、全景激光街景处理软件、街景应用服务平台。可为用户提供集快速数据采集、高效数据处理、高效海量点云管理、三维全景影像应用于一体的完整解决方案。iScan系统可轻松完成矢量地图数据建库、三维地理数据制作和街景数据生产，广泛应用于三维数字城市、街景地图服务、城管部件普查、交通基础设施测量、矿山三维测量、航道堤岸测量、海岛礁岸线三维测量等领域。

2015年，公司又推出了iScan-STM升级型一体化移动三维测量系统，是在地面激光扫描仪(RIEGL VZ1000等)的基础上，增加iScan集成模块升级改造，能以汽车、船舶等移动载体为平台，快速获取高密度三维点云。另外，还相继推出了iView激光高清全景系统、iScan-P便携式移动三维激光测量系统、iAqua水上水下一体化三维移动测量系统，以上四种设备的详细技术参数与资料见广州中海达卫星导航技术股份有限公司(http：//www.zhdgps.com/)与武汉海达数云技术有限公司(http：//www.hi-cloud.com.cn/index.html)网站。

(4)其他公司产品

国内VLMS系统还有北京北科天绘科技有限公司的R-Angle系统、北京数字绿土科技有限公司的Li-mobile系统、重庆市勘测院与重庆数字城市科技有限公司合作产品DCQ-MMS-X1、北京金景科技有限公司研发的Scanlook便携式激光雷达系统、青岛秀山移动测量有限公司推出的V-Surs Ⅰ型车载式三维空间移动测量系统，以及广州南方测绘仪器有限公司于2015年10月推出的移动测量系统——征图等，各测量系统都有自己的技术优势，详情请查看相应的公司网站。

10.3　车载LiDAR数据获取与处理

10.3.1　点云数据获取与特点

1. 点云数据获取

点云数据是后续应用的第一步，也是非常重要的基础环节。总体上可以分成以下三个环节，简要说明如下：

①外业技术方案设计。依据作业任务要求，经过现场勘查，设计出最佳的行车路线和行车速度。为了全面获取数据，还可以选择合适的作业时间。根据实际精度的要求，对车载扫描中存在的盲区或是需要强化的细节部分进行特殊方案设计。另外，做好全套设备的各项准备工作。

②测区现场作业。按照技术设计，将车开到要获取数据的地方，开启所有传感器设备(包括GPS、IMU、扫描仪、CCD相机等)，完成各项准备工作。开始作业后车辆尽量保持匀速行驶，各个传感器开始工作，计算机系统开始记录并存储激光原始数据、CCD相机数据、IMU数据、GPS数据，以及里程计数据。在作业完毕时，各传感器按照仪器操作规程进行关闭。获取的原始数据保存在计算机的硬盘上(内置或外置)。

③点云数据生成。数据采集完成后，对传感器数据进行融合处理，对GPS/IMU以及里程计进行组合计算得到车辆行驶的轨迹和姿态，将激光扫描仪测量的2维点与组合导航的车行位置和姿态进行融合，统一到WGS-84坐标系下的点云绝对坐标，将点云数据与同步的影像数据进行配准，并生成彩色点云。点云中的一个数据点包含一个测点的三维坐标和RGB颜色值。一般是由设备配套的数据处理软件完成，目前各品牌之间不通用。

2. 点云数据的特点

一般利用设备配套的解算软件进行解算，处理的结果是作业区的点云数据。了解激光点云数据的特点，对后续的点云特征提取与建模等研究有非常重要的意义。简要归纳如下：

①点云数据范围多是大型带状场景。车载移动激光扫描系统利用车辆在街道(公路等)上正常行进时采集数据，由于激光扫描仪的扫描范围和高度的限制，决定了数据范围是大型带状场景。同时，车载激光点云数据垂直于车行的方向以扫描线为单位。

②点云数据密度不均匀、空隙多。由于车速的影响以及扫面距离的变化，车载激光扫描数据的密度有着较大的变化。当车速较快时，则点云数据密度降低，而当其行进速度慢时，点云数据密度增加。而在相同的数据扫描频率下，离车较远的点云数据密度小而离车较近的数据密度高。点云在空间分布上是离散的，系统在数据采集过程中对可探测范围内数据进行无选择性采集。

③数据量大且不完整。相对机载LiDAR点云数据，车载LiDAR系统在采集数据时一般都是近距离扫描，且测量车速相对较慢，因此系统获取的点云数据量庞大，这也直接造成了数据处理的耗时。由于系统扫描角度的限制和建筑物前端遮挡物的存在，系统只能获取可见的建筑物立面及少量顶面信息。CCD相机在获取纹理景观图像时也会由于拍摄角

度及以上原因引起遮挡。

④数据噪声。车载 LiDAR 系统在行进过程中，由于加速、减速、改变行驶方向以及道路起伏等因素影响，系统获取的点云数据中不可避免会包含噪声。主要体现在孤立点、局外点以及局部区域扫描点的位置突变等。

⑤具有反射强度信息。目前绝大部分的车载 LiDAR 系统能提供反射脉冲的强度信息，它反映了从目标表面反射回的能量，是不同物体属性的反映。当激光系统、天气状况等具体情况不同时，激光点云反射的强度信息也会有很大差异。

⑥呈扫描线排列方式。目前，车载 LiDAR 系统的主要扫描方式为线扫描，获得的扫描点在目标上按扫描线排列，在真实环境中这些扫描点的对象各异，结构的差异导致了扫描点在不同物体上具有不同的分布，如建筑物点在扫描线上呈光滑分段连续的近似垂直线形分布，行树点则呈离散分布。

⑦具有盲目性。车载 LiDAR 点云数据是一种“盲目”的数据，每个激光脚点的采样都是随机的，点云数据为物体表面的空间坐标信息，没有关于物体所属的类别信息，这就导致了点云数据中建筑物等目标的自动识别和特征提取面临很大的困难。

10.3.2 点云数据处理与三维建模

数据预处理之后得到的点云数据也称为“距离图像”或者“深度图像”。由于采集系统是在不停地工作，因此点云数据中不可避免含有噪声，这些噪声占据了大量的数据存储空间并对后期数据处理产生负面影响，所以在建模之前必须采用必要的技术手段对点云数据进行处理。点云数据是对现实世界物体形状最自然的表示方法之一，但是它只能表示物体的几何信息，不能表示物体的拓扑和纹理等信息。要想将原始有限的三维点云转换为完整的三维几何形体，必须要经过三维重建。

基于点云数据的三维重建需要经过一系列的处理过程，国内外许多学者进行了相关研究，术语表达与处理过程上都存在一定的差异，但是总体上技术处理的过程与方法基本一致，综合多方观点，简单归纳总结如下：

1. *点云滤波*

滤波是以去除测量噪声为目的，而不包含去除地面点或地物点的概念。机载 LiDAR 的滤波方法已经很成熟，还形成了很多成熟的商用软件。但是，车载 LiDAR 的点云数据跟机载 LiDAR 的点云数据有很大的差别，无论是点云的密度还是精度，车载 LiDAR 的点云都要高于机载 LiDAR 的点云数据。故机载 LiDAR 的点云滤波方法不再适用于车载 LiDAR，车载 LiDAR 点云的滤波方法只具有借鉴意义。

常用的点云数据去噪方法有基于高程的点云去噪方法和基于扫描线去噪方法。根据车载激光点云局部分布特点，能够将不符合分布特性的点剔出。目前对点云数据的滤波基本上是由设备配套软件实现的。

2. *点云抽稀*

由于车载激光点云数据具有数据量大、数据密度大的特点。过多的数据会造成不必要的资源耗费，因此有必要依据项目研究需要进行抽稀。

车载激光点云的抽稀要满足以下两个条件：第一是点云的数量要有所保证，使得点云在统计上能够反映出所采集的数据所在区域的几何形态；第二是点云数据抽稀后的数量要得到一定的控制，否则过大的数据量会对数据之后的处理带来不便。

在进行点云抽稀的时候可以根据载体的行进速度来决定抽稀率，以此来控制点云数据的数量和稀疏程度。在实际生产中，对车载激光点云进行抽稀的常用方法包括：系统抽稀、基于格网的抽稀、基于 TIN 的抽稀。

3. 点云分割与特征提取

对于激光点云来说，矢量化的基础是点云的分割，即从点云中分割出各个几何体，并提取各个几何体的几何参数，这些参数包括平面方程、边界曲线等。

点云分割是对象建模的基础环节，是一项具有挑战性的工作，也是关键环节。Hoover 等提出了点云分割的含义：点云分割就是将在同一对象表面上采集到的数据点赋予相同标志的过程。Hoover 等在文献中将点云分割结果分为五大类：正确分割、过度分割、分割不足、分割缺失和噪声。过度分割是指将本属于同一表面的点云错误地划分为多个分割子集，这种情况会造成分割结果中错误的拓扑连接关系；分割不足是指应当进一步细分的多个子集被合并到同一个子集中，这种情况下虽然拓扑连接正常，但是构成的表面形态却与实际不符；分割缺失是指点云分割器无法找到正确的构型子集，无法反映对象的真实形态；而噪声则是点云分割器划分出来的非对象表面数据子集。点云分割的目标是尽量减少后四种错误分割的发生。当前主流的点云分割算法主要有基于边检测的算法、基于区域增长的算法、基于聚类的算法和其他混合算法。

特征提取主要是利用点云内在的几何、拓扑关系等信息对某一类相似的特征进行提取。主要用于目标的识别与自动提取，如电线杆提取、建筑物立面提取、道路标线提取等。

4. 点云分类和识别

车载激光点云的分类是矢量化的前提，对于街景激光点云来说，点云中包含的物体主要为建筑物，街道两侧的交通标识、电线杆、树木等，点云分类的任务是将代表这些物体的激光点云进行正确的归类。

点云数据的分类和识别是点云数据处理的重点和难点。近年来，在对象识别方面，国内外许多学者采用先验知识以加快地物识别的速度和提高地物识别的准确率。基于知识的分类识别方法是未来的重要研究方向。一些学者针对车载 LiDAR 点云数据的特点提出了相应的分类算法，主要有：高程阈值分类法、扫描线信息分类法、法向量估计法、投影点密度法、特征空间聚类方法。计算机自动分类和识别点云数据，是人脑的思维过程在计算机系统中的模拟反映，对于激光扫描点云数据的识别，会受到获取的场景数据内容和点云数据本身精度的制约。

目前点云分类的方法可以归纳成两种方式，微观方式和宏观方式。微观方式直接对激光点云的属性进行判明。宏观方式根据激光点云不同聚类所体现出的特性判明该点集的属性，从宏观的角度将不同的点云划分为不同的物体。可见，这两种方法有各自的优势和缺陷，但都不适用于复杂场景中点云的分类。

5. 三维建模

车载激光数据的三维建模可分为地面层重建、建筑物补洞、建筑物重建、其他地物重建和纹理映射五个部分。在实际应用中，应根据激光数据的特点及建模需求，选用相应的策略和方法。

在三维城市建模环境中，对象数据需要含有 X、Y、Z 三个坐标数据来表达真实的地物对象，将二维面空间拓展到三维的体空间，数据结构相应地发生了变化。李德仁和李清泉较早研究了三维模型的空间数据组织方式，并将数据结构分为基于表面的数据结构和基于体表示的数据结构。基于表面的数据结构主要分为格网结构、形状结构、面片结构、边界表示以及 BURBS 函数表达；基于体表示的数据结构主要分为 3D 栅格结构、针状结构、八叉树结构、几何实体模型(CSG)和不规则四面体结构。

目前，基于激光扫描点云数据的建筑物信息提取与重建研究从数据角度主要分为两类：一类是只利用 LiDAR 数据直接提取和重建建筑物模型，通常是基于离散的激光点云的空间结构分析，采用基于 LiDAR 不规则的点云构成 TIN 网提取屋顶平面，进而实现建筑物的重建。另一类是融合 LiDAR 数据与其他图像数据(遥感影像或 CCD 相片)来重建建筑物。采用与其他图像数据结合的方法可以降低处理的难度，但是对数据的获取提出了更高的要求。

针对车载 LiDAR 点云数据，一些学者也对建筑物立面细节特征的识别及立面几何重建进行了相关研究，具体方法有栅格化图像法、立面三角网法、语义知识法、形式文法，还有基于点线面模式的车载激光点云矢量化算法、立面几何位置边界的自动提取方法等。

10.4 车载 LiDAR 技术应用与展望

车载激光扫描测量依托于我国稠密的公路网，能够覆盖绝大多数区域，作业灵活，并可以精确、快速、大面积地获取城市建筑物、道路等交通设施目标的表面信息。目前，在测绘的多个领域已经得到了试验性应用，本书对重点领域的应用做简要介绍。

10.4.1 技术应用简介

1. 城市管理工程

在城市市政管理中的各项设施，如公用设施类、道路交通类、市容环境类、园林绿化类、房屋土地类等的信息采集均可利用车载激光扫描系统来获得。车载激光扫描测量技术的利用实现了城市数据采集的连续性、完整性，并且有准确的位置信息，结合后期处理软件，可直接生成各类地图，对以后的查询和分析工作有很大帮助。近几年的应用研究案例简要介绍如下：

(1)城管部件普查

部件普查主要是采集和录入部件的平面位置、属性信息(基本属性和附加属性)和照片。通过普查全面获取部件的各种数据信息，建立部件数据库。VLMS 系统采集的城市部件主要包括井盖、路灯、行道树、立杆、交通指示牌等设施。在获取到激光数据并预处理得到彩色点云后，对照点云及面片式三维模型数据采集城市部件信息，目前国内多个城市已经借助该类系统进行部件普查，精度完全满足要求，效率得到大大提高。

(2)城市路面高程测量

城市路面随着多年的使用，出现破损、低洼不平等现象，需要周期性地进行维修和普查，VLMS 系统能快速进行城市路面高程信息的采集，借助控制点数据的纠正，高程精度能够控制在±2cm 以内，完全满足城市路面高程测量的需求。SSW 车载移动测量系统通过实地采集数据，对该类工程应用精度进行了检测，验证了技术的可行性。

2. 地籍测量

车载激光扫描测量系统的出现，为城镇地籍测量找到了一个全新的技术方法，外业数据采集可以采用定点转扫的方式也可以按照道路情况进行移动测量，加上一定数量的控制点之后，可得到满足精度的点云数据，再通过编程、人工交互的方式进行地籍要素的提取或测量，最后结合传统测绘软件 CASS 制作地籍图。该技术在地籍测量中的应用，点云数据获取较为完整，提取地籍界址点精度较高。同时，还可降低外业劳动强度，提高工作效率。

3. 公路测量

目前，公路勘察设计与改扩建的测量方法主要有传统的 GPS 或全站仪野外测量方法、航空摄影测量方法、机载 LiDAR 扫描技术、车载 LiDAR 移动测量技术。

将车载 LiDAR 技术应用于公路相关工程的测量任务，可以进行高速公路带状地形图测绘、地形图数据采集、DEM 及路面特征矢量线提取、高速公路竣工测绘等，可免去大量的人工野外实测工作，可直接获取公路沿线的地形三维信息，具有周期短、劳动强度低、工序少、测量数据精度高、受天气影响小等优点。点云数据具有连续性和完整性，通过点云数据构建的公路三维模型，可以实现各种空间信息准确查询与精确量测任务，如计算距离、面积、土方量，生成横、纵切面等，使数字地面模型真正应用于公路勘察设计的初步设计和施工图设计阶段以及公路改扩建工程量计算的过程中。综合考虑安全性、测量精度、勘测效率等需求，车载 LiDAR 扫描技术无疑是公路相关工程最理想的测量方法。

随着激光雷达技术的不断发展，车载扫描系统会不断扩大新的应用领域，例如河道、海岸线、铁路、电力等。

10.4.2　存在的问题与展望

1. 存在的问题

车载激光测量系统在国内的应用已有 10 年多的时间，虽然已经取得了一定的研究与应用成果，但是总体上处于应用起步阶段。从研究与应用的成果分析，目前还存在的主要问题归纳如下：

①整套设备价格昂贵。目前中国市场国外产品占主流，因为集成了高精度的三维激光扫描仪和 IMU，价格一般在 500 万～1200 万左右，国内产品也在 300 万～600 万左右，相较于目前常规或者比较高档的测绘仪器，设备价格已算是非常昂贵。目前企业拥有的数量还非常少，价格因素在一定程度上限制了系统的普及应用。

②点云数据不完整。在数据采集时，由于目标之间的相互遮挡，产生点云数据缺失现

象。另外，由于载体的限制，无法获取建筑物等目标的顶部点云数据。

③内业数据处理时间较长。由于激光扫描仪的采样点密集，所以造成了海量数据占用大量的空间，且调用速度慢，大大降低了系统的处理速度。车载 LiDAR 数据后处理技术的研究则较为滞后，许多点云数据处理过程还是依靠人工或人机交互进行，作业效率低下。一般情况下，内业数据处理时间是外业活动的十倍左右。目前各品牌的数据处理软件不具有通用性。

④三维建模自动化程度低。由于数据处理耗时、计算量大、场景复杂、目标丰富等，不同目标的自动分类与识别智能化程度低。建筑物面片结构复杂，立面细节特征丰富，造成建筑物立面几何三维重构的自动化程度低。城市其他主要地物的三维建模要依靠人机交互完成，总体上三维建模自动化程度低。

⑤多源数据融合应用研究较少。鉴于车载 LiDAR 点云的缺点，将车载 LiDAR 点云与航空影像与机载 LiDAR 等结合，充分发挥各数据源自身的特点，以及影像与点云之间的互补优势，将是利用车载 LiDAR 点云数据进行城市大范围场景三维重建的大趋势。目前这方面的应用研究较少，从而在一定程度上限制了车载 LiDAR 点云的应用效率。

⑥室内车载 LiDAR 采集技术方法研究不足。目前的车载 LiDAR 采集系统中，绝大多数都是基于室外的车载 LiDAR 采集系统，没有深入地进行基于室内车载 LiDAR 采集系统的研究，室内环境的重建跟室外环境一样重要，对于一些古建筑的内部，如对文物摆放的收藏室进行有效的室内三维模型的构建具有非常重要的意义。

2. 展望

目前，国内车载 LiDAR 技术的应用还处于初级阶段，相信随着车载 LiDAR 技术应用研究的不断深入，未来 5~10 年将会有飞跃式的发展，结合目前的情况，简要归纳如下：

①整套设备价格逐渐下降，普及程度会逐渐提高。目前国内已经有几家公司的产品上市销售，相信随着技术的进步与竞争加剧，整套设备价格有希望逐渐下降，未来国产设备占主体的市场格局一定会出现。同时，设备应用的普及程度也会大幅度提高。

②点云数据处理软件逐渐国产化，自动化程度逐步提高。国内急需商业化、通用性强、自动化程度高、符合中国特点的点云数据处理软件，加大研发力度，将会大大推动车载 LiDAR 技术的应用，逐渐打破各品牌设备制造商的垄断、软件不通用的格局。开发针对自动化数据处理和数据挖掘的软件成为一个重要的研究方向。

③应用技术难点会逐渐解决。目前，在应用方面还存在一些技术难点的问题，如软件处理自动化程度较低、多源数据融合、室内车载 LiDAR 采集等问题。相信中国相关的科研工作者在不久的将来会解决这些问题，使得车载 LiDAR 技术越来越成熟，立足中国，走向世界的时刻一定会到来。

④集成化应用。未来可以实现机载车载一体化、地面和车载一体化，目前这两个方面已经取得了一定的研究成果。

车载 LiDAR 技术具有极好的发展前景和很强的竞争力，代表了测绘领域新的发展方向，相信未来应用领域和范围会不断扩大。

10.5　SLAM 技术与应用

10.5.1　SLAM 构成与工作原理

1. 系统构成与设备简介

随着城市规划、建筑景观设计、三维导航等应用对真三维景观的需要，建立镶嵌真三维模型已经凸显出较高的经济价值和应用前景。目前，在三维几何数据获取方面出现了利用激光测距原理快速建立物体三维影像模型的三维激光扫描仪和便于处理大范围场景的数字摄影测量技术。目前，数字摄影测量技术常应用于大范围的城市街道建模。而三维激光扫描技术克服了传统测量方式的局限性，无需接触被测量物体，测量精度高、速度快，通过向被测对象发射激光束，快速高分辨率地获取空间三维坐标数据。通过对数据的处理和建模，可以生成被测区域的三维虚拟模型和数字地形图，这样不仅提高了获取数据的信息量和精度，同时也大大缩短了外业工作时间，降低了劳动强度，提高了内业数据处理的自动化和智能化程度。

同步定位与制图(Simultaneous Localization And Mapping，SLAM)，由于其具备在室内外连续采集数据且数据自动处理拼接的能力得到了广泛的关注。SLAM 源自于计算机视觉 CV(Computer Vision)，最早由 Hugh Durrant-Whyte 和 John J. Leonard 提出。SLAM 移动测量系统主要是由两种传感器组成，一种是激光雷达，另一种是摄像头。以德国的 NavVis M6 室内移动测绘系统为例来介绍该类系统的硬件部分，如图 10-13 所示。NavVis M6 系统

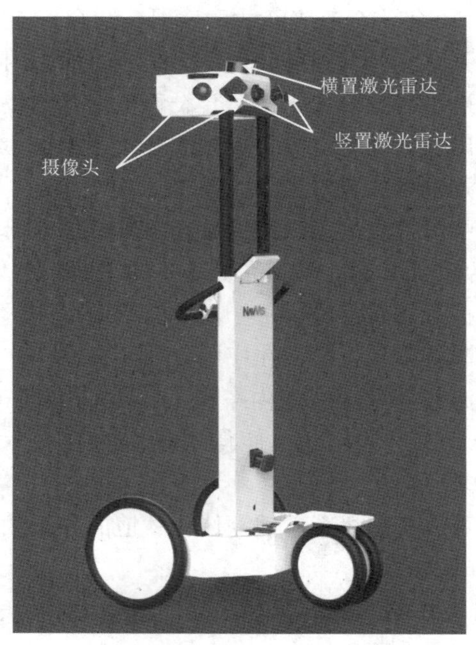

图 10-13　NavVis M6 的硬件系统

的激光雷达系统由一个横置激光雷达和两个竖置激光雷达组成，横置激光雷达扫描平面数据，左边竖置的扫描上方数据，右边竖置的扫描下方数据，它们的扫描视角为 270°，全景相机使用 6 个镜头。NavVis M6 系统的主要技术指标见表 10-1。

表 10-1　　**NavVis M6 系统的主要技术指标**

项目	内　容	指　标
SLAM 瞄点激光	波长	635nm
	功率	<3mW
	激光安全等级	1
相机	数量	6
	传感器分辨率	4592×3448
	传感器尺寸	MFT(17.3×13.0mm)
传感器	Wi-Fi	802.11a/b/g/n/ac(2.4 & 5.0GHz)
	蓝牙	4.0 LE
	磁力计	具备
	IMU	具备
控制单元	CPU	Intel Core i7
	内存	32 GB DDR4
	SSD 硬盘	256GB 内置，1TB 外置
	接口	USB 3.0，以太网
系统	重量	40kg
	操作温度	0℃～+40℃无冷凝
输出	相片格式	JPEG
	影像分辨率	6×1600 万像素
	全景分辨率	3200 万像素
	点云	XYZ，法向量 (点密度最高 5mm)
激光扫描头	单线	多线
扫描头数量	3	1
视野	水平 270°	水平 270°/垂直+15°～-15°
角度分辨率	水平 0.25°	水平 0.4°/垂直 2°
测距	30m	100m
扫描速度	43200 点/秒	300000 点/秒

目前，国内外SLAM移动测量设备主要有法国的i-MMS系统、徕卡Pegasus：Backpack等，国内主要有中海达的Hiscan-SLAM、立得空间信息技术有限公司的移动机器人平台、数字绿土的LiBackpack等，详情可以参阅相关公司的网站。

2. SLAM原理及关键技术

SLAM室内移动测量系统工作的基本原理是在移动过程中利用定位激光扫描仪获取点云，借助编码器采集里程信息，以便于在后续的数据融合过程中使用SLAM算法解算高精度的轨迹，其中，每个轨迹点包含了采集的具体时间、全局坐标系下的位置及姿态信息，然后根据载体与三维激光扫描仪、全景相机之间的空间关系解算出在全局坐标系下激光点云坐标及拍照时刻的位置和关系，从而完成室内空间三维实景信息的获取。其中的关键技术包括(余建伟等，2016)：

(1)多传感器空间关系标定

SLAM集成了激光扫描仪、全景相机和里程编码器等多个传感器，通过多传感器空间关系标定技术，实现对各个测量装置的空间基准、测量误差模型的构建，进行单传感器内标定及多传感器互标定，从而保证了整个系统的测量级精度。

(2)多传感器同步控制及融合

利用系统内部统一授时及时序编码同步技术建立时间基准，采用时间同步冗余控制的方法，通过多传感器时间同步控制器，解决激光扫描仪、里程编码器、相机单元等多传感器间的时空基准统一及同步控制问题，实现了多传感器数据采集机制在统一时间基准下进行。

(3)基于高可靠性SLAM算法的轨迹滤波及平滑

基于高可靠性SLAM算法的轨迹滤波及平滑技术，主要用于2D、3D不同的室内外场景下，实现采集过程中轨迹点位置和姿态的实时处理，指导采集规划路线，同时也保证采集完成后的精确轨迹的正确解算，从而根据高精度的位置和姿态解算高精度激光点云和影像数据，用于后续二维、三维地图的生产。

3. SLAM移动测量系统技术流程

SLAM系统的主要技术流程包括外业采集、内业处理和成果发布三个步骤。

①外业数据采集主要是借助控制软件完成全景数据、激光点云数据和定位定姿数据的采集。

②内业数据处理包括全景数据的拼接，SLAM轨迹数据的解算，街景数据生产、点云测图及建模等内容。

③成果发布主要是指全景数据的发布、地图发布和模型的发布。

4. SLAM系统的特点

SLAM移动测量系统的技术特点如下：

①实时：3D实时定位、实时测图和变化监测。

②高效：无需标靶、无GNSS、无需专用载体、无需校正步骤。

③轻便：不仅可以用于移动设备，还可以做成背包，适用于室内、室外、步行或驾驶模式。

④省时：对站间重叠度要求较小，两兴趣站间无需使用静态扫描仪连接，大大提高了工作效率。

10.5.2 基于 SLAM 的地籍测绘应用案例

SLAM 技术目前在室内移动测量中应用得较多，也不乏室外移动测量的案例，甚至是室内外一体化测绘，室外移动测量可结合 GNSS 使用，下面以 SLAM 技术在室内外一体化地籍测量中的应用展开案例分析，采用的仪器设备是专业版(双激光全景影像)仪器，仪器外观如图 10-14 所示。

因为要进行室内外一体化地籍图测绘，测绘精度要求较高，所以要求室外的卫星信号良好，如果室外信号不好，则采取测定一定数量的标靶方法，在信号良好的情况下具体的作业流程如下：

①根据作业底图对测区范围进行划分，初步踏勘地形，如图 10-15 所示。

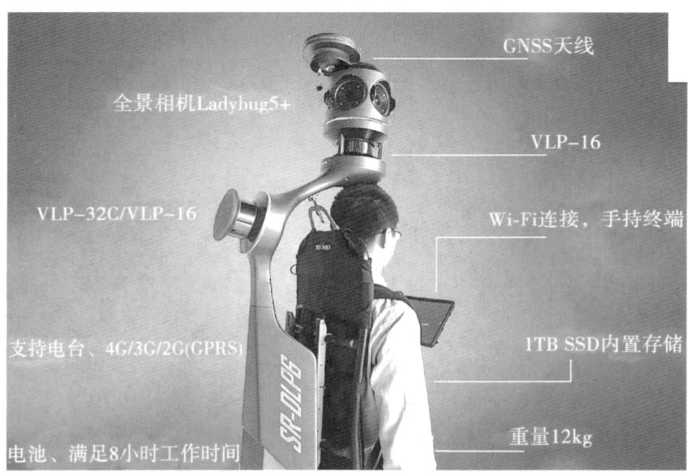

图 10-14　3D SLAM 测量机器人

图 10-15　测区范围及划分图

②架设基站，连接 CORS 网络或基站。

③规划路线进行外业数据采集，由工作人员背着设备按路线进行数据采集，如图 10-16所示。

④内业数据处理，采集的点云坐标系为 WGS-84 坐标，若需要其他坐标系，需要用流动站测出至少测区范围内三个点的 WGS-84 坐标和目标坐标系坐标，然后输入坐标系转换软件进行坐标系转换。

⑤在后处理软件中，打开“. las”格式的点云数据，使用软件的提取功能提取特征点，如图 10-17 所示。

⑥选取特征点(如阳台、雨棚、屋檐等)，以提取阳台为例(图 10-18)；选取完特征点，将特征点导出到画图软件 AutoCAD 中。

⑦在 AutoCAD 中连接成图，如图 10-19、图 10-20 所示。

图 10-16　外业数据采集图

图 10-17　特征提取软件

图 10-18 特征点提取

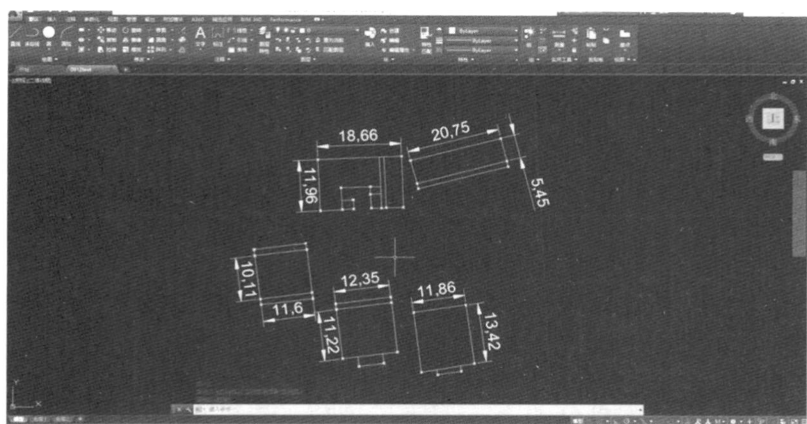

图 10-19 在 AutoCAD 中将特征点连接成图

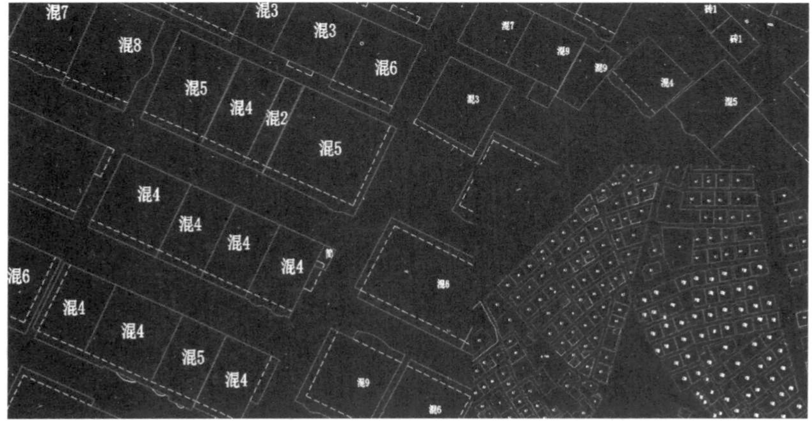

图 10-20 部分成果图截图

对用该技术测得的结果进行精度分析，主要结论如下：

①通过对比，SLAM 影像背包测绘机器人所提供的点云与甲方所提供的高精度特征点坐标，两者在同一坐标系下，对比绝对精度为 5cm 以内，满足 1∶500 地籍测量。

②案例面积为 13506.6m^2，房屋 36 幢，外业数据采集时间为 20 分钟，内业点云处理需 60 分钟，提取点整点时间为 120 分钟，用 CASS 成图需 60 分钟，所用时间为 260 分钟。

③SLAM 背包车机器人可在短时间，无 GNSS 且不通视的狭窄地区快速获取大量的特征点并快速准确成图。基于所提取的特征点可快速、准确、高效地成图作业，且满足 1∶500 地籍测量精度。

另外，该项技术还可以在地形测绘、竣工测量、公路铁路、地下管廊、矿业、房产测量、数字城市、数字工厂等多种测绘工作中发挥作用。虽然 SLAM 移动测量技术已经在很多工程中展开应用，但是其技术研究还在继续，特别是 SLAM 匹配技术还需要进一步完善。

思　考　题

1. 在行业标准中车载激光测量系统是如何定义的？特点体现在哪些方面？
2. 车载激光测量系统的硬件是如何构成的？各部分的主要功能是什么？
3. 简述点云工作站 SWDY 的主要特点。
4. 中海达公司的一体化移动三维测量系统 iScan 的硬件是如何构成的？可应用于哪些领域？
5. 车载激光测量系统获取的点云数据特点有哪些？
6. 车载激光测量系统在公路测量领域的主要应用方向有哪些？
7. SLAM 的英文全称及中文的全称分别是什么？系统由几部分构成？国内外设备的主要品牌与型号有哪些？
8. 简述 SLAM 技术流程与特点。

第 11 章　机载激光雷达测量技术与应用

机载激光雷达测量系统是近年来逐步广泛应用的一种新型传感技术，目前激光雷达数据主要应用于基础测绘、城市三维建模和林业、铁路、电力行业等，作为精确、快速地获取地面三维数据的工具已得到广泛的认同。本章简要介绍机载激光雷达测量技术，机载激光雷达系统结构与作业流程以及应用领域和无人机载激光雷达技术与应用。

11.1　机载激光雷达测量技术简介

机载激光雷达(LiDAR)是一种新型主动式航空传感器，通过集成定姿定位系统(POS)和激光测距仪，能够直接获取观测点的三维地理坐标。按其功能主要分为两大类：一类是测深机载 LiDAR(或称海测型 LiDAR)，主要用于海底地形测量；另一类是地形测量机载 LiDAR(或称陆测型 LiDAR)，正广泛应用于各个领域，在高精度三维地形数据(数字高程模型(DEM))的快速、准确提取方面，具有传统手段不可替代的独特优势。尤其对于一些测图困难区的高精度 DEM 数据的获取，如植被覆盖区、海岸带、岛礁地区、沙漠地区等，LiDAR 的技术优势更为明显。

11.1.1　技术发展概述

20 世纪 80 年代，德国斯图加特大学遥感学院进行了首次机载 LiDAR 的实验，成功研制出机载激光扫描地形断面测量系统，结果显示其在地形图测量及制图方面有巨大的潜力；在此期间德国的另外一所高校汉诺威大学制图与地理信息学院也在对建筑物自动提取及建筑物重建等方向作出了相关研究。在 20 世纪 80 年代末，荷兰代尔夫特技术大学在植被及房屋等土木结构的分析、识别、编码等方向取得了较好的研究成果。1993 年，全球第一个机载 LiDAR 样机由 TopScan 和 Optech 公司合作完成，标志着 LiDAR 硬件技术的成熟。1998 年，加拿大卡尔加里大学通过将多种测量设备、数据分析设备、通信设备进行集成，并且将这个较为完备的系统进行了较大规模的试验，取得了令人满意的结果，真正地实现了三维数据获取系统。在 20 世纪末，日本东京大学在亚洲率先进行了基于地面的较为固定的 LiDAR 系统试验。随后，欧美各国投入大量的人力、财力进行相关技术的研究，目前投入商业生产的 LiDAR 有德国的 IGI 和 TopScan 公司、奥地利的 RIEGL 公司、加拿大的 Optech 公司等，全球知名的瑞士 Leica 公司也推出了机载激光扫描测高仪，图 11-1 为 RIEGL 公司一款最新型的集成机载激光扫描系统。

图 11-1　RIEGL VQ-880-GH 新型机载激光扫描系统

相比之下，国内不管是关于机载激光雷达技术的研究，还是硬件系统的研究制造都起步较晚，20 世纪 90 年代中期，中科院遥感应用所教授李树楷等进行了相关研究，虽然取得了一定的进展但技术还不够完善，未能投入使用。目前北京北科天绘科技有限公司研制了 A-Pilot 机载激光雷达(图 11-2)，北京绿土科技有限公司研制了 Li-Air 无人机激光雷达扫描系统，技术已经比较成熟，已经在电力巡线、地形测绘和灾害评估等方面取得了显著的成果。

图 11-2　A-Pilot 机载激光雷达

国内大部分研究机构和生产单位采用了引进国外成熟商业系统的做法。武汉大学、中国测绘科学研究院和中国科学院对地观测与数字地球科学中心等单位均引进了机载 LiDAR 系统，在基础地理信息快速采集、海岛礁地形测绘以及流域生态水文遥感监测等领域发挥了重大作用。北京星天地信息科技有限公司、广西桂能信息工程有限公司以及广州建通测绘有限公司也购置了高性能的机载 LiDAR 系统，用于高速公路路线勘测、输电线路优化以及智能城市三维重建等领域的工程。在算法研究方面，国内的诸多专家和学者也开展了大量大范围的研究。在数据滤波方面，张小红(2007)提出了移动曲面拟合预测滤波算法。赖旭东(2013)提出了一种迭代的小光斑 LiDAR 波形分解方法。国内的部分高校及研究单位也进行了相关研究，但是大多只是对特定问题的算法的研究。

11.1.2　机载激光雷达技术的特点

①精度高。机载激光雷达系统数据采集的平面精度可达0.15m，高程精度可达厘米级。机载激光雷达系统采集的数据密度高，激光点云数据很密集，每平方米可达100个激光点以上。

②效率高。飞行方案的设计以及后期的产品制作大多由软件自动完成。从前期数据的获取到后期数据成果的生成，整个过程快速高效。

③机载激光雷达数据产品丰富，包含激光点云数据、波形文件、数码航空影像、数字地表模型、数字高程模型、数字正射影像等。

④激光穿透能力强。雷达发射的激光有较强的穿透能力，对于高密度植被覆盖地区，激光良好的单向性使之能从狭小的缝隙穿过，到达地表能够获取到更高精度的地形表面数据。

⑤主动测量方式。雷达技术以主动测量方式采用激光测距，不依赖自然光，不受阴影和太阳高度角影响。

⑥便捷，人工野外作业量很少。与传统航测相比，机载激光雷达技术的地面控制工作量大大减少，只需在测区附近地面已知点上安置一台或几台GPS基准站即可，可以大大提高作业效率。

⑦机载激光雷达系统可以对危险及困难地区实施远距离和高精度的三维测量，从而减少测量人员的人身危险。

11.2　机载激光雷达系统结构

11.2.1　机载激光雷达系统组成

机载激光雷达系统主要由飞行平台、激光扫描仪、定位于惯性测量单元、控制单元四个部分组成。其中，机载激光雷达一般搭载在直升飞机或者无人机等飞行平台上，由差分全球定位系统(GPS)和惯性导航系统(INS)组成的惯性测量单元负责姿态调整和航线优化，控制单元作为该系统最重要的组成部分，主要负责系统同步工作。如图11-3为机载激光雷达系统工作示意图。

机载激光雷达系统的工作原理是通过计算激光脉冲从发射到返回的传播时间来确定激光扫描仪与地面点的距离。在机载激光雷达系统工作的过程中，利用INS获得飞机的3个姿态参数：倾滚角(ω)、倾斜角(φ)、方向角(κ)，然后通过GPS获取激光扫描仪中心坐标(X_0，Y_0，Z_0)，最后利用激光扫描仪获取到激光扫描仪中心至地面点的距离D，可以实时计算出地表激光点(X，Y，Z)的空间坐标为：

$$\begin{bmatrix} X \\ Y \\ Z \end{bmatrix} = \begin{bmatrix} X_0 \\ Y_0 \\ Z_0 \end{bmatrix} + \boldsymbol{R}(\omega, \varphi, \kappa) \begin{bmatrix} 0 \\ 0 \\ D \end{bmatrix} \tag{11-1}$$

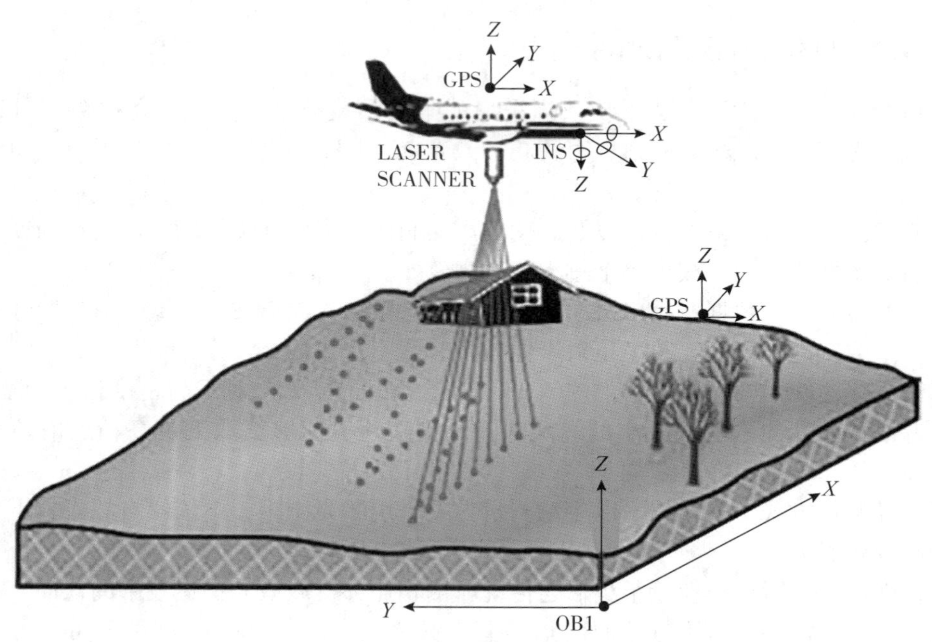

图 11-3　机载激光雷达系统工作示意图

式中，$\boldsymbol{R}(\omega, \varphi, \kappa)$为关于姿态参数的转换矩阵。

11.2.2　机载激光雷达系统功能

1. 动态差分 GPS 系统

全球定位系统(GPS)能为遥感和 GIS 的动态空间应用提供很好的服务，主要得益于它能全天候地提供地球上任意某一点的精确三维坐标。机载 LiDAR 系统采用动态差分 GPS 系统，该系统定位的精度很高，其主要功能如下：

①当机载激光雷达扫描中心像元成像时，动态差分 GPS 系统会给出光学系统投影中心的坐标值。

②为了辅助提高姿态测量装置测定姿态角的精度，动态差分 GPS 提供姿态测量装置数据，从而生成 INS/GPS 复合姿态测量装置。

③动态差分 GPS 系统可提供导航控制数据，使得飞机能沿着飞行航线高精度地飞行。

2. 激光测距系统

激光测距技术在传统常规测量时期就扮演着非常重要的角色，最早的激光脉冲系统是美国在 20 世纪 60 年代发展起来用于跟踪卫星轨道位置的，当时的测距精度只有几米。依据不同的用途和设计思想，激光测距的光学参数也有所不同，主要表现为波长、功率、脉冲频率等参数的区别。目前，主流商用机载 LiDAR 系统采用的工作原理主要包括激光相位差测距、脉冲测时测距以及变频激光测距，其中前两种较为普遍。激光相位差测距是利用无线电波段的频率，对激光束进行幅度调制并测定调制光往返测线一次所产生的相位延迟，再根据调制光的波长，换算为此相位延迟所代表的距离。连续波相位式的优势是测距精度高，但工作距离受到激光发射频率限制，且被测目标必须是合作目标(例如，反射棱镜、反射标靶等)。而脉冲式测量的优势在于测试距离远，信号处理简单，被测目标可以是非合作的。但其测量精度会受到多种因素(如气溶胶、大气折射率等)影响，作用距离可达数百米至数十千米。目前，大多数系统采用脉冲式测量原理，即通过量测激光从发射器到目标再返回接收设备所经历的时间，来计算目标与激光发射器之间的距离。激光雷达测距系统的接收装置可记录一个单发射脉冲返回的首回波、中间多个回波与最后回波(有的设备可以接收全波形回波)，通过对每个回波时刻记录，可同时获得多个距离(高程)测量值。

3. 惯性导航系统

惯性导航系统是机载 LiDAR 的重要组成部分，负责提供飞行载体的瞬时姿态参数，包括俯仰角、侧滚角和航向角三个重要姿态角参数，以及飞行平台的加速度。姿态角参数的精度，对于能否获得高精度的激光脚点位置坐标起着关键作用。但惯性导航系统在获取参数数据时，会随着时间的推移导致收集的数据精度降低。相反，动态差分 GPS 系统定位采集的数据精度较高，且误差不会随着工作时间的推移而加大。所以，为了使两种数据采集系统的优势互补，可将两个系统采集的数据进行信息综合处理。

4. 飞行搭载平台

搭载机载激光雷达设备的飞行平台主要是固定翼飞机、直升飞机，近年来也开展了一些以无人机为飞行平台的研究。选取固定翼飞机作为飞行搭载平台时，要求飞机的爬升性能好、转弯半径小、操纵灵活、低空和超低空飞行性能好，具有较高的稳定性和较长时间的续航能力。国内在中低空(数公里)飞行中使用较多的固定翼飞机是运五 B 飞机，中高空(5km 以上)多为运十二、双“水獭”和空中国王 B200 型飞机。

国内目前使用的直升机平台主要有 Bell 206 型系列，如 B3、L4，欧洲的“小松鼠”，以及国产直 11 等机型。国产直 11 型直升机由昌河飞机工业集团公司和中国直升机设计研究所共同研制，属于 2t 级 6 座轻型多用途直升机，最大起飞重量为 2.2t，巡航速度为 240km/h，最大航程为 600km，续航时间为 4h，适合于小范围的机载 LiDAR 数据快速采集。

11.3 机载激光雷达测量作业流程

机载激光雷达测量的作业流程主要包含飞行计划的制订、外业数据采集和内业数据处理三个步骤。

飞行计划需要制订的是模式、海拔高度、扫描频率、扫描角、飞行速度、飞行航线、飞行高度、镜头焦距、快门速度、曝光频率。

数据的采集则要进一步分为地面操作与机上的操作。地面的操作主要是记录 DGPS 基站的数据，机上的操作则包括记录位置与姿态数据、GPS 数据、IMU 数据、事件标识数据、记录激光数据、距离、扫描角、强度、时间码信息、记录相机数据、Photo ID 文件、原始 RAW 文件。

激光雷达数据的处理在常规的处理流程中可以划分为“预处理”与“后处理”。预处理一般是指数据采集完之后到三维激光点云 LAS 数据生成之间的处理过程，后面的处理统称为后处理。机载激光雷达测量的内外业流程图如图 11-4 所示。

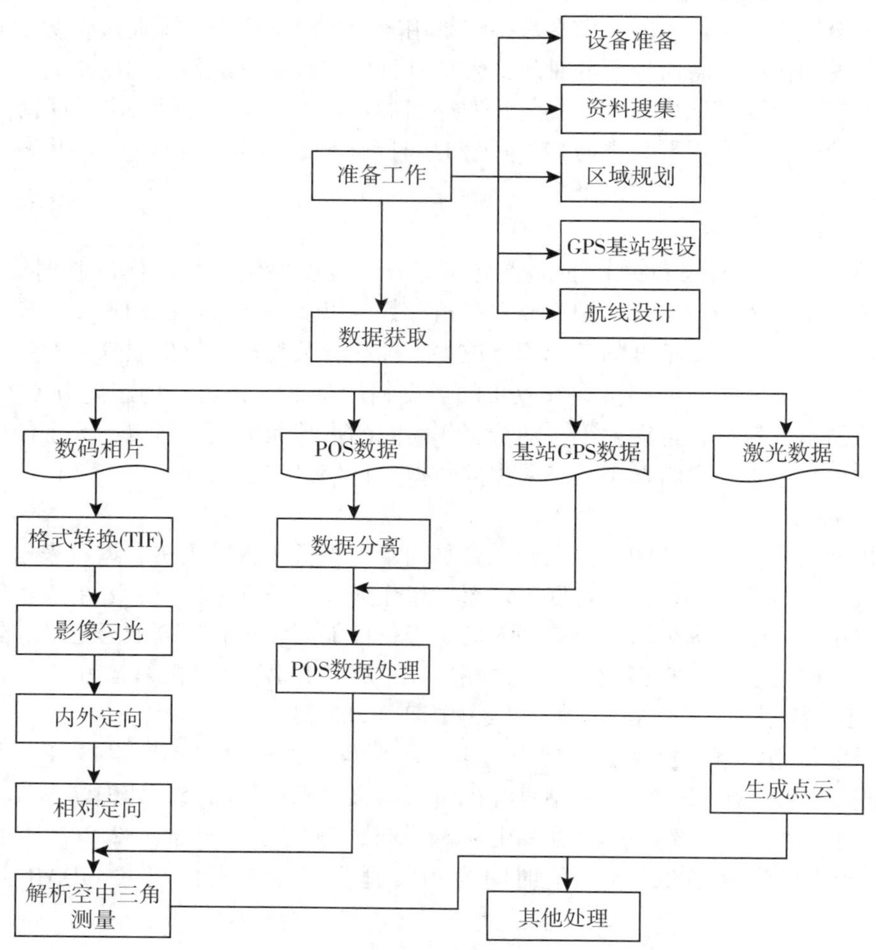

图 11-4　机载激光雷达测量的内外业流程图

11.4　机载激光雷达的应用领域

自 2004 年开始，我国多家单位先后购买了国外厂商的机载 LiDAR 设备，生产了大量的原始点云数据，在电力选线、城市三维建模、公路选线、工程建设、文物古迹保护、林业资源勘查、海岸工程以及油气勘探、三维地形测量等行业领域做出了大量有益的探索。针对国内机载 LiDAR 应用现状，2011 年 11 月，国家测绘地理信息局相继制定了《机载激光雷达数据处理技术规范》(CH/T 8023—2011)和《机载激光雷达数据获取技术规范》

(CH/T 8024—2011),规定了机载 LiDAR 数据获取阶段的基本要求以及技术准备、飞行计划与实施、数据预处理、数据质量检查和成果提交等技术要求,以及获取的数据生产基础地理信息数字成果的数据处理技术要求,为机载 LiDAR 在国内的应用提供了技术保障。

11.4.1 电力选线工程

在传统电力线路工程勘测设计中,多采取工程测量和航空摄影测量的方法进行。工程测量方法测量的地面信息精度高,但外业工作量大,测量的工期长,而且不利于勘测设计的一体化与优化设计。利用传统航空摄影测量进行电力线路勘测设计,不仅需要进行大量的 GPS 外控点测量,还需要进行大量的野外调绘工作,航测的内业时间长,勘测设计的成本很高,工期偏长。另外,传统的航空摄影测量在测量植被覆盖的隐秘地区时,高程精度很低,影响电气专业人员准确排杆。传统的航空摄影测量方法也不能生成准确的塔基断面图。所以,采用传统测量技术进行电力线路工程勘测设计,获得的勘测成品精度较低,内、外业工作量大,勘测设计工期长,不利于勘测设计优化,不利于降低工程投资。

利用 LiDAR 技术进行电力线路的勘测设计具有很大的优越性。LiDAR 技术只要做少量的 GPS 控制点和少量的调绘工作,因此缩短了勘测设计的工期,减少了勘测设计的成本,LiDAR 技术的激光能穿透植被,得到地面的数据,这样就能进行被遮掩地带的测量。处理完 LiDAR 数据后,可生成正射影像图,进而生成带电力线路路径的三维数字地面模型图,可以在模型图上进行线路路径选择。确定了线路路径后,可以生成线路平断面图,再生成塔基断面图,便可进行一次性勘测设计,从而实现了勘测设计一体化,大大缩短了勘测设计的周期,降低了勘测设计成本,并且能进行优化设计,节省工程投资。图 11-5 所示为电力选线示意图。

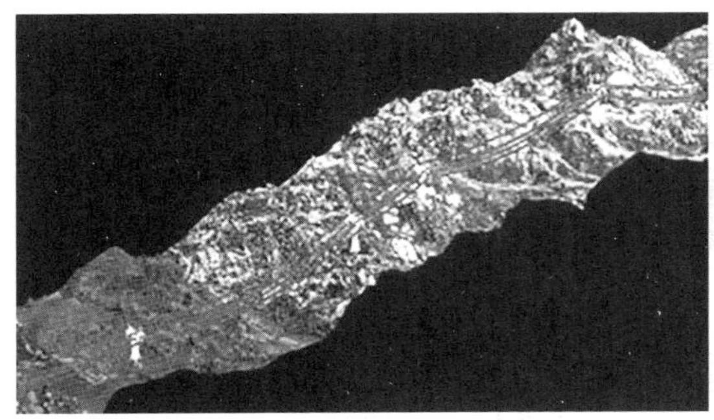

图 11-5 电力选线示意图

在滇西北至广东±800kV 特高压直流输电线路工程中,线路沿线区域以高山地为主,间有部分丘陵和泥沼,且森林茂密,地形条件复杂,勘测设计难度很大。工程采用德国 TopoSys 公司的 HARRIER56 机载激光测量系统获取相应数据,生成利用"DEM 叠合 DOM 技术"生成大场景三维模型,对招标路径进行了局部优化,实践证明,将机载激光雷达技术应用于输电线路优化设计具有先进性,有效提高了输电线路的设计深度和质量,并优化了工程建设投资预算。随着机载激光雷达技术的迅速发展,将在输电线路的路径优化中发挥更大的作用，并对输电线路的设计、施工和运行带来革命性的变化(王东甫，2017)。

11.4.2　城市三维建模

近年来，数字城市建设进行得如火如荼，三维地理信息逐渐代替二维地理信息成为数字城市建设的主要内容，三维地理信息获取作为数字城市建设工作的基础显得尤为重要。传统的测量手段已经跟不上城市建设的步伐，而三维激光扫描仪的出现为准确快速获取城市地理信息提供了保证。

在数字城市建设中，激光雷达技术主要应用于如下领域：基于三维点云数据快速提取建筑物模型，从而获取城市的三维信息数据，应用于城市的整体规划设计；旧城改造过程中，建筑物以及土地资源的评估和监测；用于灾害应急的分析等。

随着城镇化工作的不断推进，城市发展逐步凸现出很多问题。2012 年底，建设和谐、绿色、智慧城市，被住房和城乡建设部提上日程。智慧城市涵盖了城市规划、市政建设、交通设施、公共服务、动态监测、政府决策、民生环保等几乎所有城市部件系统，对信息的获取和整合提出了新的挑战。移动三维激光测量技术是最近几年出现的先进的三维基础数据获取手段，它能够快速、高效地得到城市各种信息，帮助智慧城市各种决策的形成和实施。

传统的城市规划与设计是通过规划设计平面图、效果图以及沙盘模型等方式来展示设计成果。LiDAR 系统的应用使得各种规划设计方案定位于虚拟的三维现实环境当中，用动态交互的方式对其进行全方位的审视，评价其对现实环境的影响。以此评价空间设计规划的合理性，在降低设计成本的同时还能提高规划效率及改善规划效果，某小区点云三维建模效果如图 11-6 所示。

图 11-6　某小区三维建模效果图

机载三维激光雷达技术具有高精度、高密集度、快速、低成本获取地面三维数据等优势，其必将成为空间数据获取的一种重要技术手段，随着其数据处理技术以及相关行业应用平台的逐步成熟，机载三维激光雷达系统必将拥有广阔的应用前景。

11.4.3　公路选线

从 20 世纪 80 年代开始，中国公路建设进入快速发展时期，与此同时公路的勘察设计工作也逐年增加。我国正在不断地提高高速公路覆盖率。平原、植被等地形较为简单的地区高速路网较为完善，线路勘测难度较小，而在山区、植被覆盖比较密集的区域，公路勘测的难度无疑较大，勘测速度有所减慢。传统的公路勘测主要是采用常规测量仪器如全站仪、水准仪、GPS RTK 等方法，但是这些方法作业效率低下，受地形、天气的影响较大。另外，测量精度在地形复杂地区并不能满足公路设计的要求。在公路勘测速度和精度的要求越来越高的形势之下只能改进测量方法，机载激光雷达测量就是其中之一。

机载激光雷达设备具有快速获取高精度三维空间数据和高清晰数码影像数据的优势。从数据源角度着手，采用三维可视化技术对公路建设过程进行全流程数字化管理，可以有效地缩短建设周期、提高效率和节省工程造价，并且为公路建成后的数字化管理奠定坚实的基础。图 11-7 为采用机载激光雷达技术进行公路勘测选线图。

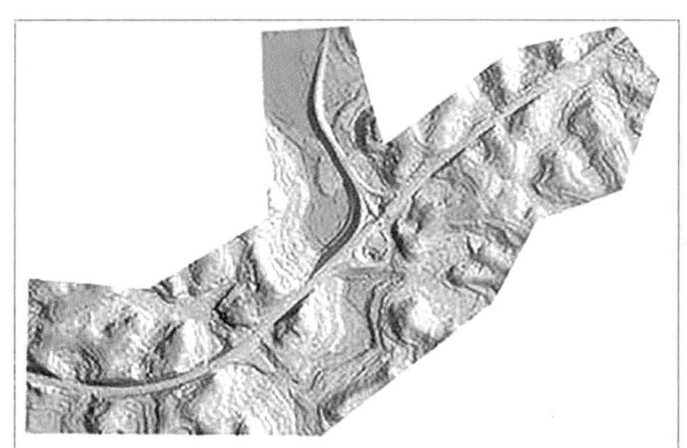

图 11-7　公路勘测选线

目前在国内有很多成功的案例，如文莱高速的勘测，文莱高速公路西起山东省莱阳市，东至山东省文登市，东接荣文高速公路，向西经文登、乳山、海阳和莱阳等 4 县市，横贯胶东半岛中部腹地，在莱阳与潍莱高速公路对接，主线长为 133.9km，比较线长约为 70km。沿线地形以山地和丘陵为主，地形复杂，植被较为茂密，此段高速公路勘测采用了机载激光雷达技术。项目使用的是加拿大 Optech 公司生产的 ALTM Orion H300 型机载激光雷达设备。考虑到 IMU 的误差累计，为了保证点云的精度，在进行航线设计时，将测区划分为 3 个飞行区，每个区均架设地面基站，用于解算机载 GPS/IMU 数据。项目共飞行 3 个架次，飞行相对高度为 1700m，扫描开为全角 50 度，激光点旁向重叠度不低于 50%，激光发射频率为 150kHz，激光发射头扫描频率为 40Hz，点云密度为 1.3 点/m，每个架次设计一条构架航线，航高保持一致。航摄飞机采用塞斯纳 208-B 飞机。最终结果表明，机载 LiDAR 激光点云数据是可靠的，能够满足高速公路勘测的精度要求。

吉林省交通规划设计院在辉南至白山高速公路项目中首次采用机载雷达技术获取基础地理信息，然后用全站仪、GPS-RTK 对机载雷达数据产品精度进行全面检测试验，最终实践证明机载激光雷达以其穿透力强、测点密度大、精度和效率高等在 DTM 测量方面的独具优势，可广泛应用于广大北方地区的基础测绘，在公路三维测摄中具有非常广泛的应用空间、应用前景和研究试验价值。

11.4.4　文物古迹保护

文物古迹象征着灿烂的历史成就，表现了古代中华民族的伟大创造，同时也是一种文明的载体，是人们思想和精神的寄托。通过对文物古迹的研究，可以理解内容丰富的文化历史，在一定程度上，它们象征着某个地区的独特文化，在一定程度上反映了这个地区几千年朝代的变更和文化的传承，这些文物古迹一旦被破坏，就很难得到恢复。随着计算机技术的飞速发展，对文物古迹进行数字化成为可能。文物古迹数字化是指采用诸如扫描、摄影、数字化编辑、三维动画、虚拟现实以及网络等数字化手段对文物进行加工处理，实现文物古迹的保存、再现和传播。与具体实物的唯一性、不可共享性和不可再生性相比较，数字化的文物信息是无限的、可共享的和可再生的。

在现代考古工作中，通常采用人工描述、皮尺丈量或相机拍摄等手段来记录考古信息，这不仅严重依赖于测绘人员的个人经验和临场判断能力，而且往往会受地表附着物、地表地质体等影响，很难直接通过这些数据提取出文物古迹的内在信息和真实的几何特征。而采用机载激光雷达测量系统，可以以非接触模式直接进行快速、高精度的数字化扫描测绘，最大限度地减少对文物古迹的不必要的人为破坏。高精度、高分辨率的数字化成果可以作为真实文物的副本保存，为文物的保护研究建立完整、准确、永久的数字化档案。

2009 年 4 月在飞跃古玛雅城邦卡拉考遗址上空过程中，科学家利用机载 LiDAR 设备绘制了这个位于伯利兹西部的遗址 3D 地图。一座古玛雅城呈现在世人面前，其规模远远超过此前任何人的预计，图 11-8 所示为玛雅庙宇。

图 11-8　玛雅庙宇

2009年由湖北省文物局主持，武汉大学承担的“机载激光遥感与三维可视化技术在荆州大遗址保护中的应用研究”课题正式启动。具体研究内容包括：遗迹特性表征与多因素作用下激光雷达测量机理研究、基于机载激光雷达扫描的遗址区域航摄遥感方法、机载激光雷达扫描遗址定位与遥感测绘流程、基于机载激光雷达扫描点云滤波的遗址遥感识别等方面。

自2011年起，通过在湖北、湖南、河南等地区的大遗址调查与保护工作中的试点推广，分别完成了荆州大遗址(八岭山墓群)、湖南澧阳平原史前遗址群、洛阳邙山陵墓群等遗址的考古调查测绘工程，实现了对遗址群大小、规模、形状、朝向、分布及周边地形环境的调查、测绘与可视化表达，图11-9所示为澧阳平原史前遗址群。

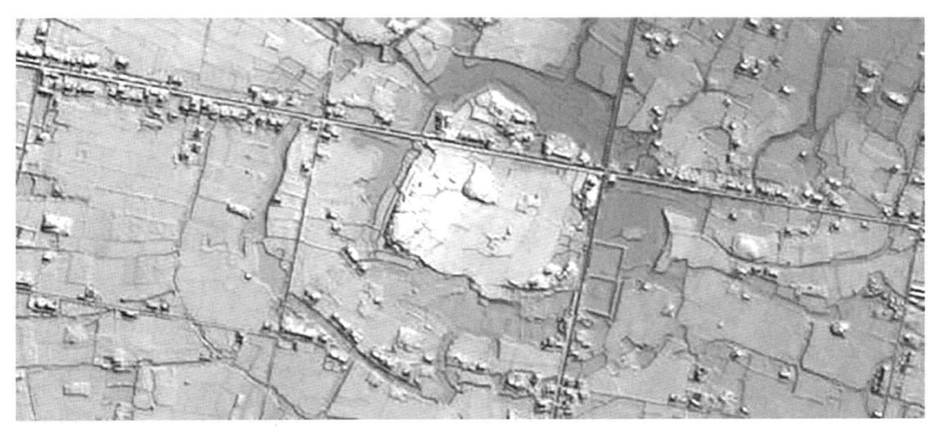

图11-9　澧阳平原史前遗址群

11.4.5　林业资源勘查

森林占地球表面积的9.4%，其不仅有丰富的资源储备，并且对维持生态系统的多样性和可持续发展有着不可替代的作用，所以对森林资源的动态变化信息的研究十分重要。传统的森林参数测计方法存在诸多缺陷，费时费力且无法研究大范围或区域性森林参数，而LiDAR技术的出现改善了这一现象。

19世纪80年代，LiDAR首次应用于森林参数的获取，随后美国和加拿大的学者从实验中得出了激光雷达数据具有极大的可能性进行森林测计参数估测和地形测绘。实验结果表明，激光雷达系统可遥感森林垂直结构参数并估测树木高度，采用多元回归分析的方法反演原始热带森林生物量和蓄积量，并得出其模型(图11-10)具有较好的决定系数，利用LiDAR数据进行林分水平的森林平均树高测定，获得了较高精度。目前，机载LiDAR在林业中的应用日益增多，机载LiDAR点云数据在提取林木垂直结构参数及树高的优势日益突出，通过提取树木分位数高度结合实测数据以估测森林测计参数的研究较多，且效果较好。目前，基于多数据融合进行林业信息的研究也成为一个主要的发展趋势，其相较于单纯地使用点云数据估测精度更高，激光雷达数据估测森林参数算法的不断提出和更新，也极大地推动了LiDAR在林业中的应用。

目前，国内就 LiDAR 系统在林业中的应用创新性科研成果较少，大多是基于国外已有的研究成果和理论基础，硬件设施和科技成本成为激光雷达技术快速发展的主要阻力，同时在小光斑机载雷达数据和大光斑星载雷达数据的结合应用上仍然相对较少，在林业资源调查上有待进一步提高。

LiDAR 技术相较于传统遥感技术，在林业中的应用更加灵活，并越来越多地被用于生态领域，通过将其他光学遥感数据与激光雷达数据相结合，森林资源调查将会更加深入，调查的效率和精度也会得到大幅度提高。随着 LiDAR 系统传感器的不断进步，可获取的点云数据密度不断增加，LiDAR 数据将在生产生活中提供更为多元化的测量信息，地基激光雷达将逐步推广应用于林业中，这为森林测计参数提供了更为有力的辅助条件及数据支撑。随着科学技术的进步，将实现 LiDAR 在密集林区高精度、大范围的应用。

图 11-10　某测区树木高度三维模型

11.4.6　油气勘探

烃类气体是油气田油气微渗漏的主要指示性气体，在油气藏上方的近地表处，存在许多可用现有遥感手段捕捉到的烃类物质微渗漏异常信息，而且也存在着因油气压造成的烃类气体扩散异常现象。利用遥感直接探测油气藏上方的烃类气体异常，是一种直接而快捷的油气勘查方法，所采用的遥感技术是目前已用于大气监测、气体化学分析等方面的激光雷达技术。由于激光雷达是激光技术与雷达技术相结合的产物，激光器的工作波长范围广，单色性好，而且激光是定向辐射，具有准直性，测量灵敏度高等优点，使其在遥感方面远优于其他传感器。

2010 年 6 月底，中缅油气管道工程缅甸段机载激光雷达测量工作启动(图 11-11)，皎漂至萨古段采用机载激光雷达进行测量。9 月 15 日正式开始测量，11 月 30 日完成调绘和内业工作。从准备航拍，到完成数据采集和数据处理，仅用了 3 个月，大大缩短了管道测量的周期，为管道设计工作赢得宝贵时间。经过两年多的科研、总结、应用，管道局设计院利用激光雷达技术完成了两个管道项目的测量任务，并总结编写了规范流程，标志着设计院已经掌握了机载激光雷达测量从数据采集到后期处理的全部技术，为中国管道建设开辟了一条既快又精的线路测量之路。

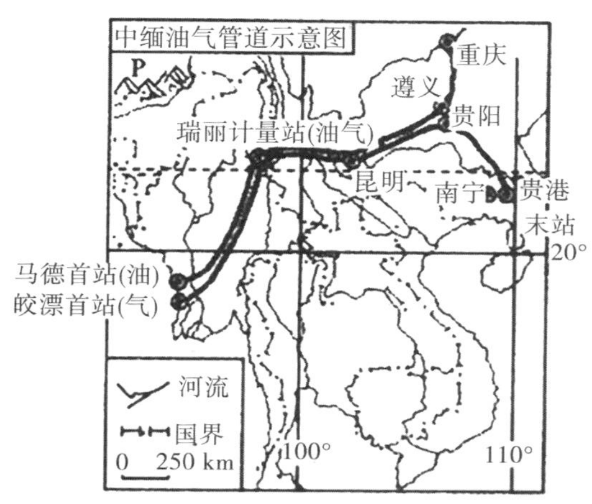

图 11-11　中缅油气管道示意图

今后，随着这项技术的理论研究逐步深入和应用技术逐渐成熟，将激光雷达技术用于油气直接勘查具有更广阔的前景，是油气资源遥感勘查方面的一个重要的发展方向。

11.4.7　水利工程

水乃生命之源，是人类生产和生活必不可少的宝贵资源。防洪、除涝、灌溉、发电、供水、围垦、水土保持、移民、水资源保护等工程都属于水利工程的范畴。水利工程具有①系统性和综合性强；②对环境影响大；③工作条件复杂；④规模大等特点。水电工程是水利工程的典型应用，其应用尤为突出。

随着中国经济的高速发展，整个社会对能源，尤其是电能的需求越来越大。水电由于具有成本低，污染少、可持续发展的优势，目前是国际能源安全战略中的开发重点，目前我国水电开发区域主要集中在西南地区的四川、云南、西藏几省的高山峡谷区域，这些区域山高坡陡、河谷狭窄、植被茂密、气候条件复杂、交通通信不便，同时水电工程要求的测绘精度比较高，绝大部分要求 1/2000 精度，部分要求 1/500、1/1000 精度的成果。由于此类区域环境的特殊性和复杂性，使得传统测绘手段无计可施，在这种条件下使用机载激光雷达进行水电测绘是唯一有效的技术手段。机载激光雷达相比其他遥感技术，具有自动化程度高，受天气影响小、数据生产周期短、精度高等技术特点，是目前最先进的能实时获取地形表面三维空间信息和影像的航空遥感系统。

四川中水成勘院测绘工程有限公司在我国西部某水利工程项目中采用了加拿大 Optech 公司的 ALTMGEINI 机载激光雷达系统，根据测区条件和机载及地面 GPS 数据采集的需要，该项目地面布设了控制整个测区的 4 个 B 级精度的 GPS 基站，数据采集严格按设计的系统参数进行，主要获取该项目区域内的激光测距数据、机载 POS 数据、影像数据、影响曝光时刻文件、地面 GPS 基站观测数据等，共进行了三个架次飞行，数据质量良好。实践证明，机载激光雷达测量技术在克服植被对地表数据采集的影响，克服高山区摄影阴影和峡谷区域信息采集丢失的影响，减轻数据采集难度，降低工作成本以及提高信息采集效率等方面具有独特的优势，充分证明了机载激光雷达测量技术在快速采集高精度测绘数据，特别是类似我国西南水利水电工程建设等比较困难区域的数据采集方面，将成为一种非常重要而有效的测绘技术(图 11-12)。

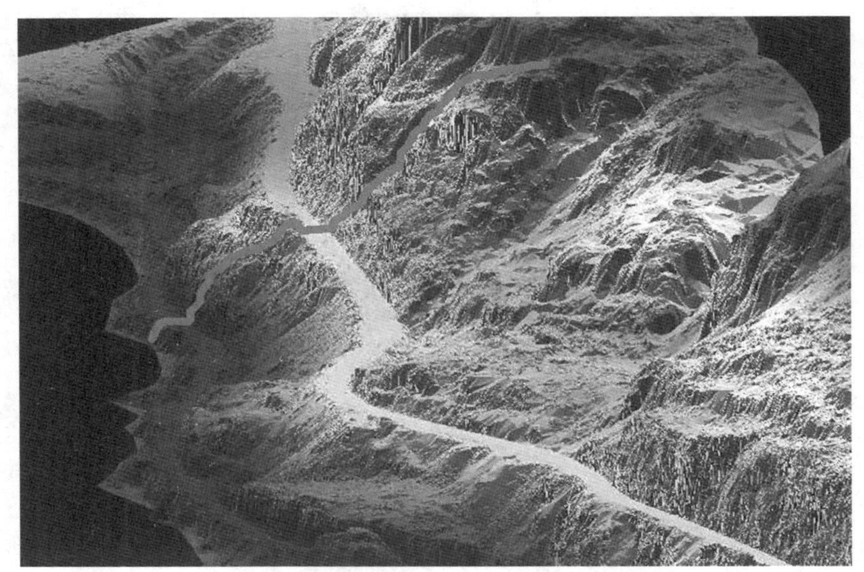

图 11-12　激光数据构成某水利工程的地表模型

11.5　无人机载激光雷达技术与应用

无人机载激光雷达系统集成了无人驾驶飞行、测控及信息传输、激光测距及 GPS 定位/IMU 导航等先进技术，是一种机动灵活、成本低廉的全新专业化对地观测系统。

11.5.1　背景和优势

无人机载激光雷达技术作为一种新兴的对地观测技术正日益成为传统航测的有效补充手段，除了在军事领域的广泛应用外，这项技术已经成为世界各国争相研究的热点，正得到研究者和生产者的青睐，特别是 21 世纪以来面对自然灾害、环境保护等问题，以及电力选线、海岸监视、城市规划、资源勘查、气象观测、林业普查等众多活动，各国政府对无人机激光雷达技术的需求与日俱增，各部门和组织亟需将这一新兴科技运用到各自部门和领域，应对不断出现的挑战和难题。这使得越来越多的关键技术已从研究开发发展到实际应用阶段，从军事应用领域扩展到商、民用市场，扩大了无人机载激光雷达技术的应用范围和用户群。

无人机载激光雷达系统具有无人机技术和机载激光雷达的双重优势：飞行高度低，不仅能进行灵活起降、低空飞行及数据的快速获取，还可在超低空安全作业，无需繁复的空域申请，可直接获得地表及地物真三维信息，而且系统可不受特殊地域限制，可穿透植被获取高精度的三维坐标信息，可到人员无法进入的危险区域完成作业，此外，系统的建设、运营成本也远低于常规测量手段。

11.5.2 无人机载激光雷达设备

目前提供无人机载激光雷达设备的厂家不少，国外公司主要有的 Velodyne（美国）、YellowScan（法国）、Leddartech（加拿大）、Optech（加拿大）、IGI、RIEGL（奥地利）（图 11-13）、Leica（瑞士）、Trimble（美国）、Escort（美国）等，国内公司主要有中国电子科技集团公司第二十七研究所、中国航天科工集团第二研究院二十三所、广州中海达卫星导航技术股份有限公司、北京北科天绘科技有限公司、上海华测导航技术股份有限公司等。

图 11-13 RIEGL VUX-1UAV 无人机载激光雷达设备

11.5.3 无人机 LiDAR 的应用

1. 电力巡线

目前，激光雷达搭载在有人机技术已经很成熟，但直升机能够使用的区域有限，加上成本较高，作业范围基本上在 220～500kV 的高压骨干线路，110kV 及以下的线路覆盖不到，而这一部分线路有 5×10^4km。与直升机相比，多旋翼无人机的“个头”小，灵活性高，用它们搭载激光雷达进行巡视就填补了这部分空白。

基于轻型激光雷达系统的无人机输电线路运行环境监测系统是利用当今世界上最先进的激光扫描技术、航空高精度测绘技术和先进无人机控制技术进行输电线路环境定量化测量和定性化分析预警的全新巡线系统，通过集成高精度、轻量化的激光雷达系统，并利用大载荷、长航时、垂直起降无人机系统，可实现长输线路的高精度通道测量、线路杆塔的塔倾和沉降检测、线路垂弧预警及线路周围树木、山体、地质灾害对线路的威胁预警。可有效做到定量检测、提前预防，避免输电线路故障的发生，为线路的安全运行保驾护航。

无人机携带激光雷达作业生成点云数据，可以在很短的时间内获取输电线路有关距离测量的数据，如通道内的树竹房障，交叉跨越（输电线路、高速、河流等），导地线弧垂以及杆塔各部件之间的安全距离等(图 11-14)。

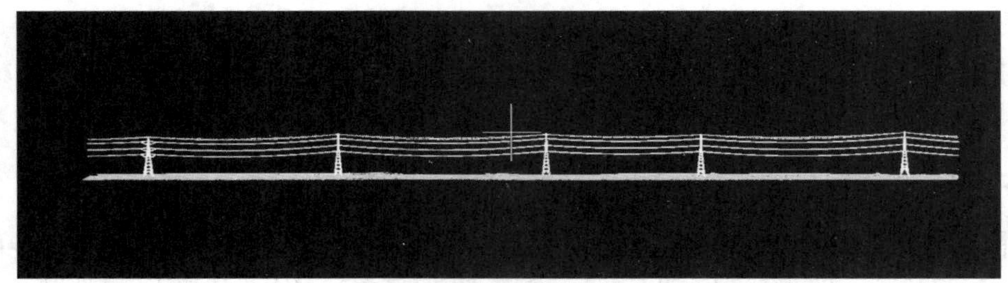

图 11-14　电力巡线成果

随着无人机和激光雷达技术的不断提高，基于无人机平台的激光雷达以及超算平台技术可用于输电线路通道的数据采集和数据处理，为新建线路踏勘、新线路验收、运行中输电线路的监控及资源管理提供了一种新的方法和模式，将有效提高输电线路巡检的效率和质量，对电网的安全稳定运行起到积极的作用。

2. 地质灾害监测

无人机载激光雷达扫描技术在变形监测和灾害调查等领域相对于常规方法有着无法比拟的优势，现场作业速度快、数据精度高，实施周期短、成本低、激光雷达可穿透植被，能够生成地表和地面的各种高精度数据产品等。

近年来，有很多成功的案例：中国地震局兰州地震研究所利用 LI-Air 无人机载激光雷达扫描系统对西秦岭地缘断裂漳县段断裂地层进行了扫描，快速获取了三维点云数据，在室内可以解译活动断层的集合展布特征和地质灾害体，而且对一些微地貌和微地形也能轻易识别出来(附录彩图 11-15)，极大地节省了调查人员的野外工作时间，无人机载 LiDAR 的推广应用，将使 LiDAR 技术的优势更好地发挥于地质灾害治理和研究中(邵廷秀，2017)。

3. 地形测绘

机载 LiDAR 通过采集地物、地貌点云数据和影像数据，可以快速生产数字高程模型、城市大比例尺地形图、三维城市模型，与常规测图相比具有精度高、效率高、自动化程度高、测绘产品丰富，应用领域广泛等特点。近年来，不少测绘部门利用无人机载激光雷达进行了相关的测试和研究，在当前基础地形图的测绘中，LiDAR 主要应用于专题和带状地形测量方面，用于大面积的地形图测量较少。无人机激光雷达扫描系统具有超强的任务载荷、续航以及安全性能，可以实时、动态、大量采集空间点位信息，能满足 1∶5000 与 1∶2000 甚至更大比例尺的精度要求，但是，在 1∶1000 或 1∶500 及更大比例尺测图方面，由于地理要素要求全，数学精度要求高以及航高不能过低等原因，机载 LiDAR 测图技术还有待进一步研究。

在很多基础建设中，比如农林业、水利电力勘察、道路设计以及城市规划等各个领域，已经普遍使用，随着无人机载激光雷达技术愈加成熟，无人机载激光雷达技术的应用将会越来越广泛。

思 考 题

1. 目前机载激光雷达技术有哪些特点？国内外常见的设备有哪些？
2. 机载激光雷达测量的作业流程是什么？
3. 机载激光雷达技术的应用领域主要有哪些？各自有什么优势？
4. 无人机载激光雷达技术应用有哪些方面？相比有人机载激光雷达有哪些优势？
5. 无人机载激光雷达技术发展前景如何？

第12章　激光雷达技术在海洋工程中的应用

近年来，国内外激光雷达技术发展快速，在设备、软件、规范等方面已经具备了广泛应用的条件。本章主要介绍机载、船载、地面激光扫描系统在海洋工程中的应用。

12.1　技术应用概述

海洋工程是指以开发、利用、保护、恢复海洋资源为目的，并且工程主体位于海岸线向海一侧的新建、改建、扩建工程。具体包括：围填海、海上堤坝工程，人工岛、海上和海底物资储藏设施、跨海桥梁、海底隧道工程，海底管道、海底电(光)缆工程，海洋矿产资源勘探开发及其附属工程，海上潮汐电站、波浪电站、温差电站等海洋能源开发利用工程，大型海水养殖场、人工鱼礁工程，盐田、海水淡化等海水综合利用工程，海上娱乐及运动、景观开发工程，以及国家海洋主管部门会同国务院环境保护主管部门规定的其他海洋工程。

近年来，随着激光雷达技术的快速发展，在海洋工程方面的应用研究逐渐增多。按照激光雷达载荷平台的不同，应用研究成果简要介绍如下：

①机载激光扫描系统的应用方向主要有海岸线提取与变化监测、滩涂海岸带与海岛礁测绘、海岸潮间带测绘、海底地形测量(水深)、滨岸湿地微地貌提取、海洋环境监测。

②船载激光扫描系统的应用方向主要有海岛海岸带测量、海岛礁一体化测量、海岸工程测量。

③地面三维激光扫描系统的应用方向主要有礁石区测量、海岸线测绘、潮滩地貌测量、海上钻井平台模型构建。

12.2　机载激光雷达技术应用

12.2.1　机载LiDAR应用概述

1. 海岸线提取

海岸线即是陆地与海洋的分界线，一般指海潮时高潮所到达的界线，在我国系指多年大潮平均高潮位时的海陆分界线。海岸线的变化对于海域管理和规划是非常重要的，因此海岸线的提取是海域使用信息变化分析的重要前提条件。传统的海岸线测量采取现场海岸测绘方式，目前常用的方法是摄影测量技术，GPS测量技术配合陆上车载技术也被用于大比例尺的岸线测绘。这些方法效率低，工作周期长，精度低，难以反映海岸线及海域使用的快速动态变化。

LiDAR 技术应用到海岸带数据获取和研究起始于 20 世纪末，主要在发达国家的海岸带测量中开始应用。例如，2001 年至今，美国地质调查局先后在密西西比海岸带、得克萨斯海岸带、佛罗里达和亚拉巴马州的海岸带利用机载 LiDAR 获取海岸带、潮间带及近海水下的地形数据。近年来，在 908 专项及其他海洋和海岸学科研究的支持下，我国相关机构和研究学者尝试着将 LiDAR 技术应用到了海岸带的调查和研究领域。

学者应用研究实践成果主要如下：采用机载 LiDAR 数据和潮汐数据，利用剖面叠加分析方式自动提取海岸线。采用跟踪特定高程单条等高线的方式，从 LiDAR 点云数据中提取海岸线。采用分割 LiDAR 获取的高精度 DEM 的方式自动提取海岸线。利用多时相、高精度 LiDAR 获取的 DEM 数据进行海岸线提取和海域使用变化信息识别，从而对海岸线变化速率进行分析。机载 LiDAR 技术可以对海岸线变化进行有效的监测，特别在对短期的海岸线环境变化及海岸微地貌变化速率分析方面可获取很好的结果。

2. 滩涂海岸带和岛礁测绘

通过试验研究，LiDAR 系统与传统的滩涂海岸带地形测量方式比较，其优势主要体现在：非接触，外业工作量小；精度高，测量范围大，测量效率高；受时间、气候影响小，部分可穿透植被；数据处理效率高；成果运用丰富。由以上可看出，LiDAR 系统具有传统摄影测量和地面常规测量技术无法取代的优越性。

近年来，机载 LiDAR 技术在我国受到越来越多的关注。其中，近红外机载 LiDAR 技术已在国内得到了多方面的成功应用。目前，国内以北京星球数码与广西桂能的 LiDAR 系统为主。

应用实践案例如下：

1999 年，美国军方研究部门曾利用 SHOALS 系统对夏威夷附近的滨海地带进行了测量，获得了测量区域包括沙质海滩、岩石海滩、港口、海湾和珊瑚礁等海岸带综合特性数据。

在浙江省海洋测绘滩涂海岸地形测量项目中(2010 年)，已完成了 1∶10000 比例尺约 2000km^{2}浙江省滩涂海岸地形测量任务，形成了相应的 DSM、DEM、DOM、DLG 产品。

应用机载 LiDAR 技术实现山东省东营市沿海滩涂测量(2016 年)，约 2000km^2 的 1∶10000比例尺东营滩涂海岸地形测量，并获得平面误差在±1m 范围内的 DOM 和高程精度在±0.25m 范围内的 DEM。

福建省兴化湾附近几个典型的滩涂海湾，利用无人机激光测量技术完成了 25km^{2}的滩涂区域的地形测量，测量比例尺为 1∶25000。

河北省曹妃甸海岸带地区的测量项目中利用机载 LiDAR 扫描的实验区面积约为 140km^2，获取的点数超过 4000 万个。通过强度与密度、高程特征确定可靠水域点，建立水域高程趋势面，然后利用相对高程进行水域点分类(梁茜茜等，2018)。

3. 海岸潮间带测绘

潮间带是指大潮期的最高潮位和大潮期的最低潮位间的海岸，也就是海水涨至最高时所淹没的地方开始至潮水退到最低时露出水面的范围，通常也称为海涂。海岸潮间带作为海岸向海洋延伸的最近近海区域，其区域的地理空间信息获取现势性显得尤为重要。

近年来，一些学者开始研究将机载激光雷达技术运用在海岸带的测绘中，作为取代或补充传统的实地测量和传统航空摄影测量的作业方式。

应用实践案例如下：

国产 LC-3500 机载激光雷达系统，山东潍坊港潮间带航摄，海岸线为 140km，航摄区域面积为 225.09km^2，海拔高度为-1 至 1m。点云数据高程中误差满足 1∶10000 比例尺点云数据高程精度要求。

广东省江门市(2017 年)新会港至银湖湾沿岸，测绘岸线(潮间带)为 200m 范围，测区岸线长约 80km，岸线位置界定在堤岸坡顶外缘线，向海一侧获取 0.5m 分辨率 DOM、DEM 以及 1∶2000 地形图(DLG)。

4. 海底地形测量(水深)

海底地形测量是海洋测绘最基本的任务之一。当前海底地形测量主要通过装载在测量船上的回声测深设备实施。因此，测量速度受到很大限制。20 世纪 30 年代，声呐技术被用于海洋测深，全站仪和 RTK-GPS 也常被用于水深测量。多波束测深系统是目前应用得最广泛的海底地形探测系统，然而在沿岸浅水区域，要达到 IHO 颁布的《海道测量标准》中的全覆盖要求。

机载激光测深系统属于主动测深系统，在浅于 50m 的沿岸水域，具有无可比拟的优越性。特别是能够高效快速测量浅海、岛礁、暗礁及船只无法安全到达的水域。其主要优点有：覆盖宽度不受水深的影响；飞机速度远远快于船速；机载激光测深系统目前已具有水部和陆部同时测量的功能。机载激光测深系统具有精度高、覆盖面广、测点密度高、测量周期短、低消耗、易管理、高机动性、成本低等特点(翟国君等，2012)。

机载激光测深雷达系统的发展可以归纳为 4 个阶段，即原理探索、逐步发展、实用化以及商业化。我国在该领域的研究起步较晚，大部分还处于试验阶段，目前还没有商业化的系统面世。

1968 年，世界上第一套 LiDAR 测深系统研制成功。20 世纪 90 年代，一些厂商相继推出了自己的商用机载激光测深系统，激光测深技术步入实用阶段。世界上得到大家认可的成熟机载激光测深系统主要有 5 种，分别是加拿大的 SHOALS 系统、瑞典的 Hawk Eye 系统、澳大利亚的 LADS 系统、美国 NASA 的 EAARL 以及 SHOALS 系统的升级产品 CZMIL 系统。在近岸水域得到了广泛应用，包括浅海水深测量、水下地貌特征提取、水下调查、水底分类及制图等(秦海明等，2016)。

5. 滨岸湿地微地貌提取

滨岸湿地是一种有价值的自然资源，它为鱼类、野生动植物、水禽提供了良好的栖息场所，同时它也是受人类影响较大的地区。

利用遥感技术获得有着较高精度的地面模型成为研究滨岸环境的一项重要工作。小光斑空载激光雷达对于起伏较小的微地貌反应较为灵敏。具有直接获取高度差、精度高以及对水体有一定的穿透能力的特点，可以较好地满足滨岸潮滩湿地微地貌特征提取的要求。

利用 LiDAR 数据在海岸环境展开的研究可以追溯到 20 世纪 90 年代中期，最初主要是为测量滨岸与浅滩地形服务。近年来，学术界开展了不同环境下地表、建筑、植被分割、三维重建等领域的应用研究(乔纪纲等，2009)。

6. 海洋环境监测

LiDAR 技术在海洋环境监测方面得到成功应用，较为典型的是海冰监测。Dala 等学者在 2004 年利用 LiDAR 系统在北冰洋进行了海冰监测测量，成功获得了监测海区的浮冰分布和厚度数据。该技术为海洋环境监测提供了一个新的技术手段，对于保障海上航行安全、海洋工程安全生产具有重要意义。

另外，结合航空摄影或者其他影像数据，也可以利用 LiDAR 系统对风暴潮给滨海地带带来的影响进行监测分析，利用 LiDAR 系统在风暴潮前后分别对滨海地带进行测量，将两种 LiDAR 高程数据进行融合及对比分析，获得风暴潮前后的海岸线位置。

12.2.2 典型应用：沿海滩涂与海岛礁测图

2007 年，江苏省测绘局在国内首次运用航空 LiDAR 系统进行沿海滩涂、海岛礁高精度测图，开创了我国沿海滩涂、海岛礁高精度测图技术的新途径。

1. 项目概述

针对江苏沿海滩涂通过传统的航测手段很难获得精确的地理信息资料，实际工作中一直沿用 20 世纪中期以来不准确的资料。这些资料已经不能满足迅速发展的江苏经济的需要，更无法与江苏已经建立起来的系统、完善的测绘基础地理信息系统相匹配。使用全新的技术手段对江苏沿海进行系统的基础地理信息资料收集，摸清沿海滩涂的范围，不仅可以有效地补充江苏省基础地理信息数据库，提高其准确性、完整性，保证其权威性，而且也将对沿海海洋资源的科学开发、海洋环境保护，促进沿海经济发展将起到开路先锋的作用，具有特别重要的意义。

江苏沿海滩涂的范围从狭义上讲就是指潮间带，从广义讲则包括与潮间带相连的一部分陆地。共 3 个地区的 14 个区、县、市，总面积约为 7000km^2，居全国沿海省市之首，占全国滩涂总面积的 1/4。

2. 航摄任务实施

项目使用 LiDAR 系统进行原始数据的采集，配合测区及邻近陆地设立的 GPS 基站进行同步观测，实现动态 DGPS 相位差分测量定位。为确保飞行质量，根据项目要求和 LiDAR 系统特性，选择 Y12 作为航摄平台，该机型为双发单翼飞机，升限 6000m 左右，飞行稳定，航线中平均速度可较稳定地保持在 130 节(240km/h)。以南通和盐城机场为本项目的航遥基地。为保证最终生成的 DEM 满足精度要求，根据 LiDAR 系统的技术性能指标，确定 LiDAR 点距为 4m，相对航高为 3000m，单航带覆盖宽度为 2.485km，共敷设航线 119 条。

根据江苏沿海各测区最远点到所选机场最大基线距离的情况，依据基站相互间基线长不大于 50km 的要求，共在测区附近合理布设 11 个地面 GPS 基站。

3. 内业数据处理

根据机载 POS 数据和由 LiDAR 处理生成的 DEM 可制作 DOM 数据。在基于 DEM、DOM 的基础上由计算机软件程序自动生成等高线并结合人工编辑形成 DLG 的等高线数据。根据以上数据，可生成高程注记点数据。再通过必要的地物要素的采集工作，可形成 DLG 数据。

在完成 11900km^{2}1：10000 比例尺江苏省滩涂和岛礁测绘的基础上，可制作相应的 DEM、DOM 和 DLG 产品，经质量检验，DEM 水平分辨率达到 4m，高程精度达到 0. 33m，符合现行规范要求。各类产品还可以进行叠加处理，DOM 与 DLG 叠加效果如图 12-1 所示。

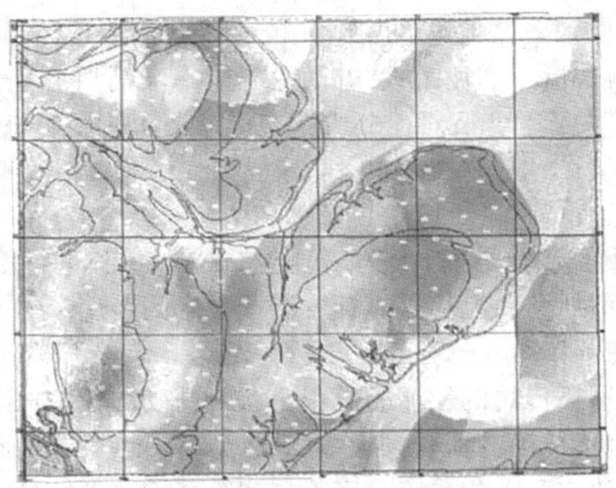

图 12-1　DOM 与 DLG 叠加示意图

通过应用研究表明：LiDAR 技术具有高精度的高程测量，实现无地面控制测图功能，填补了难测区高精度测图技术与手段的空白，是一种高效的综合数据处理技术（史照良等，2007；杜国庆等，2007）。

12. 3　船载激光雷达技术应用

12. 3. 1　船载 LiDAR 应用概述

船载激光扫描系统是以船为移动载体的激光扫描测量系统，与车载或机载 LiDAR 系统相比，在海洋测绘工作中有其独特的应用领域，在数据采集方面速度快，灵活性和可靠性较强。

船载三维激光扫描系统的组成主要包括激光扫描仪、定位定向系统、GPS 基准站、仪器支架以及导航集成软件等。船载水上、水下一体化三维移动测量系统，集中突破多传感器集成、同步控制、多源测量数据配准融合处理和水上、水下三维地形可视化管理等技术，借助移动测量系统和声呐测深仪来获取水上、水下三维地形，结合其他传感器数据和应用模型，可为数字海洋、智能航道、海洋海岛测绘提供数据、应用和管理决策支持。

国家海洋局第一海洋研究所在 2013 年引进了由 Optech ILRIS-LR 激光扫描测量系统、PosMV320 惯性导航系统及控制采集软件 PDS2000 等子系统组成的船载激光扫描测量系统，并进行了成功应用。

1. 海岛海岸带测量

国家海洋局第一海洋研究所选择山东省青岛市三平岛为实验对象。将海岛影像图和激光扫描点云数据进行对比，可以清晰地看出激光扫描点云数据能够很好地反映出海岛周边的养殖区边界、码头及海岛岸滩，依据实地测量测区海岛的平均大潮高潮线高程结合测区内原有海岛地形图资料和影像资料进行海岛岸线的判别及编绘(李杰等，2015)。

2. 海岛礁一体化测量

岛礁与岸堤的水上、水下地理空间信息数据主要依托卫星遥感影像处理技术、人工测量干预方式等传统测量方式以及海洋水深测量方法实现水上、水下空间数据的分别获取。该方式耗时长、人工成本高，有些地区人员难以企及，更为重要的是难以统一平面和垂直基准，工作效率及成果精度难以满足实际生产需要。因此，开展相关的水陆一体化测量技术研究与应用，为海洋测绘、智慧港口建设、数字水利应用等领域提供精准的技术支撑，为陆海垂直基准统一融合下开展测绘应用具有深远的意义。

应用实践案例如下：

2014 年 9 月底，天津海事测绘中心联合武汉海达数云技术有限公司，利用 iScan-M 船载移动三维激光测量系统，对山东省长岛县(长岛群岛)长山水道海岛礁进行外业扫描测量，获取了海岛礁三维激光点云和全景影像。通过 iScan 配套内业生产加工处理软件，获取了岸边线成果(汪连贺，2015)。

3. 海岸工程测量

在海岸工程测量中，目前 GPS-RTK 测量技术已经被广泛使用。但是在某些复杂工区的作业条件下(如地形复杂的岸线、岛礁等地区)，人员很难到达测量点位，会严重影响 RTK 测量的工作效率。三维激光扫描技术能够实现精确、无接触地获取目标对象的位置、形态和尺寸，其数据的完整性、丰富性与高效的作业效率均明显优于传统的 RTK 测量技术。同时，由于三维激光扫描技术得到的目标物体的三维信息密度更大，点间距可达厘米级，很好地弥补了 RTK 测量技术在复杂工况条件下测量时受现场测量条件影响大、效率较低的缺陷，极大地减少了外业工作量，提高了工作效率。

应用实践案例如下：

山东省东营市黄河入海口北侧某海堤，全长约 2886m。海堤两侧布置的扭工字挡浪块由于长时间经受海浪冲刷，底部土层遭受侵蚀掏空，致使部分挡浪块发生坍塌滑落。采用船载激光雷达技术进行测量的目的是为了摸清扭工字挡浪块的位置分布和形态，为今后海堤修复防护工程提供依据。

本项目的船载三维激光扫描系统由 ILRIS-LR 三维激光扫描仪、POSMV 三维姿态仪和外部辅助的 GPS-RTK 组成的惯性导航系统以及采集系统(PDS2000 软件)构成。通过选取、截取点云数据匹配生成面和复杂物体表面的不规则三角网，建立目标物体的三维模型如图 12-2 所示(王楠等，2016)。

12.3.2 典型应用：水上、水下一体化地形测图

天津海事测绘中心利用船载水上、水下一体化综合测量系统进行了相关试验研究。系统由丹麦 RENSON 公司的 7125 多波束测深系统，加拿大 Applannix 公司生产的 LandMark 激光扫描仪、船只定位导航系统、数据实时采集处理和可视化系统、外围辅助设备，以及后处理软件系统这六部分组成。

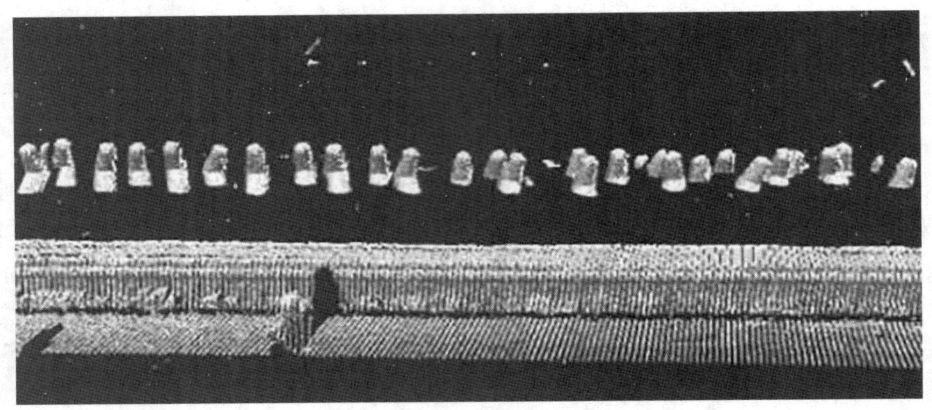

图 12-2　海堤局部三维点云模型

2014 年 10 月，首次应用该系统在渤海湾长山水道附近的猴叽岛周围水域实现了海岛礁及周边海域水上、水下一体化地形测图工程，初步实现了海岛礁垂直基准的统一，完成了 1∶5000，1∶10000 数字水上、水下一体化地形测图，水上点云平面精度达到 1/1000m，水深精度优于 0.1m，符合相关测量规范要求，测量成果如附录彩图 12-3 所示(边志刚等，2017)。

12.4　地面型三维激光雷达技术应用

12.4.1　地面型 LiDAR 应用概述

1. 礁石区测量

沿海港口工程中常遇到对船舶进出港威胁极大的礁石，礁石区的海底地形测量通常采用船载定位仪和测深仪利用高潮时段进行，低潮时由人工采用全站仪或 GPS 定位仪对船舶不能到达的区域进行补测。有些礁石区即使在最高潮时也不能被完全淹没，低潮时由于风浪太大测量人员也无法登上礁石，采用常规手段根本无法施测。港口工程的设计和施工均需要准确的礁石区位置和高程信息，以便制定炸礁方案、准确计算炸礁方量，显然采用常规测量手段很难达成目标。将激光三维扫描测量技术用于人员无法到达的礁石、危崖等区域，可以解决对此类区域进行准确测量的难题。

应用实践案例如下：

中交第二航务工程勘察设计院有限公司的技术人员选择山东某海港的近岸礁石区为研究对象，长约 800m，最远处的礁石距岸边约 400m，采用 RIEGL LMS-Z420 型三维激光扫描仪进行测量。在最低潮位时架设 4 个测站对礁石区进行三维激光扫描测量，对测量成果进行比较，在测区内设置 20 个标靶控制点，分别采用一级导线测量和四等水准测量获得标靶控制点的坐标与高程。在对礁石区进行扫描测量的同时也对 20 个标靶进行扫描观测。通过数据分析可知，采用三维激光扫描测量技术获得的地形数据精度远高于相关规范的要求。

2. 海岸线测绘

岸线测量一般采用实地测量法和摄影测量法。实地测量法一般采用 GPS-RTK 技术，沿高潮线每隔一定的距离采集岸线的特征点，将这些点展绘在数字地图上依次连接就是岸线。在进行海岸带测绘时，如果能够解决实地测量中困难区域的测量问题，比如测绘人员登岛困难、无明显地物特征点、判读困难等，将使得海岸线测绘工作在精度和完整度上得到大大提高。目前，已有研究表明，使用机载激光雷达技术进行海岸线提取可以大大提高作业效率，但由于飞行高度及激光扫描角度等原因，测量精度存在误差。

3. 潮滩地貌测量

传统的河口海岸潮滩地形观测采用的是插钎法、水准仪或全站仪测量等方法，但由于潮滩滩面宽广、潮沟纵横、滩面质地松软、滩上植被发育等原因，难以满足准确连续的观测要求，特别是短周期高精度潮滩变化的研究需求。近期在潮滩观测上得到广泛应用的 GPS-RTK 技术，尽管在很大程度上提高了观测效率，但其点位式的观测特点仍然无法满足潮滩大面积实时观测的需求。利用遥感技术尽管已能够反演潮滩地形，但由于垂直视角和光线影响等原因，其在还原潮滩地表地形数据的精度方面仍然难以达到要求。

应用实践案例如下：

华东师范大学选择长江口崇明东滩为研究区域。2012 年 5 月利用 RIEGL VZ1000 地面三维激光扫描仪，在研究区域的 4 个测站进行扫描，站位 1 为藨草群落为主的矮植被区；站位 2 为潮沟分布为主的区域；站位 3 为芦苇群落为主的高植被区；站位 4 为光滩区。扫描数据处理包括去除低质量点、坐标系统校正、植被滤除，选择不规则三角网建模法建立潮滩地表的三维模型。在对潮滩地貌观测结果分析的基础上，为了获取连续直观的潮滩地面数据，对点云数据进行插值建模。采用克里金插值方法，获得潮滩数字地面高程模型。在模型的基础上，可以获得区域内潮滩的详细地形数据，包括需要的潮滩断面、潮沟横断面等。此外，在统一的坐标系统下，测量同一潮滩区域不同时刻的地形，建立对应的数字地面高程模型，可以获知潮滩在该时间段的冲淤演变情况。

4. 海上钻井平台模型构建

已有项目经验是采用徕卡 C10 扫描仪获取海上钻井平台数据，利用 Cyclone 软件实现了点云的拼接，以及坐标转换和建模，完成了三维 GIS 中海上钻井平台模型的搭建。运用三维渲染引擎 OpenSceneGragh，结合细节层次模型技术和动态调度技术将建好的三维模型加载到本课题开发的钻井平台管理系统中，实现了钻井平台在 GIS 软件中的三维可视化展示、漫游、查询编辑属性、三维量测、图层管理、空间分析、突发事件处理等功能，满足了海上钻井平台的信息化管理，提高了钻井平台的安全性水平。

另外，三维激光扫描技术还可以应用于海油工程，老旧设施改造的工程数据恢复，变形检测数据服务，为大型装备整修提供准确可靠的依据，为工程监理提供数据参考。

12.4.2 典型应用：海岸线测绘

国家海洋局第一海洋研究所的技术人员使用 Leica ScanStation2 地面三维激光扫描仪进

行了实验研究。地点位于青岛市的小麦岛，海岛的西侧岸线复杂，并有部分岛礁不易到达。主要技术流程如下：

(1)现场数据的采集

在小麦岛共选了 16 个站点，在南北两部分各分布 8 个。另外，设置了 2 个工作基准点及 24 个激光扫描专用标靶点，选取了一个全局基准点。通过 GPS 精密静态定位技术对全局基准点、工作基点进行精确定位，获得其平面坐标。通过 GPS-RTK 技术对所有标靶点进行测量，由此获得标靶点的大地坐标。将靶标放置在标靶点上，在选定的测站上架设好扫描仪并设置参数，仪器自动进行扫描。在每个测站完成扫描后，均需要对控制标靶进行精细扫描。

(2)数据处理

在 Cyclone 软件中，在各个视图中选取主要对象外的噪声点进行删除，最后提取主要对象。通过选取、截取、围栏选定的点云数据匹配生成面和复杂形体表面的不规则三角网，建成三维模型。

根据标靶点等特征点信息，通过局部内插方法，同时结合当地潮汐数据，可以计算得到实验区域的海岸线高程平面，然后通过高程平面横切测区三维模型，得到精确的海岸线信息。

(3)精度评价

将观测结果数据与 GPS-RTK 方法测量结果进行对比(图 12-4)。通过三维激光扫描技术得出的岸线具有更高的准确度，同时由于三维激光扫描技术得到的岸线数据密度大(点间距可以达到厘米级)，能够更加精确地反映海岸线的现实情况，技术方法完全可以满足海岸线地形测绘的要求。

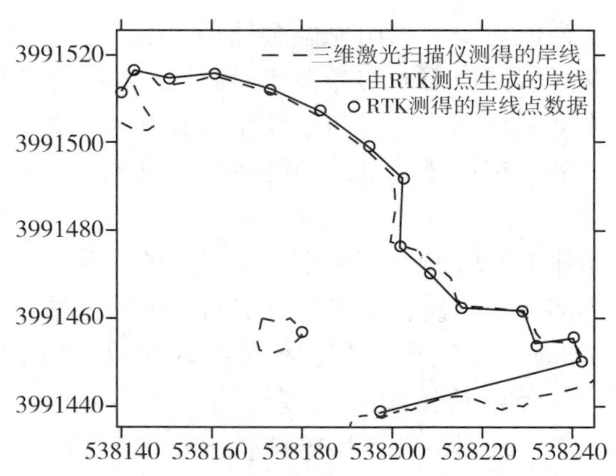

图 12-4　三维激光扫描岸线与 RTK 岸线比对图

利用地面三维激光扫描技术对不容易到达的测区进行非接触扫描，对获取的点云数据进行数据处理，既可以得到符合要求的高精度海岸线又能获得海岸带的三维模型，这明显提高了作业效率与测量精度。该方法解决了长期以来困扰测绘人员在不易到达岸线的地区登岛难、区分岸线难的问题，因此具有广泛的应用前景(李杰等，2012)。

思　考　题

1. 机载三维激光扫描系统在海洋工程中的应用方向主要有哪些?
2. 船载三维激光扫描系统在海洋工程中的应用方向主要有哪些?
3. 地面三维激光扫描系统在海洋工程中的应用方向主要有哪些?

参考文献

B

[1]白成军，吴葱．文物建筑测绘中三维激光扫描技术的核心问题研究[J]．测绘通报，2012(1)：36-38.

[2]边志刚，王冬．船载水上水下一体化综合测量系统技术与应用[J]．港工技术，2017，54(1)：109-112.

C

[3]蔡广杰．三维激光扫描技术在西藏壁画保护中的应用[D]．北京：首都师范大学，2009.

[4]蔡润彬，潘国荣．三维激光扫描多视点云拼接新方法[J]．同济大学学报(自然科学版)，2006，34(7)：913-918.

[5]曹力．多重三维激光扫描技术在山海关长城测绘中的应用[J]．测绘通报，2008(3)：31-33.

[6]曹先革，张随甲，司海燕，等．地面三维激光扫描点云数据精度影响因素及控制措施[J]．测绘工程，2014，23(12)：71-73.

[7]昌彦君，朱光喜，彭复员，等．机载激光海洋测深技术综述[J]．海洋科学，2002，26(5)：34-36.

[8]陈弘奕，胡晓斌，李崇瑞．地面三维激光扫描技术在变形监测中的应用[J]．测绘通报，2014(12)：74-77.

[9]陈良良，隋立春，蒋涛，等．地面三维激光扫描数据配准方法[J]．测绘通报，2014(5)：80-82.

[10]陈冉丽，吴侃．三维激光扫描用于获取开采沉陷盆地研究[J]．测绘工程，2012，21(3)：67-71.

[11]陈永剑．地面三维激光扫描系统在露天矿监测的应用研究[D]．太原：太原理工大学，2009.

[12]陈展鹏，雷廷武，晏清洪，等．汶川震区滑坡堆积体体积三维激光扫描仪测量与计算方法[J]．农业工程学报，2013，29(8)：135-144.

[13]陈梦雪，刘洪庆，许世城．LiDAR 技术在钱塘江海塘工程安全监测上的应用研究[J]．测绘工程，2015，24(9)：44-47.

[14]程效军，贾东峰，程小龙．海量点云数据处理理论与技术[M]．上海：同济大学出版

社，2014.
[15]程海帆，赵本焱，王志文. 机载激光雷达(LiDAR)测量在公路三维测量中的应用[J]. 测绘与空间地理信息，2016，39(1)：73-75.
[16]崔剑凌. 地面三维激光扫描在难及区域地形测量中的应用[J]. 北京测绘，2014(12)：85-87.

D

[17]戴彬，钟若飞，胡竞. 基于车载激光扫描数据的城市地物三维重建研究[J]. 首都师范大学学报(自然科学版)，2011，32(3)：89-96.
[18]戴华阳，廉旭刚，陈炎，等. 三维激光扫描技术在采动区房屋变形监测中的应用[J]. 测绘通报，2011(11)：44-46.
[19]代世威. 地面三维激光点云数据质量分析与评价[D]. 西安：长安大学，2013.
[20]狄帝，丁圳祥，赵长胜. 三维激光扫描技术在矿区沉陷土地复垦方案研究中的应用[J]. 矿山测量，2014(4)：81-83.
[21]董锦辉，李琦，徐伟，等. 车载激光扫描系统在地籍测量中应用[J]. 测绘与空间地理信息，2014，37(4)：208-209.
[22]董秀军. 三维激光扫描技术获取高精度 DTM 的应用研究[J]. 工程地质学报，2007，15(3)：428-432.
[23]段奇三. 徕卡 HDS 8800 三维激光扫描仪在露天矿中的应用[J]. 测绘通报，2011(12)：79-80.
[24]杜国庆，史照良，龚越新，等. LiDAR 技术在江苏沿海滩涂测绘中的应用研究[J]. 城市勘测，2007(5)：23-26.

F

[25]范海英，李畅，赵军. 三维激光扫描系统在精准林业测量中的应用[J]. 测绘通报，2010(2)：29-31.
[26]樊琦，姚顽强，陈鹏. 基于 Cyclone 的三维建模研究[J]. 测绘通报，2015(5)：76-79.
[27]房延伟. 三维激光扫描技术在地籍测绘中的应用[D]. 长春：吉林大学，2013.
[28]冯婷婷，张键，冯鹏飞. 三维激光扫描技术在开采沉陷监测中的应用[J]. 矿山测量，2014(5)：43-46.
[29]冯仲科，罗旭，马钦彦，等. 基于三维激光扫描成像系统的树冠生物量研究[J]. 北京林业大学学报，2007，29(S2)：52-56.

G

[30]高士增. 基于地面三维激光扫描的树木枝干建模与参数提取技术[D]. 北京：中国林业科学研究院，2013.
[31]高祥伟，孙乐，谢宏全. 目标颜色和粗糙度对三维激光扫描点云精度影响研究[J].

测绘通报，2013(11)：25-27.

[32]高志国，李长辉. 基于地面 LiDAR 的三维竣工测量方法研究[J]. 城市勘测，2014(3)：31-33.

[33]葛纪坤，王升阳. 三维激光扫描监测基坑变形分析[J]. 测绘科学，2014，39(7)：62-66.

[34]官云兰，贾凤海. 地面三维激光扫描多站点云数据配准新方法[J]. 中国矿业大学学报，2013，42(5)：880-886.

[35]郭兴，潘纯建，杨彦，等. RIEGLVZ-1000 三维激光扫描测量系统在大型露天矿山土石方测量中的应用[J]. 地矿测绘，2014，30(3)：14-16.

[36]郭玉芳. 激光雷达的标准化现状剖析[J]. 地理空间信息，2016，14(11)：4-5.

H

[37]韩腾腾，陶禹. 三维激光扫描技术在煤矿井架变形监测分析中的应用[J]. 山东煤炭科技，2017(2)：137-139.

[38]郝铭辉. 车载激光扫描数据在三维地籍建模中的应用[D]. 北京：中国测绘科学研究院，2011.

[39]何华，李宗春，阮焕立，等. 基于 VTK 的点云数据三维重建[J]. 测绘通报，2016(增刊)：204-206.

[40]何原荣，郑渊茂，潘火平，等. 基于点云数据的复杂建筑体真三维建模与应用[J]. 遥感技术与应用，2015，31(6)：1091-1099.

[41]胡大贺，吴侃，陈冉丽. 三维激光扫描用于开采沉陷监测研究[J]. 煤矿开采，2013，18(1)：20-22.

[42]胡奎. 三维激光扫描在土方计算中的应用[J]. 矿山测量，2013(1)：70-72.

[43]胡琦佳. 三维激光扫描技术在隧道工程监测中的应用研究[D]. 成都：西南交通大学，2013.

[44]胡章杰，薛梅. 基于地面三维激光扫描的三维竣工规划核实技术研究[J]. 城市勘测，2013(1)：15-20.

[45]胡国军，方勇，张丽. 星载激光雷达的发展与测绘应用前景分析[J]. 测绘技术装备，2015，17(2)：34-37.

[46]胡磊，彭劲松，叶波，等. 三维激光扫描技术在地质灾害应急测绘中的应用[J]. 测绘通报，2017(9)：154-155.

[47]黄承亮，吴侃，向娟. 三维激光扫描点云数据压缩方法[J]. 测绘科学，2009，34(2)：142-144.

[48]黄慧敏，王晏民，胡春梅，等. 地面激光雷达技术在故宫保和殿数字化测绘中的应用[J]. 北京建筑工程学院学报，2012，28(3)：33-38.

[49]黄明. 联合 LiDAR 数据和遥感影像的建筑物三维模型提取方法[D]. 太原：太原理工大学，2014.

[50]黄姗，薛勇，蒋涛. 三维激光扫描技术在地质滑坡中的应用[J]. 测绘通报，2012

(1)：100-101.
[51]黄晓阳，栾元重，李雷，等. 地面三维激光扫描技术应用于井架整体监测研究[J]. 测绘地理信息，2012B，37(5)：56-57.
[52]黄有，郑坤，刘修国，等. 三维激光扫描仪在测算矿方量中的应用[J]. 测绘科学，2012，37(3)：90-92.

J

[53]焦学军. 基于三维激光扫描技术的滑坡体地形图制作研究[J]. 测绘与空间地理信息，2013，36(10)：198-201.

K

[54]孔祥玲，欧斌. 三维激光扫描技术在隧道工程竣工测量中的应用研究[J]. 城市勘测，2013(2)：100-102.

L

[55]李滨，李跃明，宋济宇. 地面三维激光扫描系统中的“五度”研究[J]. 测绘通报，2012(3)：43-45.
[56]李超. 徕卡三维激光扫描技术在钢结构检测中的应用[J]. 测绘通报，2013(3)：116-117.
[57]李德仁，郭晟，胡庆武. 基于3S集成技术的LD2000系列移动道路测量系统及其应用[J]. 测绘学报，2008，37(3)：272-276.
[58]李德仁，李明. 无人机遥感系统的研究进展与应用前景[J]. 武汉大学学报(信息科学版)，2014，39(5)：505-513.
[59]李海泉，杨晓锋，赵彦刚. 地面三维激光扫描测量精度的影响因素和控制方法[J]. 测绘标准化，2011，27(1)：29-31.
[60]李佳龙，郑德华，何丽，等. 目标颜色和入射角对Trimble GX扫描点云精度的影响[J]. 测绘工程，2012，21(5)：75-79.
[61]李建敏，程光亮. 三维激光扫描支持下电视塔变形监测试验研究[J]. 城市勘测，2011(4)：138-141.
[62]李杰，孙楠楠，唐秋华，等. 三维激光扫描技术在海岸线测绘中的应用[J]. 海洋湖沼通报，2012(3)：90-95.
[63]李杰，唐秋华，丁继胜，等. 船载激光扫描系统在海岛测绘中的应用[J]. 海洋湖沼通报，2015(3)：108-112.
[64]李兵，吕扬，周庆，等. 机载激光雷达技术在北方河道整治中的应用[J]. 北京测绘，2018，32(3)：322-326.
[65]李敏. 三维激光扫描技术在古建筑测绘中的应用[J]. 北京测绘，2014(1)：111-114.
[66]李强，邓辉，周毅. 三维激光扫描在矿区地面沉陷变形监测中的应用[J]. 中国地质灾害与防治学报，2014，25(1)：119-124.

[67]李伟，刘正坤. 地面三维激光扫描技术用于道路平整度检测研究[J]. 北京测绘，2011(3)：24-27.

[68]李文俊. 三维激光扫描仪在煤矿井架变形检测中的应用[J]. 煤矿现代化，2012(5)：5-7.

[69]李欣，周佳玮，刘正国，等. 三维激光扫描技术在船体外形测量中的试验性研究[J]. 测绘信息与工程，2006，31(6)：36-37.

[70]李媛，李为鹏，张晓峰，等. 车载激光扫描系统及其在城市测量中的应用[J]. 测绘与空间地理信息，2012，35(2)：22-24.

[71]李晓双，宋彬，郑丹. 基于 Geomagic 的复杂实体三维点云建模研究[J]. 测绘与空间地理信息，2017，40(6)：130-132.

[72]林伟恩，谢刚生，谢辉荣. 三维激光扫描技术在船体型线测量中的应用[J]. 测绘通报，2014(3)：71-74.

[73]蔺小虎，姚顽强，马润霞，等. 基于海量点云数据的大雁塔三维重建[J]. 文物保护与考古科学，2017，29(3)：67-72.

[74]刘博涛. 三维激光扫描技术在地面沉降监测中的应用研究[D]. 西安：长安大学，2014.

[75]刘昌军，赵雨，叶长锋，等. 基于三维激光扫描技术的矿山地形快速测量的关键技术研究[J]. 测绘通报，2012(6)：43-46.

[76]梁爽. 三维激光扫描技术在煤矸石山难及区域测绘中的应用[J]. 勘察科学技术，2011(3)：44-47.

[77]梁振华，王晨，谢宏全. 基于徕卡 C10 获取校园三维点云数据设计[J]. 测绘工程，2013，22(1)：47-50.

[78]梁茜茜，张汉德，孙根云，等. 基于机载激光雷达数据的海岸带水域提取方法[J]. 遥感技术与应用，2018，33(1)：136-142.

[79]刘春，张蕴灵，吴杭彬. 地面三维激光扫描仪的检校与精度评估[J]. 工程勘察，2009(11)：56-60.

[80]刘浩，张冬阳，冯健. 地面三维激光扫描仪数据的误差分析[J]. 水利与建筑工程学报，2012，10(4)：38-41.

[81]刘丽惠，薛勇，蒋涛，等. 逆向工程在“一滴血”纪念碑重建中的应用[J]. 测绘通报，2011(6)：86-89.

[82]刘世晗. 三维激光扫描技术在古岩画保护中的应用[D]. 阜新：辽宁工程技术大学，2011.

[83]刘燕萍，程效军，贾东峰. 基于三维激光扫描的隧道收敛分析[J]. 工程勘察，2013(3)：74-77.

[84]陆旻丰，吴杭彬，刘春，等. 地面三维激光扫描数据缺失分类及成因分析[J]. 遥感信息，2013，28(6)：82-86.

[85]陆益红，赵长胜，武宜广，等. 楚王陵激光点云三维重建[J]. 测绘地理信息，2013，38(1)：55-57.

[86]罗建，刘耀华，兰志刚，等. 三维激光扫描技术在海洋工程中的应用[J]. 中国造船，2011，52(S2)：367-376.
[87]罗旭，冯仲科，邓向瑞，等. 三维激光扫描成像系统在森林计测中的应用[J]. 北京林业大学学报，2007，29(S2)：82-87.
[88]吕宝雄，巨天力. 三维激光扫描技术在水电大比例尺地形测量中的应用研究[J]. 西北水电，2011(1)：14-16.

M

[89]马利. 地面三维激光扫描技术在道路工程测绘中的应用[J]. 北京测绘，2011(2)：48-51.

N

[90]倪绍起，张杰，马毅，等. 基于机载 LiDAR 与潮汐推算的海岸带自然岸线遥感提取方法研究[J]. 海洋学研究，2013，31(3)：55-61.
[91]聂庆微. 探究三维激光扫描技术在地籍测绘中的应用[J]. 工程建设与设计，2018(6)：255-256.

O

[92]欧斌. 地面三维激光扫描技术外业数据采集方法研究[J]. 测绘与空间地理信息，2014，37(1)：106-108.

P

[93]彭维吉，李孝雁，黄飒. 基于地面三维激光扫描技术的快速地形图测绘[J]. 测绘通报，2013(3)：70-72.
[94]彭磊，黄真辉，程平. 基于点云数据的变电站三维可视化实现[J]. 工程勘察，2018(4)：65-67.

Q

[95]戚万权. 徕卡 C10 导线测量方法在大型扫描项目中的应用[J]. 测绘通报，2013(6)：115-116.
[96]齐建伟，朱恩利. 三维激光扫描测量内符合精度试验研究[J]. 地理空间信息，2012，10(4)：20-22.
[97]秦海明，王成，习晓环，等. 机载激光雷达测深技术与应用研究进展[J]. 遥感技术与应用，2016，31(4)：617-624.
[98]乔纪纲，黎夏，刘小平. 基于地面约束的滨岸湿地微地貌 LiDAR 检测研究[J]. 中山大学学报(自然科学版)，2009，48(4)：118-124.

S

[99]沙从术. 基于三维激光扫描技术的隧道收敛变形整体监测方法[J]. 城市轨道交通研究，2014(10)：51-54.

[100]盛业华，张卡，张凯，等. 地面三维激光扫描点云的多站数据无缝拼接[J]. 中国矿业大学学报，2010，39(2)：233-237.

[101]施贵刚，王峰，程效军，等. 地面三维激光扫描多视点云配准设站最佳次数的研究[J]. 大连海事大学学报，2008，34(3)：64-66.

[102]石银涛，程效军，贾东峰. 三维激光扫描树木模型在林业中的应用[J]. 测绘通报，2012(3)：40-42.

[103]史照良，曹敏. 基于 LiDAR 技术的海岛礁、滩涂测绘研究[J]. 测绘通报，2007(5)：49-53.

[104]宋德闻，胡广洋. 徕卡 HDS 应用于秦俑二号坑数字化工程[J]. 测绘通报，2006(6)：69-70.

[105]邵延秀，张波，邹小波. 采用无人机载 LiDAR 进行快速地质调查实践[J]. 地震地质，2017，39(6)：1185-1197.

[106]宋化清，李芳林，邵龙. 三维激光扫描技术在泾阳县农村宅基地调查中应用分析[J]. 测绘技术装备，2014，16(2)：43-46.

[107]苏春艳，隋立春. 基于三维激光扫描技术的土方量快速测量[J]. 测绘技术装备，2014，16(2)：49-51.

[108]孙德鸿，刘世晗，刘丽惠. 三维激光扫描在岩画保护中的应用[J]. 测绘通报，2011(1)：35-37.

[109]孙伟利. 基于车载 LiDAR 技术的公路三维建模与应用[D]. 北京：首都师范大学，2013.

T

[110]唐琨，花向红，魏成，等. 基于三维激光扫描的建筑物变形监测方法研究[J]. 测绘地理信息，2013，38(2)：54-55.

[111]汤羽扬，杜博怡，丁延辉. 三维激光扫描数据在文物建筑保护中应用的探讨[J]. 北京建筑工程学院学报，2011，27(4)：1-6.

[112]陶于金，李沛峰. 无人机系统发展与关键技术综述[J]. 航空制造技术，2014，(20)：34-39.

[113]滕连泽，裴尼松，谭小琴，等. 三维激光扫描技术在排土场方量计算中的应用[J]. 测绘与空间地理信息，2014，37(7)：66-67.

W

[114]王东甫，宫煦利. 基于机载 LiDAR 技术的输电线路优化设计研究[J]. 南方能源建设，2017，4(3)：103-106.

[115]王奉斌. 三维激光扫描技术在矿井建模中的应用[J]. 测绘技术装备, 2013, 15(3): 94-96.

[116]王红霞, 吴澄. 三维激光扫描技术及应用中的误差分析[J]. 甘肃科学学报, 2012, 24(3): 17-20.

[117]王健, 李雷, 姜岩. 天宝三维激光扫描技术在数字矿山中的应用探讨[J]. 测绘通报, 2012(10): 58-61.

[118]王琳琳. 三维激光扫描技术在古建筑测绘中的应用与问题分析[D]. 长春: 长春工程学院, 2015.

[119]王令文, 程效军, 万程辉. 基于三维激光扫描技术的隧道检测技术研究[J]. 工程勘察, 2013(7): 53-57.

[120]王莫. 三维激光扫描技术在故宫古建筑测绘中的应用研究[J]. 故宫博物院院刊, 2011(6): 143-156.

[121]王婷婷, 靳奉祥, 单瑞. 基于三维激光扫描技术的曲面变形监测[J]. 测绘通报, 2011(3): 4-6.

[122]王伟忠, 朱煜峰, 王建强. 三维激光扫描数据拼接质量改善方法研究[J]. 现代矿业, 2012(8): 49-50.

[123]王星杰. 三维激光扫描仪在道路竣工测量中的应用[J]. 北京测绘, 2012(4): 67-71.

[124]王炎城, 钟焕良, 石雪冬, 等. 三维激光扫描测量技术在滑坡监测中的应用[J]. 地理空间信息, 2015, 13(3): 138-141.

[125]王晏民, 王国利. 地面激光雷达用于大型钢结构建筑施工监测与质量检测[J]. 测绘通报, 2013(7): 39-42.

[126]王晏民, 危双丰. 深度图像化点云数据管理[M]. 北京: 测绘出版社, 2013.

[127]王永波, 盛业华. 基于三维激光扫描技术的超高压输电线路巡线技术研究[J]. 测绘科学, 2011, 36(5): 60-61.

[128]王玉鹏, 卢小平, 葛晓天, 等. 地面三维激光扫描点位精度评定[J]. 测绘通报, 2011(4): 10-13.

[129]王楠, 丁宁, 邢宏, 等. 三维激光扫描技术在海岸工程测量中的应用[J]. 海洋湖沼通报, 2016(5): 16-20.

[130]汪连贺. 三维激光移动测量系统在海岛礁测量中的应用[J]. 海洋测绘, 2015, 35(5): 79-82.

[131]文华. 基于机载激光雷达技术的电力线路测量研究[J]. 动力与电气工程, 2015(5): 35-36.

[132]韦江霞. 面向快速建模的车载激光点云的城市典型地物分类方法研究[D]. 北京: 首都师范大学, 2014.

[133]韦志龙. 徕卡 ScanStation C10 在数字化工厂中的应用[J]. 测绘通报, 2013(11): 132-133.

[134]吴静. 三维激光扫描测量仪性能评价及应用研究[D]. 青岛: 山东科技大学, 2008.

[135]吴少华. 三维激光扫描技术在海上钻井平台中的应用研究[D]. 阜新：辽宁工程技术大学，2011.

[136]吴晓章，谢宏全，谷风云，等. 利用激光点云数据进行大比例尺地形图测绘的方法[J]. 测绘通报，2015(8)：90-92.

[137]吴育华，王金华，侯妙乐. 三维激光扫描技术在岩土文物保护中的应用[J]. 文物保护与考古科学，2011，23(4)：104-110.

[138]吴娇娇，张亚红，杨凯博，等. 机载激光雷达载林业中的应用[J]. 安徽农业科学，2016，44(35)：209-212.

X

[139]夏国芳，王晏民. 三维激光扫描技术在隧道横纵断面测量中的应用研究[J]. 北京建筑工程学院学报，2010，26(3)：21-24.

[140]谢宏全，高祥伟，徐孝伟. 地面三维激光扫描仪水平角精度检校试验研究[J]. 测绘通报，2014(8)：52-54.

[141]谢宏全，侯坤. 地面三维激光扫描技术与工程应用[M]. 武汉：武汉大学出版社，2013.

[142]谢宏全，谷风云，李勇，等. 基于激光点云数据的三维建模应用实践[M]. 武汉：武汉大学出版社，2014.

[143]谢卫明，何青，章可奇，等. 三维激光扫描系统在潮滩地貌研究中的应用[J]. 泥沙研究，2015(1)：1-6.

[144]邢汉发，高志国，吕磊. 三维激光扫描技术在城市建筑竣工测量中的应用[J]. 工程勘察，2014(5)：52-57.

[145]邢正全，邓喀中. 三维激光扫描技术应用于边坡位移监测[J]. 地理空间信息，2011，9(1)：68-70.

[146]徐柏松. 三维激光扫描测量技术在海港礁石区测量中的应用[J]. 港工技术，2012，49(4)：61-63.

[147]徐建新，张光伟，羌鑫林，等. 激光测量采集车在城市部件调查中的应用[J]. 测绘与空间地理信息，2013，36(S)：237-239.

[148]徐祖舰，王滋政，阳锋. 机载激光雷达测量技术及工程应用实践[M]. 武汉：武汉大学出版社，2009.

[149]薛晓轩. 基于三维激光扫描的文物保护管理系统的建立[J]. 测绘与空间地理信息，2014，37(2)：99-101.

[150]许佳宾，黄鹤. 三维激光扫描技术在高危边坡监测中的应用[J]. 北京测绘，2017(04)：76-79.

Y

[151]杨必胜，梁福逊，黄荣刚. 三维激光扫描点云数据处理研究进展、挑战与趋势[J]. 测绘学报，2017，46(10)：1509-1516.

[152]杨国林，韩峰，王丹英．基于三维激光扫描技术的工程施工测量应用研究[J]．中国水能与电气化，2015(2)：20-23.
[153]杨俊志，尹建忠，吴星亮．地面激光扫描仪的测量原理及其检定[M]．北京：测绘出版社，2012.
[154]杨林，盛业华，王波．利用三维激光扫描技术进行建筑物室内外一体建模方法研究[J]．测绘通报，2014(7)：27-30.
[155]姚明博．三维激光扫描技术在桥梁变形监测中的分析研究[D]．杭州：浙江工业大学，2014.
[156]姚艳丽，蒋胜平，王红平．基于地面三维激光扫描仪的滑坡整体变形监测方法[J]．测绘空间信息，2014，39(1)：50-53.
[157]叶晓婷．三维激光扫描技术在古建筑测绘中的应用分析[J]．城市勘测，2014(4)：8-11.
[158]于海霞．基于地面三维激光扫描测量技术的复杂建筑物建模研究[D]．徐州：中国矿业大学，2014.
[159]于海洋，罗玲，杨强，等．三维激光扫描技术在河道测量中的应用[J]．测绘学报，2015，44(S0)：49-53.
[160]余明．激光三维扫描技术用于古建筑测绘的研究[J]．测绘科学，2014(10)：34-39.
[161]原玉磊．三维激光扫描应用技术研究[D]．郑州：解放军信息工程大学，2009.
[162]云冈石窟研究院．云冈石窟测绘方法的新尝试——三维激光扫描技术在石窟测绘中的应用[J]．文物，2011(1)：81-87.

Z

[163]翟国君，吴太旗，欧阳永忠，等．机载激光测深技术研究进展[J]．海洋测绘，2012，32(2)：67-75.
[164]张洪栋，刘翔，时振伟．影响地面三维激光扫描仪数据质量的因素分析[J]．测绘与空间地理信息，2014，37(2)：183-186.
[165]张会霞，朱文博．三维激光扫描数据处理理论及应用[M]．北京：电子工程出版社，2012.
[166]张平，黄承亮，朱清海，等．基于三维激光扫描技术的异型建筑物建筑面积竣工测量[J]．测绘与空间地理信息，2014，37(5)：222-224.
[167]张启福，孙现申，王贺，等．RIEGL LMS-Z390i 三维激光扫描仪测角精度评定方法研究[J]．计量学报，2012，33(1)：12-15.
[168]张庆圆，孙德鸿，朱本璋，等．三维激光扫描技术应用于沙丘监测的研究[J]．测绘通报，2011(4)：32-34.
[169]张荣华，李俊峰，林昀．三维激光扫描技术在土方量算中的应用研究[J]．测绘地理信息，2014，39(6)：47-49.
[170]张文新．三维激光扫描技术在大型油罐罐体尺寸测量中的应用研究[J]．兰州工业学院学报，2015，22(1)：1-6.

[171]张小红. 机载激光雷达测量技术理论与方法[M]. 武汉：武汉大学出版社，2007.
[172]张毅. 地面三维激光扫描技术在龟山汉墓测量和重建中的应用[D]. 西安：长安大学，2013.
[173]张永彬，高祥伟，谢宏全，等. 地面三维激光扫描仪距离测量精度试验研究[J]. 测绘通报，2014(12)：16-19.
[174]张志娟，田继成，葛鲁勇，等. 全站仪模式获取三维激光扫描点云数据方法研究[J]. 测绘通报，2014(9)：87-89.
[175]赵显富，宗敏，赵轩，等. 利用三维激光扫描技术检测工业构件螺栓孔的空间位置[J]. 测绘通报，2014(3)：37-41.
[176]赵云昌，丁莹莹，李通. 机载 LiDAR 技术在高速公路勘测中的应用[J]. 测绘与空间地理信息，2014，37(10)：199-200.
[177]郑少开，郑书民，丁军，等. 三维激光扫描关键技术与实体建模现状[J]. 北京测绘，2017(增刊2)：58-62.
[178]周大伟，吴侃，周鸣，等. 地面三维激光扫描与 RTK 相结合建立开采沉陷观测站[J]. 测绘科学，2011B，36(3)：79-81.
[179]周克勤，吴志群. 三维激光扫描技术在特异型建筑构件检测中的应用探讨[J]. 测绘通报，2011(8)：42-44.
[180]周立，毛晨佳. 三维激光扫描技术在洛阳孟津唐墓中的应用[J]. 文物，2013(3)：83-87.
[181]周学林，魏文涛，刘丽惠，等. 三维激光扫描系统在舟曲重点地质灾害治理工程中的应用[J]. 测绘通报，2011(11)：81-82.
[182]朱生涛. 地面三维激光扫描技术在地形形变监测中的应用研究[D]. 西安：长安大学，2013.
[183]庄崚国. 基于地面激光雷达的单树枝干几何建模研究[J]. 测绘与空间地理信息，2018，41(1)：62-67.

附　　录

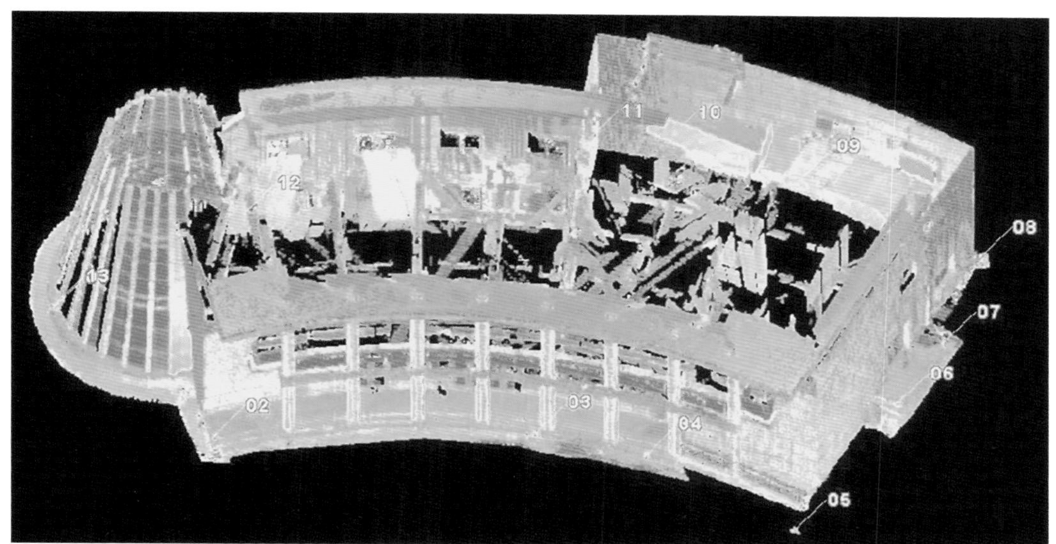

图 6-1　拼接后的点云

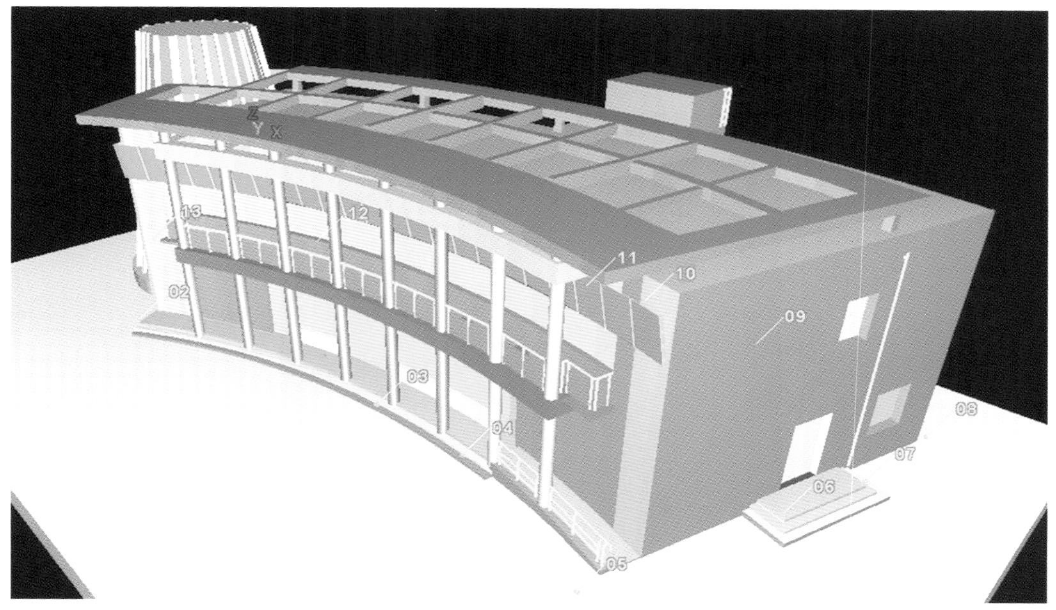

图 6-7　物管楼整体模型

图 6-10　渲染效果

图 6-16　建模效果

图 6-17　雕刻石点云

图 6-21　纹理贴图完成效果图

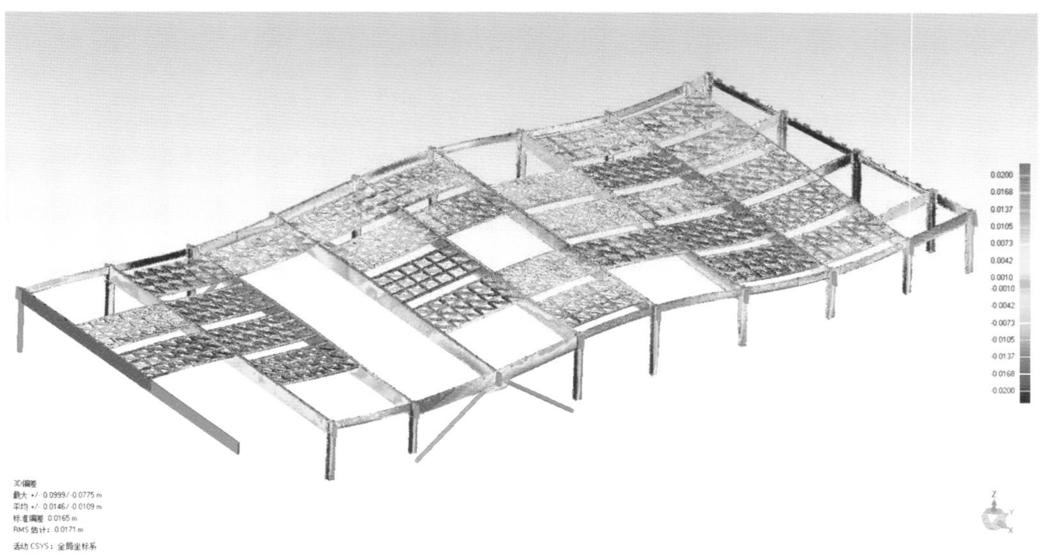

图 7-11　设计模型与点云的偏差

图 7-13　真彩色点云数据

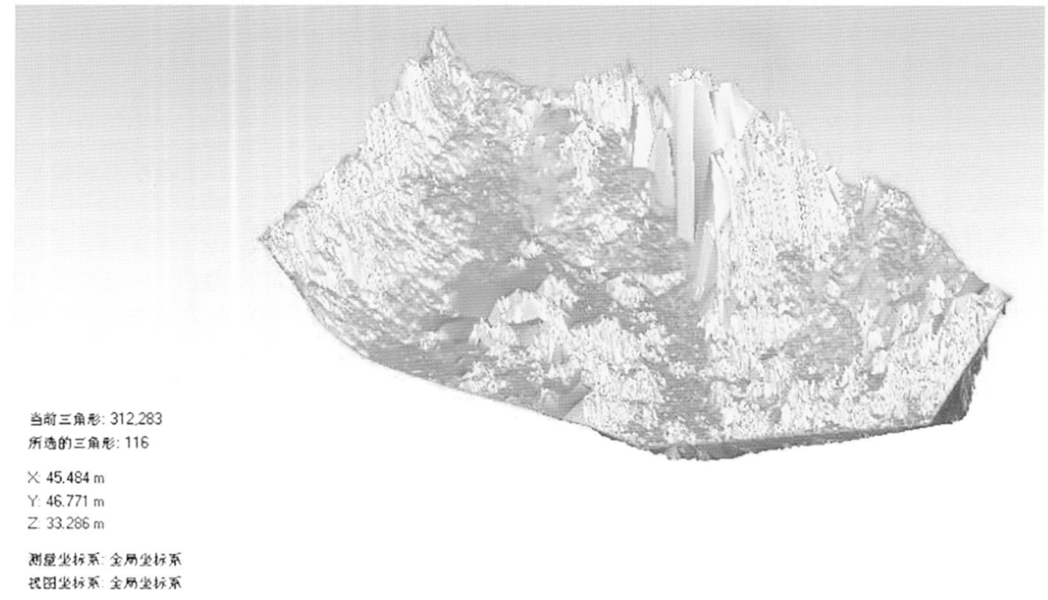

图 7-14　地表模型

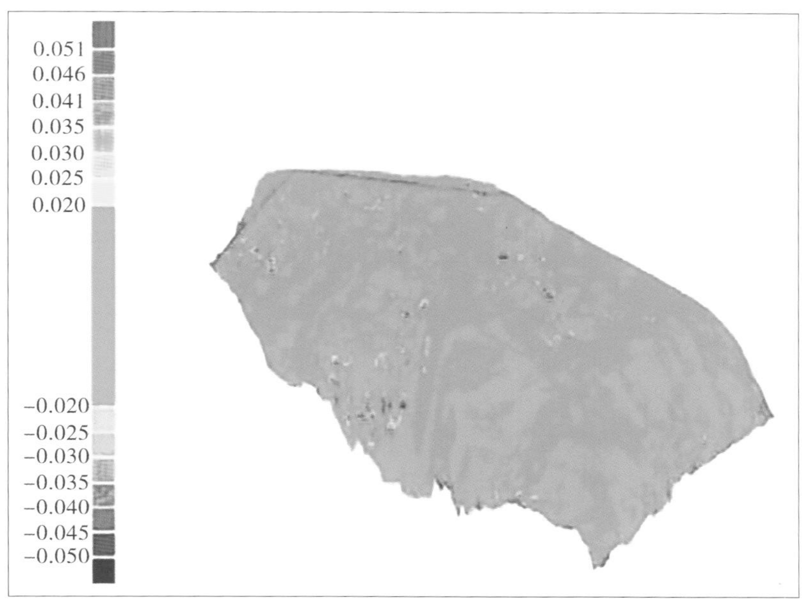

图 7-15　彩色显示对比结果

图 7-20　去除噪声后的点云数据

图 8-2　点云配准整体效果图

图 8-3　岩画模型

图 8-5　一个测站的扫描数据

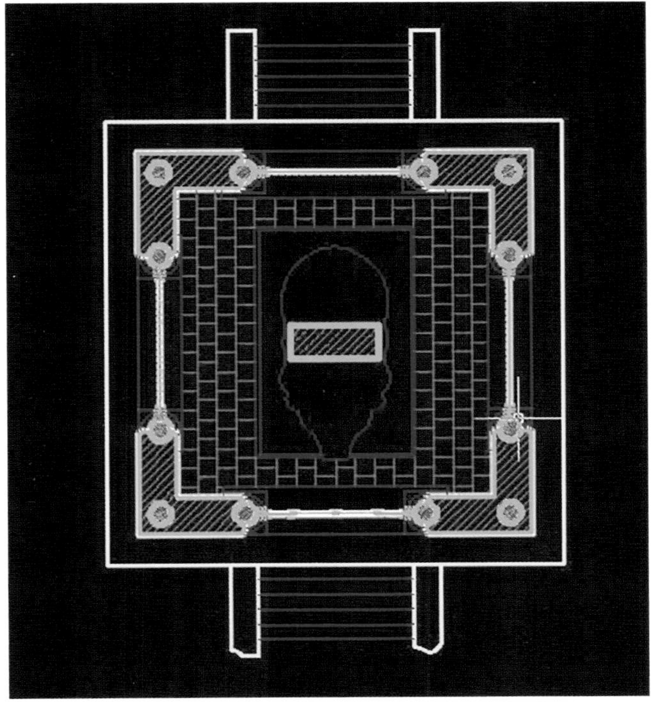

图 8-6　俯视图

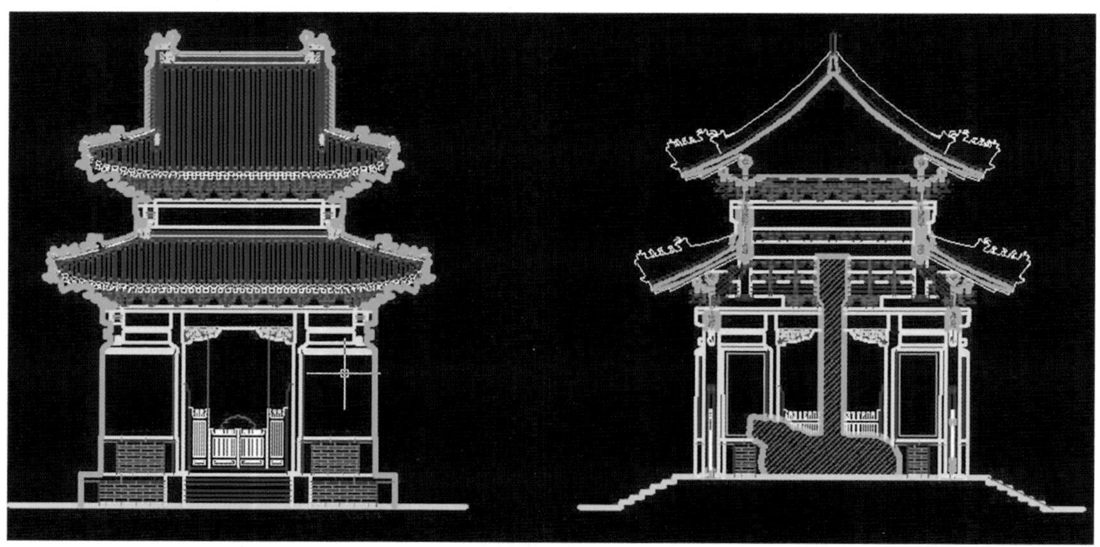

图 8-7　正视图与侧视图

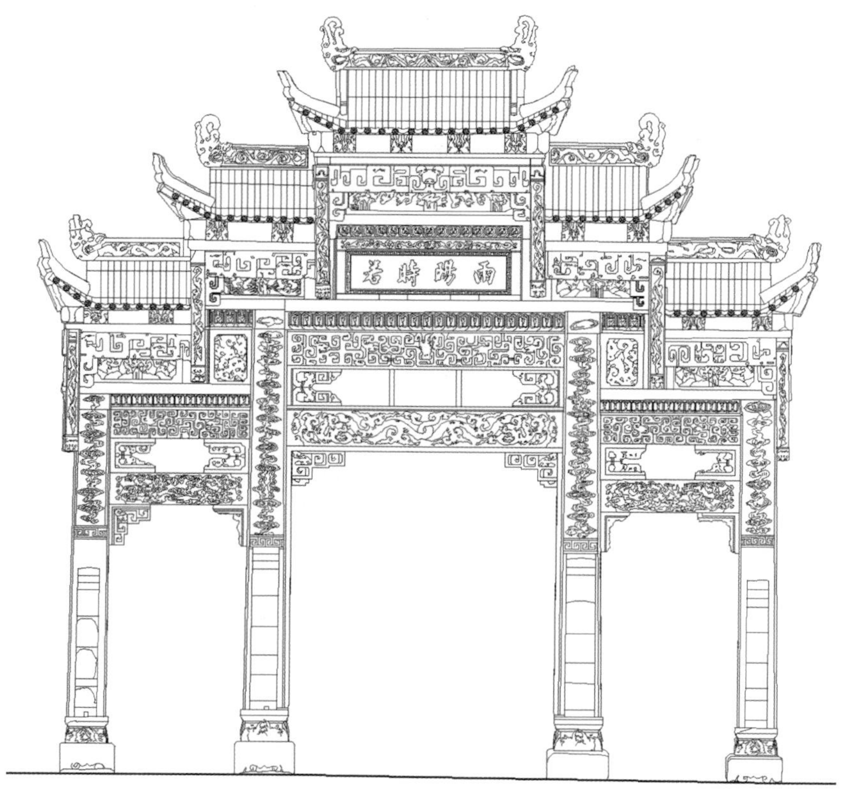

图 8-10　牌坊线划图

图 8-12　将军墓变化预测模型

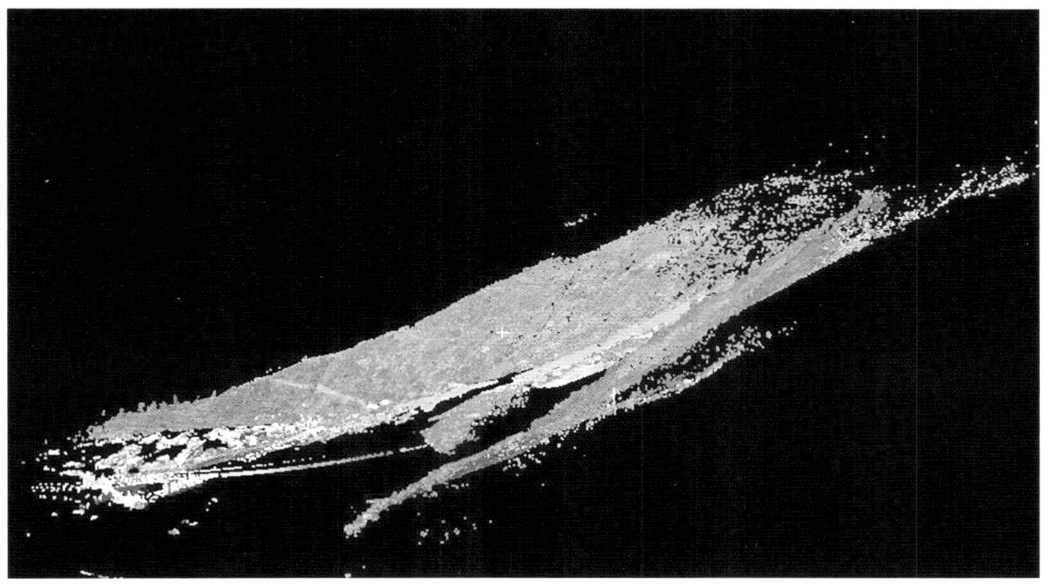

图 9-2　万工滑坡点云数据

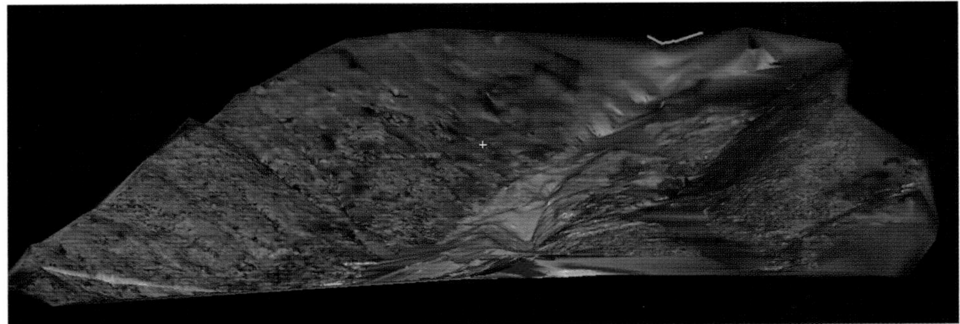
图 9-3　万工 Mesh 模型

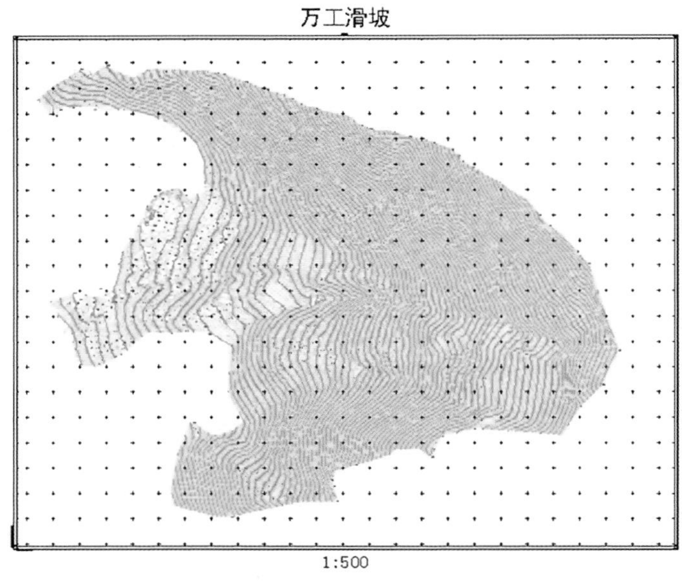

图 9-5　平面图

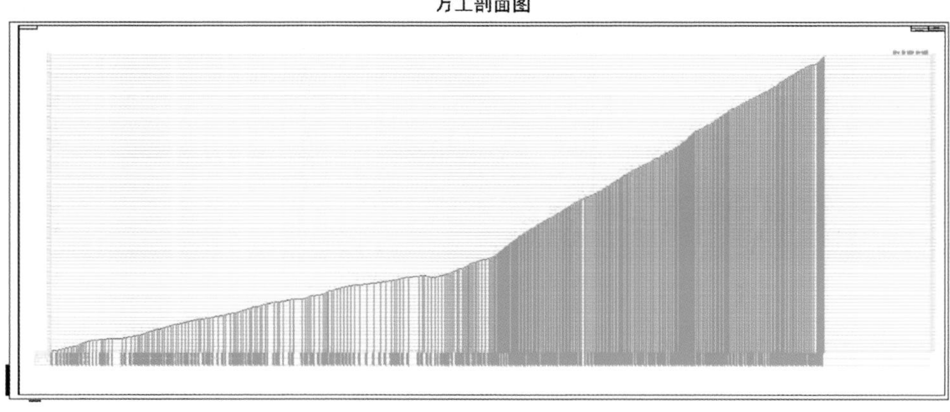

图 9-6　截面图

图 9-7　哈尔乌素露天矿点云数据

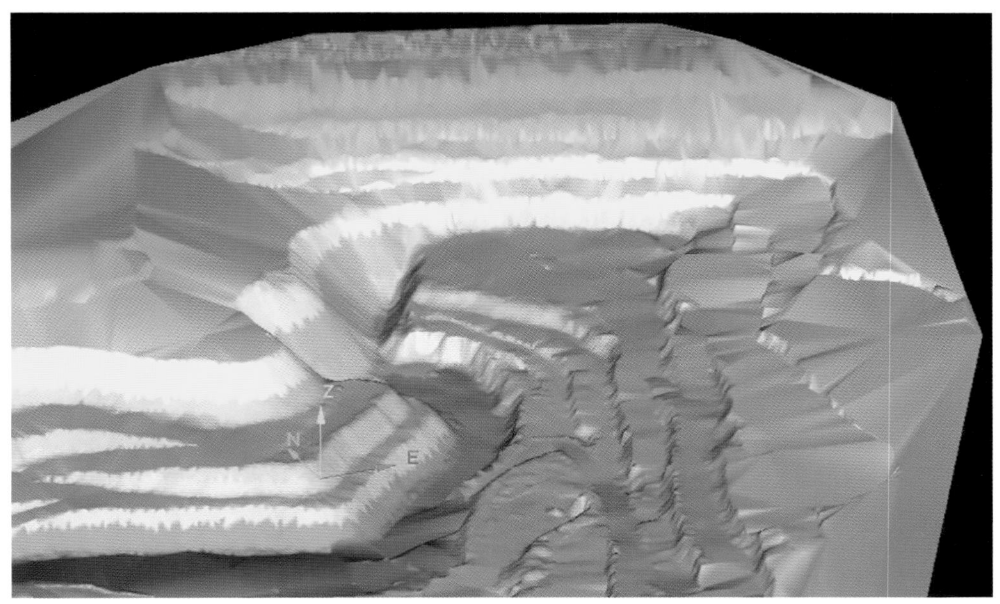

图 9-8　哈尔乌素露天矿三维模型

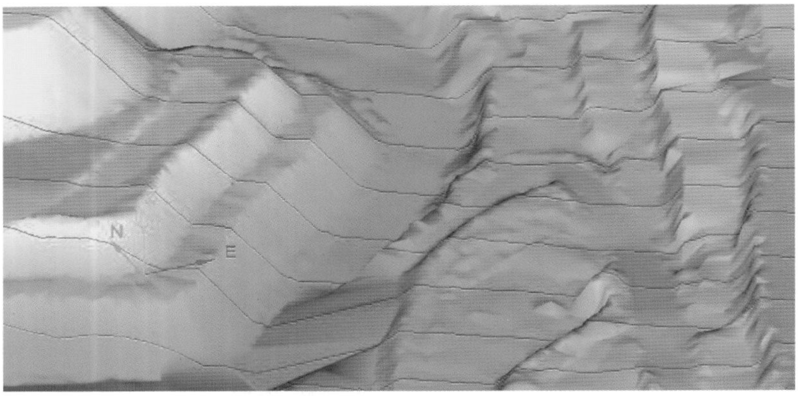

图 9-9　任意提取断面线

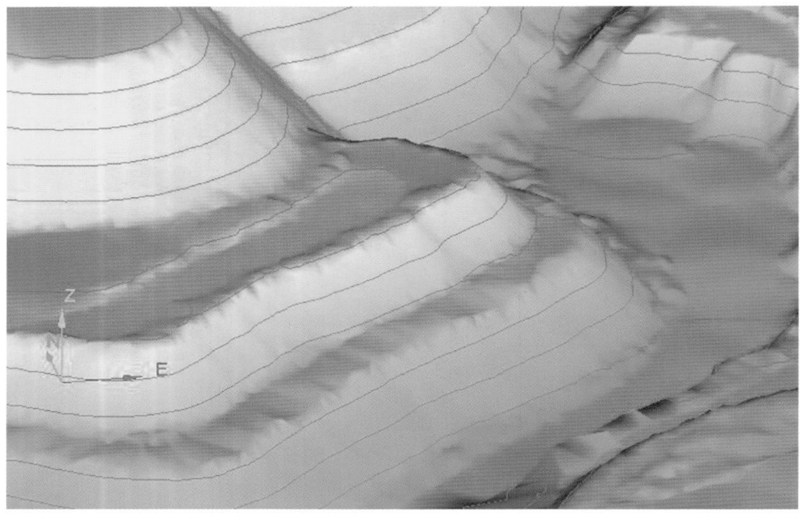

图 9-10　等高线

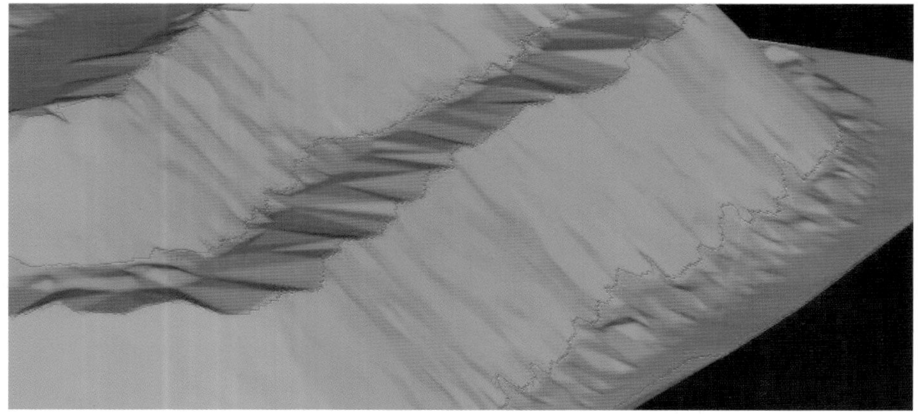

图 9-11　坡顶线与坡底线

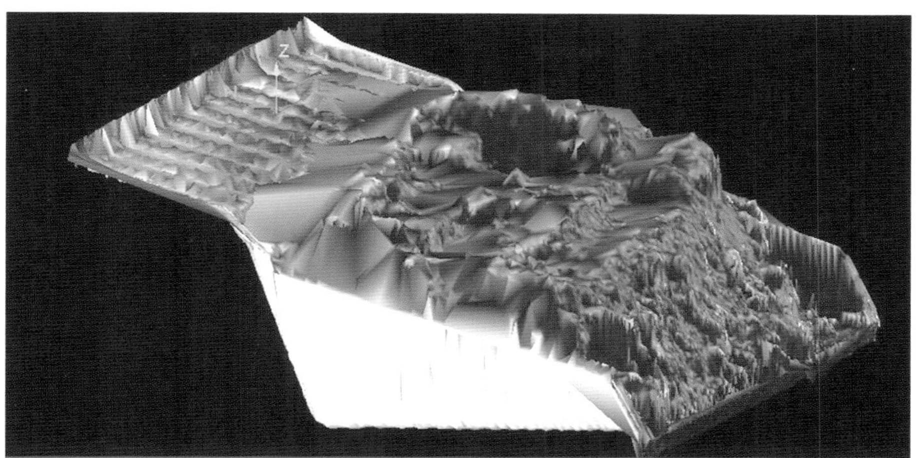

图 9-14　利用软件直接获取装载量

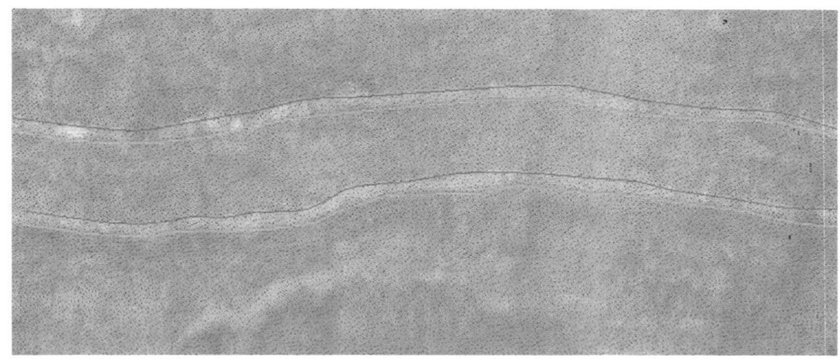

图 9-16　岩层走势线

图 9-19　参考面的确定

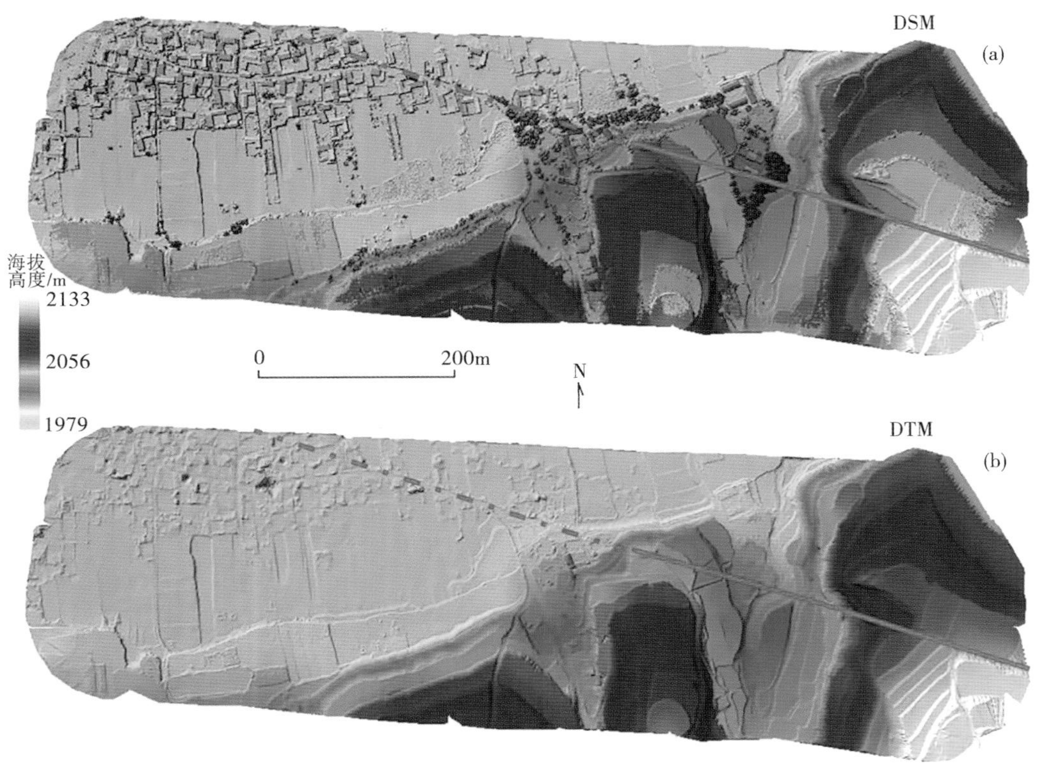

图 11-15　无人机载 LiDAR 扫描 DEM 山影图

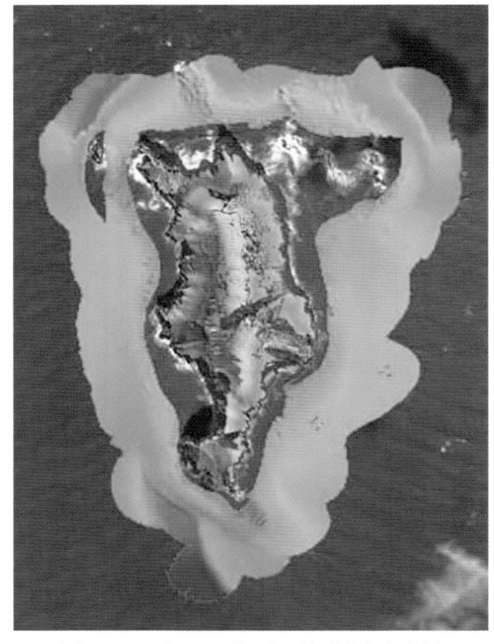

图 12-3　水上、水下一体化测量成果